普通高等教育“十一五”国家级规划教材

丛书主编 谭浩强

高等院校计算机应用技术规划教材

应用型教材系列

Access 2010 数据库应用技术教程

徐秀花 程晓锦 李业丽 编著

清华大学出版社
北京

内容简介

本书通过大量的实例，介绍了 Access 数据库技术的相关知识以及使用 Access 2010 开发数据库应用系统的完整过程。全书共分 10 章，主要内容包括数据库系统的基础知识、数据库操作、表、查询、窗体、报表、宏、VBA 编程基础、SharePoint 网站和数据库的维护与安全开发等相关知识。

本书是作者在多年数据库技术教学实践基础上编写的，全书以一个完整的数据库应用系统案例为基础，以案例贯穿始终，书后配有适量的习题和上机操作题，使读者能够在学习过程中提高操作能力和实际应用能力。

本书可作为高等院校学生学习数据库应用技术课程的教材，也可供读者自学。

图书在版编目（CIP）数据

Access 2010 数据库应用技术教程/徐秀花，程晓锦，李业丽编著. --北京：清华大学出版社，2013.2（2020.2重印）
高等院校计算机应用技术规划教材·应用型教材系列
ISBN 978-7-302-31246-8

Ⅰ. ①A…　Ⅱ. ①徐…　②程…　③李…　Ⅲ. ①关系数据库系统－高等学校－教材　Ⅳ. ①TP311.138

中国版本图书馆 CIP 数据核字（2013）第 002295 号

责任编辑： 谢　琛　顾　冰
封面设计： 常雪影
责任校对： 焦丽丽
责任印制： 丛怀宇

出版发行： 清华大学出版社
　　网　　址： http://www.tup.com.cn，http://www.wqbook.com
　　地　　址： 北京清华大学学研大厦 A 座　　**邮　　编：** 100084
　　社 总 机： 010-62770175　　**邮　　购：** 010-62786544
　　投稿与读者服务： 010-62776969，c-service@tup.tsinghua.edu.cn
　　质 量 反 馈： 010-62772015，zhiliang@tup.tsinghua.edu.cn
　　课 件 下 载： http://www.tup.com.cn，010-83470236
印 装 者： 三河市君旺印务有限公司
经　　销： 全国新华书店
开　　本： 185mm×260mm　　**印　张：** 17.5　　**字　　数：** 406 千字
版　　次： 2013 年 2 月第 1 版　　**印　　次：** 2020 年 2 月第 7 次印刷
定　　价： 29.00 元

产品编号：047614-01

编辑委员会

《高等院校计算机应用技术规划教材》

《高等院校计算机应用技术规划教材》

进入21世纪，计算机成为人类常用的现代工具，每一个有文化的人都应当了解计算机，学会使用计算机来处理各种事务。

学习计算机知识有两种不同的方法：一种是侧重理论知识的学习，从原理入手，注重理论和概念；另一种是侧重于应用的学习，从实际入手，注重掌握其应用的方法和技能。不同的人应根据其具体情况选择不同的学习方法。对多数人来说，计算机是作为一种工具来使用的，应当以应用为目的、以应用为出发点。对于应用型人才来说，显然应当采用后一种学习方法，根据当前和今后的需要，选择学习的内容，围绕应用进行学习。

学习计算机应用知识，并不排斥学习必要的基础理论知识，要处理好这两者的关系。在学习过程中，有两种不同的学习模式：一种是金字塔模型，亦称为建筑模型，强调基础宽厚，先系统学习理论知识，打好基础以后再联系实际应用；另一种是生物模型，植物并不是先长好树根再长树干，长好树干才长树冠，而是树根、树干和树冠同步生长的。对计算机应用型人才教育来说，应该采用生物模型，随着应用的发展，不断学习和扩展有关的理论知识，而不是孤立地、无目的地学习理论知识。

传统的理论课程采用以下的三部曲：提出概念—解释概念—举例说明，这适合前面第一种侧重知识的学习方法。对于侧重应用的学习者，我们提倡新的三部曲：提出问题—解决问题—归纳分析。传统的方法是：先理论后实际，先抽象后具体，先一般后个别。我们采用的方法是：从实际到理论，从具体到抽象，从个别到一般，从零散到系统。实践证明这种方法是行之有效的，减少了初学者在学习上的困难。这种教学方法更适合于应用型人才。

检查学习好坏的标准，不是“知道不知道”，而是“会用不会用”，学习的目的主要在于应用。因此希望读者一定要重视实践环节，多上机练习，千万不要满足于“上课能听懂、教材能看懂”。有些问题，别人讲半天也不明白，自己一上机就清楚了。教材中有些实践性比较强的内容，不一定在课堂上由老师讲授，而可以指定学生通过上机掌握这些内容。这样做可以培养学生的自学能力，启发学生的求知欲望。

全国高等院校计算机基础教育研究会历来倡导计算机基础教育必须坚持面向应用的正确方向，要求构建以应用为中心的课程体系，大力推广新的教学三部曲，这是十分重要的指导思想，这些思想在“中国高等院校计算机基础课程”中做了充分的说明。本丛书完全符合并积极贯彻全国高等院校计算机基础教育研究会的指导思想，按照“中国高等院校计算机基础教育课程体系”组织编写。

这套“高等院校计算机应用技术规划教材”是根据广大应用型本科和高职高专院校的迫切需要而精心组织的，其中包括4个系列：

(1) 基础教材系列。该系列主要涵盖了计算机公共基础课程的教材。

(2) 应用型教材系列。适合作为培养应用型人才的本科院校和基础较好、要求较高的高职高专学校的主干教材。

(3) 实用技术教材系列。针对应用型院校和高职高专院校所需要掌握的技能技术编写的教材。

(4) 实训教材系列。应用型本科院校和高职高专院校都可以选用这类实训教材。其特点是侧重实践环节，通过实践(而不是通过理论讲授)去获取知识，掌握应用。这是教学改革的一个重要方面。

本套教材是从1999年开始出版的，根据教学的需要和读者的意见，几年来多次修改完善，选题不断扩展，内容日益丰富，先后出版了60多种教材和参考书，范围包括计算机专业和非计算机专业的教材和参考书；必修课教材、选修课教材和自学参考的教材。不同专业可以从中选择所需要的部分。

为了保证教材的质量，我们遴选了有丰富教学经验的高校优秀教师分别作为本丛书各教材的作者，这些老师长期从事计算机的教学工作，对应用型的教学特点有较多的研究和实践经验。由于指导思想明确，作者水平较高，教材针对性强，质量较高，本丛书问世7年来，愈来愈得到各校师生的欢迎和好评，至今已发行了240多万册，是国内应用型高校的主流教材之一。2006年被教育部评为普通高等教育“十一五”国家级规划教材，向全国推荐。

由于我国的计算机应用技术教育正在蓬勃发展，许多问题有待深入讨论，新的经验也会层出不穷，我们会根据需要不断丰富本丛书的内容，扩充丛书的选题，以满足各校教学的需要。

本丛书肯定会有不足之处，请专家和读者不吝指正。

全国高等院校计算机基础教育研究会会长
《高等院校计算机应用技术规划教材》主编　**谭浩强**

2008年5月1日于北京清华园

随着计算机应用技术的不断发展，以信息处理为核心的数据库技术已经广泛地应用于各个领域。学习和掌握数据库的基本知识，利用数据库系统进行数据处理是高等院校学生必须具备的能力之一。近年来，大多数高等院校都将数据库应用技术作为计算机应用技术类课程列为必修课或选修课。

Access 是一个关系型数据库管理系统，作为 Microsoft Office 的一个组成部分，可以有效地组织和管理数据库中的数据，并把数据库与网络结合起来，为人们提供了强大的数据管理工具。Access 具有功能完备、界面友好、操作简单、使用方便等特点，被广泛地应用于各种数据库管理软件的开发。Office 2010 是 Microsoft Office 办公自动软件的新版本，Access 2010 作为数据库管理软件，增加了许多新的功能，为了更好地进行教学，我们组织编写了本教材。

本书是作者在多年数据库技术教学实践基础上编写的，全书以一个完整的数据库应用系统案例为基础，通过大量的实例，介绍了 Access 数据库技术的相关知识以及使用 Access 2010 开发数据库应用系统的完整过程。

全书共分为 10 章，各章内容安排如下：

第 1 章主要介绍与数据库管理系统相关的理论和基础知识，包括数据库的基本概念以及 Access 系统的相关知识。

第 2 章主要介绍数据库的基本操作，包括数据库的创建、打开及关闭等操作。

第 3 章主要介绍表的基本操作，包括表的创建、设置表的属性、创建索引及表间的关系等。

第 4 章介绍查询及其应用，包括查询的创建、SQL 语句等。

第 5 章主要介绍窗体的设计及应用，包括窗体的创建、窗体的属性设置、窗体控件以及窗体的使用等。

第 6 章主要介绍报表的基本操作及其应用，包括各种类型报表的创建、使用报表进行数据计算和统计等。

第 7 章主要介绍宏基本操作和应用，包括宏的设计、创建宏组和条件宏、宏的调试以及用宏设计系统菜单等。

第 8 章主要介绍 VBA 编程基础，包括模块的基本概念、模块的创建、VBA 程序的基本结构、子程序的创建、用 ADO 访问 Access 数据库以及面向对象程序设计等。

第 9 章主要介绍 SharePoint 网站基础，包括 SharePoint 网站的组成、SharePoint 网站基本操作、Access 2010 与 SharePoint 2010 链接操作、将数据库发布到 SharePoint 网站等。

第 10 章主要介绍数据库的安全与维护，包括为数据库设置密码、账户及账户组的管理数据库的备份与恢复、数据库的导出、拆分数据库与系统集成等。

本书以应用为目的，以案例贯穿始终，系统讲授 Access 数据库的基本操作和基本知识。书后配有适量的习题和上机操作题，使读者能够在学习过程中提高操作能力和实际应用能力。

本书由徐秀花、程晓锦、李业丽编著，全书由徐秀花统稿，在本书策划和编写过程中，得到了北京印刷学院计算机科学系全体教师的支持，在此表示衷心的感谢。

由于作者水平有限，难免存在错误和不足之处，敬请广大读者批评指正。

为了方便教师教学和学生自主学习，本书配有电子教案和案例的全部数据和程序，若有需要，可在清华大学出版社网站上下载。

作　者

2012 年 9 月

数据库技术基础

学习目标

通过本章的学习，读者应该掌握以下内容：

(1) 数据库、数据库管理系统和数据库应用系统的基本概念；

(2) 开发数据库应用系统的步骤；

(3) 关系型数据库的相关知识；

(4) Access 2010 系统的特点；

(5) Access 2010 系统的组成和主要功能。

1.1 数据库的基本概念

21 世纪是信息社会，信息在人们的工作和学习中所起的作用越来越大，信息处理越来越显示出其重要性。人们在信息管理中，积累了大量的信息，如商场经营情况、公交汽车调度情况、学生成绩、职工工资等信息，这些信息都需要长期保存，必要时需要对信息进行查询、汇总和统计，应用数据库技术可以很容易地将这些信息存储并加以处理。

数据库技术为信息系统的构建提供了强有力的平台，从而成为信息系统的核心技术。各种基于数据库技术的管理系统已融入人们的日常生活和工作中，当我们在聊天室中聊天、在微博上留言、在网上购物、在 ATM 机上存取款、在超市购物结算、乘坐地铁检票时都在享受着数据库系统的服务。

1.1.1 一个数据库应用系统案例及分析

1. 问题的提出

在高等院校中，教学管理是一项很重要的工作。在教学工作中，教师和学生是主体，教师的工作包括备课、授课、批改作业、答疑解惑、考试出题、登录成绩等，学生的工作包括上课、选课、提交作业、考试等。这些工作涉及大量的信息，主要包括学生信息、教师信息、授课信息、选课信息、成绩信息等。以选课环节为例，涉及学生选课、教师授课、课程安排等。对学生来说，需要查询个人情况、课程安排、选课情况、考试成绩等信息，而对教师来说，需要查询的信息涉及个人或他人的授课安排、学生课表、成绩统计等。实现教学管理信息化，不仅可以长期保存这些信息，还可以为教师学生提供查询信息平台。实现教学管理信息化的技术手段就是数据库技术。首先将需要的信息保存到计算机中，以数据库的形式存放，然后实现系统的功能设计，数据库和功能模块构成一个完整的数据库应用系统。作为用户的学生和教师通过教学管理系统即可以进行各种信息的查询。

2. 数据库应用系统设计的步骤

一般来说，数据库应用系统开发要经过四个阶段：系统分析、系统设计、系统实施和系统维护。

1）系统分析阶段

系统分析是开发数据库应用系统的一个重要环节，系统分析的好坏程度决定系统的成败，系统分析做得越好，系统开发的过程就越顺利。在系统系统分析阶段要在信息收集的基础上确定系统开发的可行性方案，也就是要求系统开发者通过对将要开发的数据库应用系统的相关信息的收集，确定该数据库应用系统的总体需求目标、开发的总体思路及开发所要的时间等。

在数据库应用系统开发的分析阶段，明确数据库应用系统的总体需求目标是最重要的内容。作为系统开发者，要明确为谁开发数据库应用系统，由谁来使用数据库应用系统，由于使用者的角度不同，数据库应用系统的目标是不一样的。

以教学管理系统为例，该系统的使用对象包括学生、教师和教学管理人员，数据库管理系统所管理的信息应该包括学生情况、教师情况、教学计划、教学任务安排、学生选课、考核考试等。

2）系统设计阶段

在数据库应用系统开发设计阶段确立的总体目标的基础上，就可以进行数据库应用系统开发的功能设计和数据库设计了。

功能设计包括功能组成以及各功能模块的调用关系等内容。根据系统分析阶段所确定的总体目标确定数据库应用系统所具有的功能，明确各功能模块所承担的任务以及各模块之间的关系。系统功能通常用功能结构图表示，教学管理系统的功能结构如图 1-1 所示。

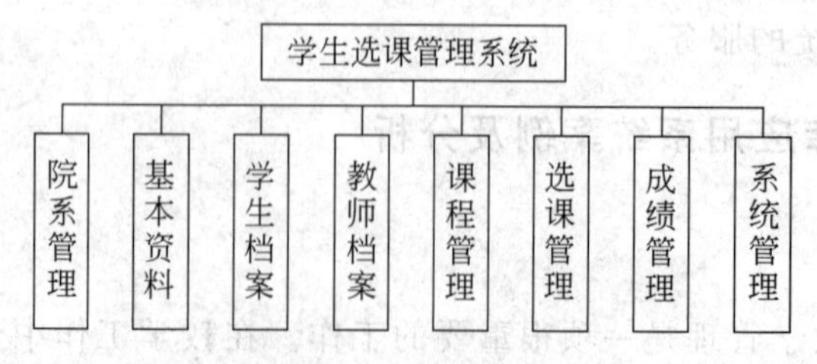

图 1-1　教学管理系统的功能结构如图

图中：

① 院系管理：包括院系的设置及相关资料查询。

② 专业管理：包括专业的设置及相关资料查询。

③ 教师档案：包括教师档案的建立、修改及查询。

④ 学生档案：包括学生档案的建立、修改及查询。

⑤ 课程管理：包括课程设置及相关资料查询。

⑥ 选课管理：包括学生选课系统及选课资料查询。

⑦ 成绩管理：包括学生成绩的录入、修改及查询。

⑧ 系统管理：包括系统使用权限的设置、系统的说明、退出系统等。

根据系统功能设计要求可以进行数据库的设计，将管理中所需要的数据按照数据间的关系进行分类和系统功能要求存储到数据库中。数据库通常由多个具有一定关系的数据表组成，教学管理系统的数据库由以下的数据表组成：

① 院系信息：存储院系信息，主要包括院系代码和院系名称等。

② 专业信息：存储专业信息，主要包括专业代码、专业名称、所属院系代码和所属院系名称等。

③ 教师档案：存储教师信息，主要包括教师编号、教师姓名、所属院系名称和所属专业名称等。

④ 学生档案：存储学生信息，主要包括学号、姓名、性别、出生日期、民族、政治面貌、职务、院系、专业、班级、籍贯、电话和备注等。

⑤ 课程信息：存储课程信息，主要包括课程代码、课程名称、学时、学分、类别、开课单位、开课时间、选课范围、课程简介和备注等。

⑥ 选课记录：存储选课信息，主要包括学号、姓名、课程代码、课程名称和学分等。

⑦ 成绩记录：存储成绩信息，主要包括学号、姓名、课程代码、课程名称、学分和成绩等。

⑧ 用户信息：存储用户信息，主要包括用户编号、用户名、密码和权限等。

3）系统实施阶段

在数据库应用系统开发的实施阶段，主要任务是按系统的功能模块的设计方案，具体实施系统的逐级控制和各模块的建立，从而形成一个完整的应用开发系统。

设计数据库应用系统时，要选择合适的系统开发工具，要做到每一个模块易维护、易修改，并使每一个功能模块尽量简单，使模块间的接口数目尽可能少。

4）系统维护

数据库应用系统建立后，就进入调试和维护阶段。在数据库应用系统开发的维护阶段，要修正数据库应用系统的缺陷。在应用系统开发的测试阶段，不仅要通过测试工具检查和调试数据库应用系统，还要通过模拟实际操作或实际验证应用系统，若出现错误或不适当的地方要及时加以修正。

1.1.2 数据库的基本概念

1. 数据、信息和数据处理的概念

数据(data)是指存储在某一种介质上的能够被识别的物理信号，用来表示各种信息，可以描述事物的特征、特点和属性。数据不仅包含数字、文字和其他字符组成的文

本形式的数据，而且还包含图形、图像、动画和声音等多媒体数据。例如，学生的信息可以用学号、姓名、性别、出生日期、家庭住址、成绩及照片等来描述，其中学号、姓名、性别用字符串表示，成绩用数值表示，照片则用图像表示，因此，不同的信息用不同类型的数据来表示。

信息(information)是经过加工处理的有用的数据，数据经过提炼、处理和抽象变成有用的数据才成为信息。信息以数据的形式表示，信息通过数据记录可以实现载体传递，并借助数据处理工具实现存储、加工、传播、再生和增值。

数据处理是指利用计算机对各种类型的数据进行加工处理，它包括对数据的采集、整理、排序、检索、维护、加工、统计和传输等一系列操作过程。数据处理的目的是从人们收集的大量原始数据中，获得人们所需要的资料并提取有用的数据成分，作为行为和决策的依据。

2. 数据库、数据库系统、数据库管理系统和数据库应用系统的概念

数据库(Data Base，DB)可理解为存放数据的仓库，它是指按照一定的组织结构存储在计算机存储介质上的各种信息的集合，并可被应用程序所共享。它既反映了描述事物的数据本身，又反映了相关事物之间的联系。数据库中的数据具有较小数据冗余、较高的数据独立性和可扩展性，并可为各种合法用户共享。数据库是数据库系统的核心和管理对象。

数据库管理系统(Data Base Management System，DBMS)是位于用户与操作系统之间的一个数据库管理软件。数据库管理系统提供对数据库进行统一管理和控制的功能，使数据与应用程序隔离，使数据具有独立性；使数据结构及数据存储具有一定的规范性，减少了数据的冗余，并有利于数据共享；提供安全性和保密性措施，使数据不被破坏，不被窃用；提供并发控制，在多用户共享数据时保证数据库的一致性；提供恢复机制，当出现故障时，数据恢复到一致性状态。数据库管理系统主要有以下功能：

(1) 数据定义功能　通过数据定义语言对数据库中的数据对象进行定义。

(2) 数据操纵功能　使用数据操纵语言操纵数据，如查询、插入、删除和修改。

(3) 数据库的运行管理功能　数据库在建立、运行和维护时由数据库管理系统统一管理和控制。

(4) 数据库的建立和维护功能　它包括数据库初始数据的输入、转换功能，数据库的转储、恢复功能等。

数据库应用系统是指系统开发人员利用数据库系统资源开发出来的，面向某一类实际应用的应用软件系统。例如，教学管理系统、财务管理系统、人事管理系统等。

数据库系统(DataBase System，DBS)是指引入了数据库的计算机系统，它一般由支持数据库的硬件环境，数据库软件支持环境，数据库，开发、使用和管理数据库应用系统的人员组成。

1) 硬件环境

硬件环境是运行数据库系统的设备环境，包括 CPU、内存、外存及输入输出设备。由于数据库系统承担着数据管理的任务，它要在计算机操作系统的支持下工作，而且包含着数据库管理例行程序、应用程序等，因此要求有足够大的内存空间。同时，由于用户的数据库管理软件都要保存在外存储器上，所以对外存储器容量的要求也很高，还应具有较好的通道性能。

2）软件环境

软件环境包括系统软件和应用软件两类。系统软件主要包括操作系统软件、数据库管理系统软件、开发应用系统的高级语言及编译系统、应用系统开发的工具等。它们为开发应用系统提供了良好的环境，其中数据库管理系统是连接数据库和用户之间的纽带，是软件系统的核心。应用软件是指在数据库管理系统的基础上根据实际需要开发的应用程序。

3）数据库

数据库是数据库系统的核心，是数据库系统的主体构成，是数据库系统的管理对象，是为用户提供数据的信息源。

4）人员

数据库系统的人员是指管理、开发和使用数据库系统的全部人员，主要包括数据库管理员、系统分析员、应用程序员和用户。其中，数据库管理员负责全面地管理和控制数据库系统；系统分析员负责应用系统的需求分析和规格说明确定软、硬件配置、系统的功能及数据库概念模型的设计；应用程序员负责设计和编写应用程序的程序模块，并进行调试和安装；最终用户通过应用程序使用数据库。

1.1.3 数据模型

数据模型是用来抽象、表示和处理现实世界中的数据和信息的工具，是反映客观事物及客观事物之间联系的数据组织的结构和形式。

在数据库技术中，用数据模型描述数据的整体结构，包括数据的结构和性质、数据之间的联系、完整性约束以及数据变换规则等。数据模型应该结构简单、易于在计算机上实现，而且能够比较真实地反映客观事物之间的联系。数据模型是数据库设计人员、程序员和最终用户之间进行交流的工具。

数据模型可分为两种形式：概念模型和实现模型。通常先将现实世界中的一个系统抽象为概念模型，它既不依赖于任何计算机系统，也不依赖于具体的数据库管理系统，然后把概念模型转换为与某一个具体数据库管理系统相关联的数据模型，即实现模型。在实际应用中，人们所说的数据模型是指实现模型。

1. 概念模型

概念模型是现实事物之间的一种抽象，它表示数据的逻辑特性，从概念上表示数据库中将要存储的信息，而不涉及这些信息在数据库中的存储形式。最常见的是实体-联系(E-R)图。

1）实体

实体是指客观存在并相互区别的事物及其事物之间的联系。例如，一个学生、一门课程、学生的一次选课、一次考试等都是实体。

2) 属性

属性是指实体所具有的某一特性。例如,学生的学号、姓名、性别、出生年份、系、入学时间等都是属性。

属性由两部分组成,即属性的名称和属性的取值。例如,某位学生的学号和姓名分别为"20080101"和"张宏",则学号和姓名为属性名,而"20080101"和"张宏"是相应属性的取值。

3) 实体型和实体集

用实体名及其属性名集合来抽象和刻画同类实体,称为实体型。例如,学生(学号,姓名,性别,出生年份,系,入学时间)就是一个实体型。

同类型实体的集合称为实体集。例如,全体学生就是一个实体集。

4) 实体间的联系

实体与实体之间以及实体与组成它的各属性间的关系称为实体间的联系。例如,一名学生可以学习多门课程,每门课程又有多名同学选修;一名教师可以教授多名学生,而每名学生又由多名教师讲授。课程和学生,教师和学生之间都具有实体间的联系。

实体间的联系分为三种情况:

(1) 一对一联系(1∶1)

如果对于实体集 A 中的每一个实体,实体集 B 中至多有一个(也可以没有)实体与之联系,反之亦然,则称实体集 A 与实体集 B 具有一对一联系,记为 1∶1。例如,一个学生只能有一个学号,而一个学号只能指向一个学生,则学生与学号之间具有一对一联系。

(2) 一对多联系(1∶n)

如果对于实体集 A 中的每一个实体,实体集 B 中有个 n 实体($n \geqslant 0$)与之联系,反之,对于实体集 B 中的每一个实体,实体集 A 中至多有一个实体与之联系,则称实体集 A 与实体集 B 有一对多联系,记为 1∶n。例如,一个班级中有若干名学生,而每个学生只在一个班级中学习,则班级与学生之间具有一对多联系。

(3) 多对多联系(m∶n)

如果对于实体集 A 中的每一个实体,实体集 B 中有 n 个实体($n \geqslant 0$)与之联系,反之,对于实体集 B 中的每一个实体,实体集 A 中也有 m 个实体($m \geqslant 0$)与之联系,则称实体集 A 与实体集 B 具有多对多联系,记为 m∶n。例如,一门课程同时有若干个学生选修,而一个学生可以同时选修多门课程,则课程与学生之间具有多对多联系。

5) 实体-联系模型

实体-联系模型是反映实体之间联系的结构形式,简称 E-R 模型。描述 E-R 模型通常 E-R 图表示,E-R 图提供了表示实体型、属性和联系的方法。

E-R 图有三个要素:

(1) 实体型:用矩形表示,矩形框内写明实体名。

(2) 属性:用椭圆形表示,并用无向边将其与相应的实体连接起来。

(3) 联系:用菱形表示,菱形框内写明联系名,并用无向边分别与有关实体连接起来,同时在无向边旁标上联系的类型(1∶1,1∶n 或 m∶n)。

例如,学生和课程实体-联系如图 1-2 所示。

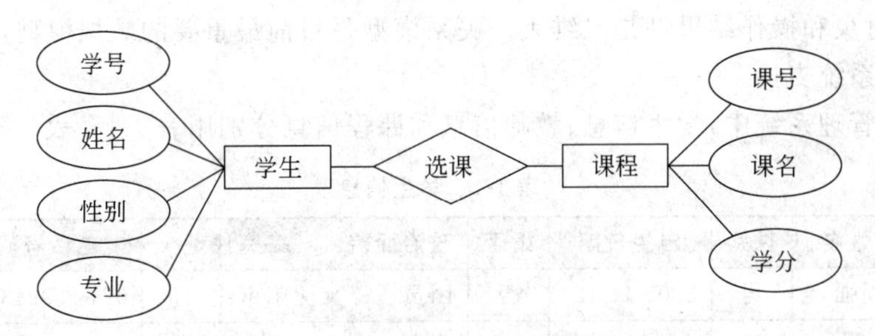

图 1-2　学生和课程实体-联系图

2. 实现模型

为了反映现实世界中的客观事物本身及其与其他事物之间的联系，数据库中的数据必须具有一定的结构，这种结构就是实现模型，也不加区分地统称为数据模型。数据模型是数据之间逻辑关系的一种反映。

数据模型通常分为 3 种类型：层次模型、网状模型和关系模型。

1）层次模型

层次模型是数据库系统中最早采用的数据模型，它通过数据间的从属关系表示数据之间的关系，从数据结构的角度来说，层次模型是有向树结构，其主要特征如下：

(1) 有且仅有一个结点无父结点，这个结点称为根结点。

(2) 其他结点有且仅有一个父结点。

例如，某高校的系级组织结构如图 1-3 所示。

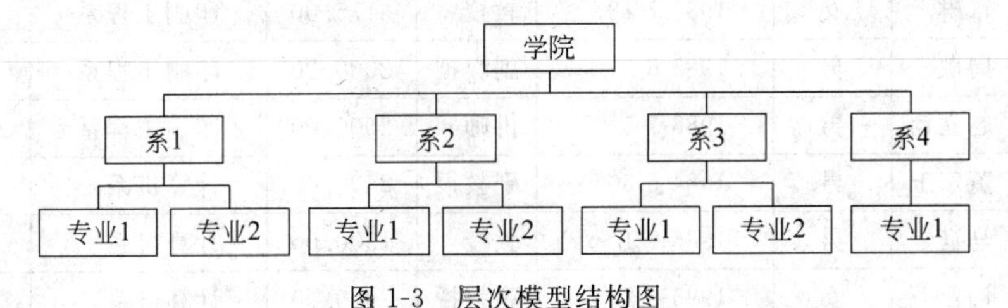

图 1-3　层次模型结构图

2）网状模型

在网状模型中，结点之间的联系不受层次限制，任意两个结点之间都可以发生联系。网状模型是一个网络，从数据结构的角度来说，网状模型是一个有向图结构，其主要特征如下：

(1) 允许一个以上的结点无父结点。

(2) 一个结点可以有多于一个的父结点。

例如，在教学过程中，学生、教师、课程和教室之间的关系可用网状模型表示，如图 1-4 所示。

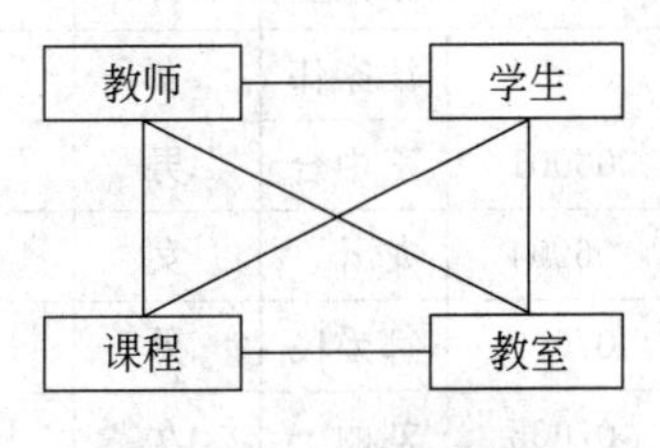

图 1-4　网状模型结构图

3）关系模型

在关系模型中，数据的逻辑结构是一个二维表，由行和列组成。一个关系对于一个表，以二维表的形式表示实体和实体之间联系的数据模型称为关系数据模型。在关系模型中，操作对象和操作结果都是二维表。关系模型是目前最重要的数据模型，被几乎所有数据库管理系统支持。

在教学管理系统中，学生信息、教师信息和课程信息分别用表 1-1～表 1-3 表示。

表 1-1　学生信息

学号	姓名	性别	出生日期	婚否	政治面貌	家庭住址	电话号码	照片
05040011	周强	男	2005-11-12	否	团员	沈阳市沈河区	024-88994321	
05010001	刘一丁	男	1986-1-1	否	共青团员	北京市海淀区	010-2111111	
05040002	王霖	男	1985-6-8	否	团员	北京市海淀区	010-3456789	
05040003	赵莉	女	1985-12-23	否	民主党派	北京市西城区	8768544	
05020001	李想	女	1983-11-12	是	无	北京市东城区	029-8986756	
05020002	张男	女	1983-6-5	是	团员	北京市大兴区	69220000	
05020003	李悦明	男	1984-4-5	否	团员	北京市房山区	89002345	
05020004	王大玲	女	1985-12-12	否	党员	北京市大兴区	010-87516420	
02030001	李跃	男	1987-1-12	否	共青团员	北京市昌平区	010-2345867	
02030002	汪静	女	1987-12-31	否	民主党派	上海市静安区	021-0987777	
06010010	韩冰冰	女	1985-1-2	否	党员	天津市南开区	020-67318722	

表 1-2　教师信息

职工号	姓名	性别	参加工作日期	职称	工资	系　部	邮政编码
01001	章琳	女	1981-7-12	教授	3175.00	印刷工程系	100022
01002	周敬	男	1985-6-5	副教授	2000.00	印刷工程系	100044
01003	赵立钧	男	1988-7-5	讲师	2000.00	印刷工程系	100076
04001	董家玉	男	1984-6-30	副教授	2400.00	计算机系	100082
04003	马良	男	1986-9-1	教授	1500.00	计算机系	100009
04004	许亚芬	女	1995-6-23	副教授	2900.00	计算机系	100085
04008	周树春	男	1984-6-2	教授	1200.00	计算机系	100085
04012	张振	男	2005-3-28	助教	2900.00	计算机系	100085
04022	徐辉	女	1989-6-28	副教授	2600.00	计算机系	100010
05001	马俊亭	男	1983-5-24	讲师	3300.00	管理系	100010
05004	张雨生	女	2001-2-28	教授	3400.00	管理系	100077
05024	汪家伟	女	2004-5-29	助教	1800.00	管理系	100085
06001	王中合	男	1985-6-16	副教授	1500.00	外语系	100051
06004	龙云	女	1994-7-20	讲师	3000.00	外语系	100010
07001	郝爱民	男	1980-6-30	教授	2700.00	艺术设计系	100084
07005	刘丽	女	1994-6-28	讲师	1700.00	艺术设计系	100015

表 1-3 课程信息

课程号	课 程 名 称	开课学期	学时	学分	课程性质
B010101	大学英语	一	72	4	必修
B020101	高等数学	一	80	4	必修
B040101	电路基础	一	80	4	必修
B040201	计算机基础	一	40	2	公选
B040205	计算机组成原理	二	92	5	必修
B040202	C 程序设计	二	64	3	必修
B030101	大学语文	二	36	2	公选
B040203	离散数学	三	64	3	必修
B040204	数据结构	三	72	4	必修
B040206	操作系统	三	64	3	必修
B040209	计算机网络	四	64	3	必修
B040303	微机接口技术	四	64	3	必修
X040203	多媒体技术基础	四	64	3	限选
B040207	VB 程序设计	四	40	0	限选
B040208	数据库系统概论	五	64	3	限选
X040206	软件工程	五	64	3	限选
X040207	网页制作与发布	五	40	2	限选

关系模型是建立在数学二维理论基础上，概念单一，结构简单，实体间的联系都用关系表示。关系模型具有更高的数据独立性，更好的安全性。

基于关系模型的数据库系统是目前应用最广泛的一种数据管理系统，它具有完备的理论基础，简单的数据模型，使用起来也比较方便。

1.2 关系型数据库的基本概念

用关系模型建立的数据库就是关系型数据库。关系数据库建立在严格的数学二维理论基础上，数据结构简单，易于操作和管理。在关系数据库中，数据被分散到不同的数据表中，每个表中的数据只记录一次，从而避免数据的重复输入，减少数据冗余。

1.2.1 基本概念

在关系数据库中，经常会提到关系、属性等概念，下面列出常用的基本概念。

1. 关系

一个关系就是一个二维表，每个关系都有一个关系名。在 Access 中，一个关系可以存储在一个数据表中，每个表有唯一的表名，即数据表名。

例如，可以将表 1-1 命名为“学生”，表 1-2 命名为“教师”，表 1-3 命名为“课程”。

2. 元组

在二维表中，每一行称为一个元组，对应表中一条记录。

例如，在表 1-2 中，高等数学的信息用元组(B0001，高等数学，公共必修，5)表示，而该元组表示的是高等数学课程的信息，在表中对应一条记录。

3. 属性

在二维表中，每一列称为一个属性，每个属性都有一个属性名。在 Access 数据库中，属性也称为字段。字段由字段名、字段类型组成，在定义和创建表时对其进行定义。

4. 域

属性的取值范围称为域，即不同的元组对同一属性的取值所限定的范围。

例如，“性别”属性的取值范围只能是“男”或“女”，“年龄”属性只能是大于 0 的整数。“成绩”属性应在 0～100 之间。

5. 关键字、主键

关键字是二维表中的一个属性或若干属性的组合，即属性组，它的值可以唯一地标志一个元组。

例如，在学生表中，每位学生的学号是唯一的，它对应唯一的学生，因此，学号可以作为学生表的关键字，而姓名不能作为关键字。

当一个表中存在多个关键字时，可以指定其中一个作为主关键字，而其他关键字为候选关键字。主关键字称为主键。

6. 外部关键字

如果一个关系中的属性或属性组并非该关系的关键字，但它们是另外一个关系的关键字，则称其为该关系的外关键字。

1.2.2 关系运算

在关系数据库中，经常需要对表中的数据进行处理，如查找满足条件的记录，或选取某些列，或从多个表中获取数据项，完成这些操作管理通常使用 3 种关系运算：选择、投影和连接。

1. 选择

选择运算是指在关系中选择满足条件的元组，也就是在二维表中选择满足指定条件的行。

例如，在学生表中，若查询所有男同学的信息，则使用选择运算，表达式为：

性别="男"

2. 投影

投影运算是指在关系中选择某些属性，也就是在二维表中选择某些列。

例如，在学生表中，取学生的学号、姓名、性别生成学生名单，则可以使用投影运算来实现。

3. 连接

连接是将两个和多个关系模式通过公共的属性名连接成一个新的关系模式，生成的新关系包含满足连接条件的元组。例如，设有3个关系：学生(学号，姓名，所在系，性别，现住址)；课程(课程号，课程名，学分)；选修(学号，课程号，成绩)。若想查询成绩90分以上的学生姓名，可以通过连接运算，连接结果包括学生、课程、选修三个关系中属性的并集。

连接运算分为两种形式：等值连接和自然联接。

(1) 等值连接：以连接条件中的关系运算符＝表示，即两个属性等值连接。

(2) 自然联接：是去掉重复属性的等值连接。它属于联接运算的一个特例。

1.2.3 关系的完整性

关系模型对数据一般都具有一定的限制，这种限制称为完整性或完整性约束。关系模型的完整性是保证关系数据表正确的关键。

关系模型支持实体完整性约束、参照完整性约束和域约束3种完整性约束。

1. 实体完整性约束

实体完整性规则是指关系中主键不能取空值和重复的值。单列主键的值不能为空，复合主键的任何列也不能接收空值。例如，在学生信息表中，“学号”为该表的主键，那么在数据库的任何记录中，“学号”列的值都不能为空。这样的约束称为实体完整性约束。

2. 参照完整性约束

参照完整性约束关心的是逻辑相关的表中值与值之间的关系。假设X是一个表A的主键，在表B中是外键，那么若K是表B中一个外部键值，则表A中必然存在X上的值为K的记录。例如，“系号”是院系信息表的主键，而在学生信息表中是相对于院系信息表的外键(学生信息表中的主关键字是由“学号”和“系号”组合而成)，对于学生信息表的任何记录，其所包含的“系号”的值，在院系信息表的“系号”列中必然存在一个相同的值。这样的约束称为参照完整性约束。

3. 域约束

域是逻辑相关的值的集合，从域中可以得出特定列的值。

例如，在学生信息表中，“出生日期”域的值必须按照特定的统一格式存放，而不能有时用1986.12.23格式，有时用12/23/1986格式，造成数据混乱；“学生名字”、“院系名称”

等域的值必须属于字符集合；对于“性别”，该域中的值必须局限于“男”、“女”等。

1.3 Access 2010 系统概述

Access 2010 是 Microsoft Office 2010 系列应用软件的关系数据库产品，是目前最普及的关系数据库管理软件之一。它在继承 Access 2007 的功能的基础上，增加了更强大的功能，它为用户提供了智能化的处理，更为友好的操作界面。Access 2010 提供多种向导和控件，即使没有编程经验的用户也可以进行数据库的管理和操作。

1.3.1 Access 2010 的功能和特性

Access 2010 由于与 Microsoft Office 应用程序的高度集成，为用户提供了友好的用户界面和方便快捷的运行环境。Access 2010 不仅继承 Access 2003 和 Access 2007 的所有功能，同时还增加了许多新的特性。

1. Access 2010 的主要功能

1）完善的数据库管理

Access 2010 数据处理功能强大，能够地管理各种数据库对象，具有强大的数据组织、用户管理、安全检查等功能。

2）完善的帮助和向导

Access 2010 提供的上下文相关的帮助信息使得用户在遇到困难时，可以随时得到帮助。

3）良好的兼容性

Access 2010 不但能访问早期 Access 版本的数据库，还可以访问其他多种格式如 dBase、Paradox 等格式的数据库文件，支持 ODBC 标准的 SQL 数据库的数据，为 Access 与其他数据库系统之间的数据交换与共享提供了方便。

4）“所见即所得”的窗体和报表

Access 2010 提供了“所见即所得”的设计环境，使用户在设计窗体和报表过程中，即时看到设计结果。而在很多数据库系统中，设计窗体和报表要通过编写程序才能实现。

5）强大数据库转换功能

Access 2010 能够实现不同版本的 Access 数据共享。Access 2010 不仅可以将低版本的 Access 数据库转换为 Access 2010 的数据库，还可以将 Access 2010 数据库转换为低版本的 Access 数据库。

6）不同格式的文件的转换

在 Access 2010 中，可以将 Access 中的数据导出到 Excel、Word 和文本文件中，也可以将 Excel、文本文件和其他数据库文件中的数据导入到 Access 数据库中。

7）面向对象的集成开发环境

Access 2010 提供了编程工具 VBA，可以开发面向对象的数据库应用程序。与其他程序设计语言相比，VBA 更为直观和简便，更适合普通用户和非专业人员使用。

8）强大的网络数据库功能

Access 2010 提供了网络数据库功能，支持 Access 与 SharePoint 网站的数据库共享，使用 Access 2010，可以很容易地将数据发布到 Web 上，为网络用户提供数据库共享带来方便。

2. Access 2010 的新特性

1）全新的用户界面

Access 2007 中引入并在 Access 2010 中增强的全新用户界面旨在使用户能够轻松地查找命令和功能。在 Access 2003 以前的版本中，命令和功能常常深藏在复杂的菜单和工具栏中。Access 使用称为功能区的标准区域来代替 Access 及以前版本的中多层菜单和工具栏，使用户操作更为方便。

2）更强大的对象创建工具

Access 2010 为创建数据库对象提供了直观的环境。使用"创建"选项卡可快速创建新窗体、报表、表、查询及其他数据库对象。如果在导航窗格中选择了一个表或查询，则可以通过选择"窗体"或"报表"命令，基于该对象来创建新的窗体或报表。

3）改进的数据显示

新增的数据显示功能可帮助用户更快地创建数据库对象，然后更轻松地分析数据。

4）新的数据类型和控件

Access 2010 中新增的计算字段以存储计算结果。引入了新增的和增强的数据类型和控件有多值字段、附件数据类型、增强的"备注"字段、日期/时间字段的内置日历控件。

5）共享 Web 网络数据库

共享 Web 网络数据库是 Access 2010 的新特色之一，它极大地增强了通过 Web 网络共享数据库的功能。另外，Access 2010 提供了一种数据库应用程序，作为 Access Web 应用程序部署到 SharePoint 服务器上的新方法。

6）增强的安全性

利用增强的安全功能以及与 Windows SharePoint Services 的高度集成，可以更有效地管理，并使用户能够让自己的信息跟踪应用程序比以往更加安全。通过将跟踪应用程序数据存储在 Windows SharePoint Services 上的列表中，可以审核修订历史记录、恢复已删除的信息以及配置数据访问权限。

1.3.2 Access 2010 集成环境和基本操作

1. Access 2010 的启动

启动 Access 2010 的方法有以下几种。

- 从"开始"菜单启动。
- 通过桌面上的快捷方式。
- 通过文件夹中的 Access 文件图标。

• 直接打开某个数据库文件。

2. Access 2010 的退出

退出 Access 2010 可使用以下方法。

• 选择“文件”菜单中的“退出”命令。
• 单击 Access 2010 窗口右上角的“关闭”按钮☒。
• 按 Alt＋Space 键，在弹出的快捷菜单中选择“关闭”命令。
• 按 Alt＋F4 键。

3. Access 主界面

Access 2010 启动后，即打开系统的主界面，界面布局随操作的对象的变化而不同。例如，当打开表对象后，界面布局如图 1-5 所示。

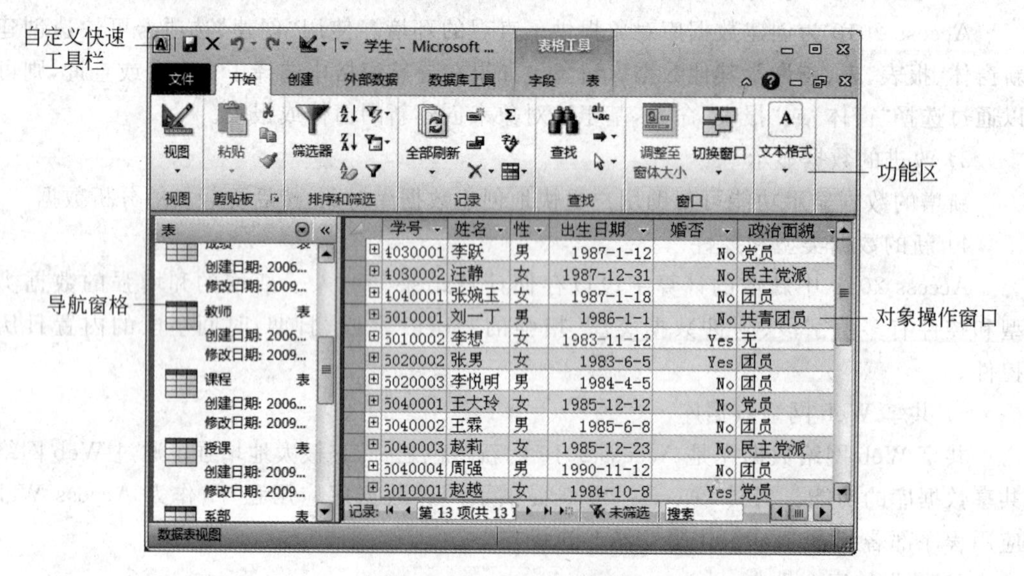

图 1-5　Access 2010 的窗口

Access 2010 主窗口由 4 部分组成，分别是标题栏、功能区、工作区、状态栏，其中工作区是数据库操作窗口，对数据库所有对象的操作均在此区域内完成。

1）标题栏

由标题、自定义快速访问工具栏、“最小化”按钮、“最大化”按钮和“关闭”按钮组成。自定义快速访问工具栏提供了常用文件操作命令，用户可以根据需要对快速访问工具栏进行设置。

2）功能区

Access 2010 的功能区位于标题栏的下方，由多个命令选项卡组成，每个选项卡中被分成若干个组，每组包含相关功能的命令按钮。

在 Access 2010 中，允许将功能区隐藏起来。关闭和打开功能区最简单的方法是：若要关闭功能区，只需双击功能选项卡。若要再次打开功能区，只需单击命令选项卡。也可以使用功能最小化按钮和展开功能区按钮来隐藏和展开功能区。

3）工作区

工作区分为左右两个区域，左边的区域是数据库导航窗格，显示 Access 的所有对象，用户使用该窗口选择或切换数据库对象；右边区域是数据库对象窗口，用户通过该窗口实现对数据库对象的操作。

4）状态栏

状态栏位于窗口最底部，用于显示数据库管理系统的工作状态。

4. Access 2010 命令选项卡

Access 2010 的功能区包括"文件"、"开始"、"创建"、"外部数据"和"数据库工具"等选项卡，此外，在对数据库对象进行操作时，还将打开上下文命令选项卡。

1）"开始"选项卡

"开始"选项卡包括"视图"、"剪贴板"、"排序和筛选"、"记录"、"查找"、"窗口"和"文本格式"组，如图 1-6 所示。利用该选项卡可以实现视图切换、数据库对象或记录的复制与移动、记录的创建、保存、删除以及排序与筛选等、设置字体、数据的查找或替换等操作。

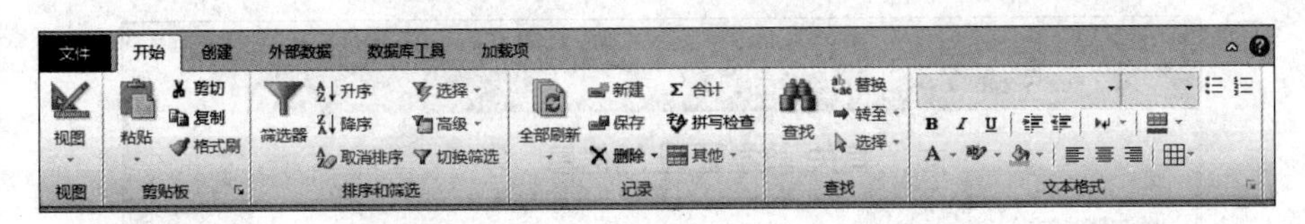

图 1-6 "开始"选项卡

2）"创建"选项卡

"创建"选项卡包括"模板"、"表格"、"查询"、"窗体"、"报表"、"宏与代码"组，如图 1-7 所示。使用该选项卡可以利用模板或自行创建创建表、查询、窗体、报表、宏等数据库对象，也可以创建应用程序。

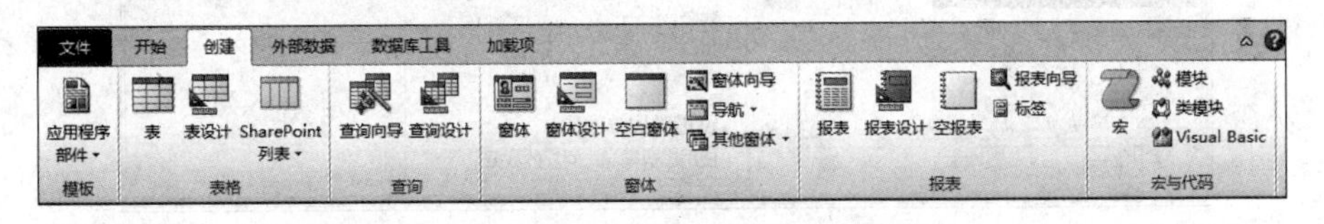

图 1-7 "创建"选项卡

3）"外部数据"选项卡

"外部数据"选项卡包括"导入并链接"、"导出"、"收集数据"组，如图 1-8 所示。使用该选项卡可以进行数据库的导入和导出，也可以创建应用程序。

图 1-8 "外部数据"选项卡

4）“数据库工具”选项卡

“数据库工具”选项卡包括“压缩和修复数据库工具”、“宏”、“关系”、“分析”、“移动数据”组，如图 1-9 所示。使用该选项卡可以创建和查看表间的关系，启动 VB 程序编辑器，运行宏，在 Access 和 SQL Server 之间移动数据以及压缩和修复数据库等。

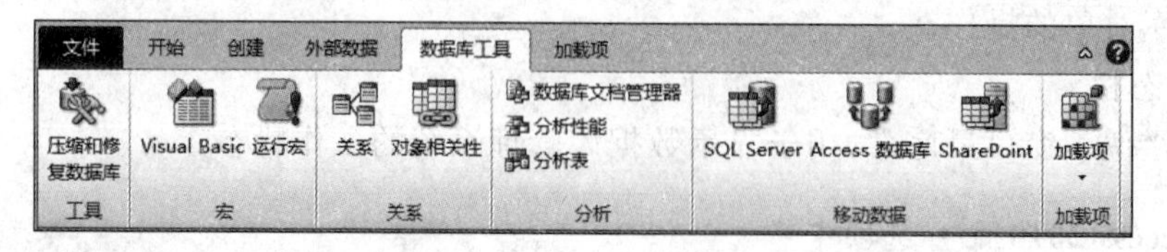

图 1-9 “数据库工具”选项卡

5）“文件”选项卡

“文件”选项卡是一个特殊的选项卡，与其他选项卡的结构、布局有所不同，单击“文件”选项卡，打开文件窗口，如图 1-10 所示。窗口被分成左右两个窗格，左侧窗格显示与文件操作的相关按钮，右侧窗格显示执行不同命令的结果。使用“文件”选项卡中的命令可以实现创建、打开/关闭、保存数据库等操作。

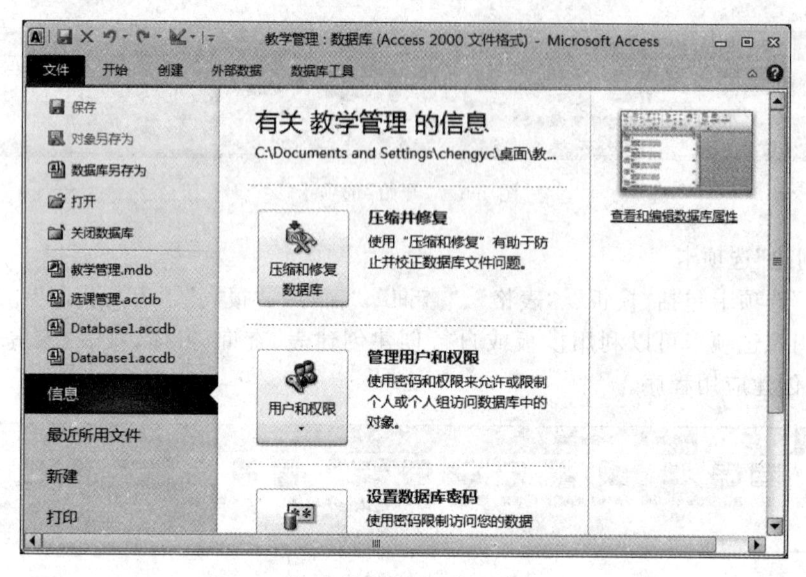

图 1-10 “文件”选项卡

6）上下文命令选项卡

上下文命令选项卡，是指可以根据上下文，即进行操作的对象以及正在执行的操作，在常规命令选项卡右侧显示的命令选项卡。例如，当打开表的数据表视图时，会出现“表格工具”下的“字段”或“表”选项卡，如图 1-11 所示。

上下文选项卡可根据所选对象的状态不同自动显示或关闭，为用户带来极大的方便。

5. Access 2010 导航窗格

导航窗格用于显示数据库的所有对象，在对数据库进行操作时使用该窗格进行对象的切换。导航窗格有两种状态：折叠和展开。单击导航窗格上方的按钮«和»，可以折叠或展开导航窗格。

在导航窗格中，右击任何对象即可打开快捷菜单，可以从中选择需要的命令执行相应的操作。

单击导航窗格右上方的按钮，弹出"浏览类别"菜单，如图1-12所示。选择所需要查看的对象即可进行切换。

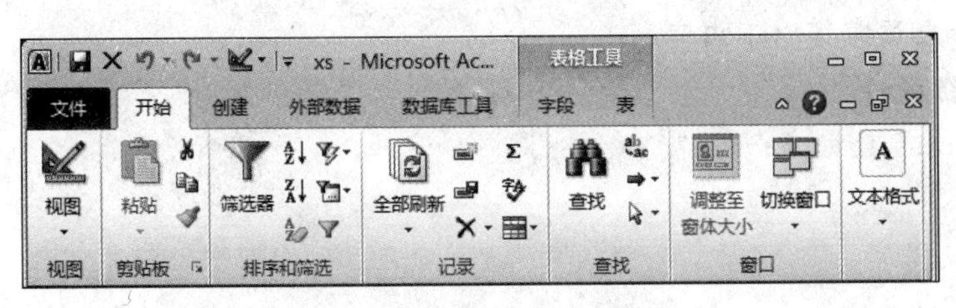

图1-11 "表格工具"选项卡

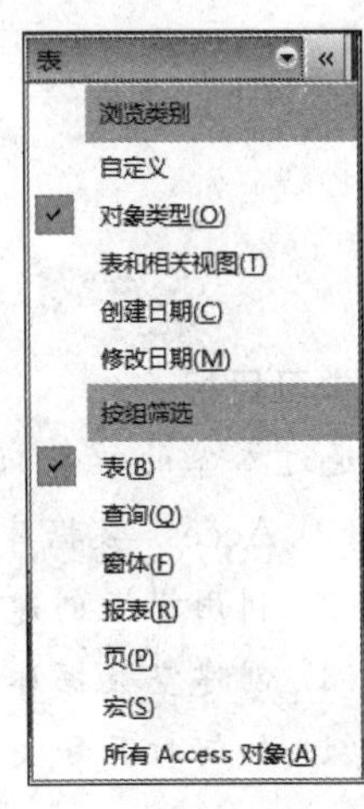

图1-12 "浏览类别"菜单

思考与练习

(1) 什么是数据库、数据库管理系统和数据库应用系统？

(2) 简述数据库管理系统的功能。

(3) 数据库系统的主要组成部分是什么？

(4) 什么是数据模型？数据模型分为几种类型？各有何特点？

(5) 什么是关系型数据库？

(6) 什么是关系的完整性约束？

(7) 实体联系模型有几种？举例说明。

(8) Access 2010有哪些新特性？

(9) Access 2010的导航窗格有何作用？

(10) 设计一个"教师管理系统"数据库，包含以下基本信息：

① 教师基本信息；

② 教师授课信息；

③ 班级基本信息；

④ 教师工资信息。

数据库操作

学习目标

通过本章的学习,读者应该掌握以下内容:

(1) Access 数据库的组成;

(2) 利用模板创建 Access 数据库;

(3) 创建空数据库;

(4) 如何打开和关闭数据库。

2.1 Access 2010 的数据库对象

在 Access 2010 中,数据库由“表”、“查询”、“窗体”、“报表”、“宏”和“模块”等 6 个对象组成,每个对象在数据库中的作用和功能是不同的。当打开一个数据库时,数据库的所有对象将会在导航窗格中显示出来,如图 2-1 所示。在导航条中单击某个对象或右边的 ¥ 按钮可以显示该对象中的所有子对象,所有的数据库对象都保存在扩展名为.accdb 的同一个数据库文件中。

图 2-1 数据库窗口

各种数据库对象之间存在着某种特定的依赖关系，其中表是数据库的核心和基础，所有数据都存储于表中。查询、窗体和报表都从表中获取数据，以满足用户特定的需要。

1. 表

表是数据库中用来存储数据的基本对象，用于存储实际数据，如图 2-2 所示的表存储了学生的信息。

学号	姓名	性	出生日期	婚否	政治面貌	家庭住址	电话号码	系号	备注
4030001	李跃	男	1987-1-12	No	党员	北京市海淀区	(010)-2345	03	“三好学生”
4030002	汪静	女	1987-12-31	No	民主党派	不祥	(021)-0987	03	
4040001	张婉玉	女	1987-1-18	No	团员	北京市西城区	(010)81009	04	
5010001	刘一丁	男	1986-1-1	No	共青团员	北京市海淀区	(010)-2111	01	
5010002	李想	女	1983-11-12	Yes	无	北京市东城区	(029)-8986	02	特困生
5020002	张男	女	1983-6-5	Yes	团员	北京市大兴区	( )69220	02	
5020003	李悦明	男	1984-4-5	No	团员	北京市房山区	( )89002	02	
5040001	王大玲	女	1985-12-12	No	党员	北京市大兴区		04	
5040002	王霖	男	1985-6-8	No	团员	北京市海淀区	(010)-3456	04	
5040003	赵莉	女	1985-12-23	No	民主党派	北京市西城区	( ) 8768	04	
5040004	周强	男	1990-11-12	No	团员	沈阳市沈河区	(024-)88994	04	
6010001	赵越	女	1984-10-8	Yes	党员	dalian	(0411)89898	01	
6010010	韩冰冰	女	1985-1-2	No	党员	不祥	( ) 1	01	

图 2-2 “学生”表窗口

在 Access 2010 系统中，可以使用系统提供的功能创建表，可以对表中的结构和数据进行处理和维护。

一个数据库中可以包含多个数据表，一个表应围绕一个主题建立，如学籍表、成绩表。相关的表之间可以创建关系，建立了关系的多个表可以像一个表一样使用。

2. 查询

查询是数据库中非常重要的操作，是指根据指定条件从数据表或其他查询中筛选出符合条件的记录。查询结果以二维表的形式显示，是一个动态数据集合，每执行一次查询操作都会显示数据源中最新数据。在 Access 中，查询也是一个表，是以表为基础数据源的虚表，它是一个或多个表的相关信息的“视图”。查询可以作为表加工处理后的结果，也可以作为其他数据库对象的数据来源。图 2-3 展示了“查询成绩平均分最高最低分”的浏览界面。

查询成绩平均分最高最低分

姓名	平均分	最高分	最低分
李想	81.33333333	90	67
刘一丁	67.33333333	76	56
王大玲	73.5	85	60
王霖	84.83333333	89	78
赵莉	88	88	88
周强	65.25	88	50

记录: 第 6 项(共 6 项) 无筛选器 搜索

图 2-3 “查询成绩平均分最高最低分”浏览界面

3. 窗体

窗体是用户与 Access 应用程序之间的主要接口，它主要用于提供数据库的操作界面，供用户显示和修改表中的数据。图 2-4 展示了查询学生单科成绩的浏览窗体，窗体的数据源来自表或查询，利用窗体可以将整个应用程序组织起来，形成一个完整的应用系统。

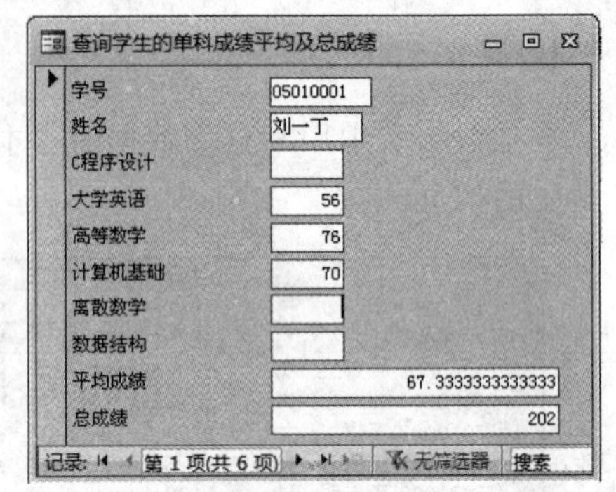

图 2-4 “课程”信息浏览窗体

4. 报表

报表用来以格式化方式显示并打印数据。利用报表可以整理和计算基本表中的数据，有选择地显示指定信息，学生选课成绩报表如图 2-5 所示。报表的数据源可以来自表、查询或 SQL 语句，利用报表可以对记录进行分组并对数据进行汇总。

5. 宏

宏是一系列操作的集合，每个操作都对应于 Access 的某项特定功能，如打开窗体、打印报表。可以将使用频率高的、大量的重复性操作创建成宏，使这些操作可以自动完成。

用户通过宏可以完成大多数的数据处理任务，甚至可以开发出具有特定功能的数据库应用程序。“课程信息宏组”界面如图 2-6 所示。

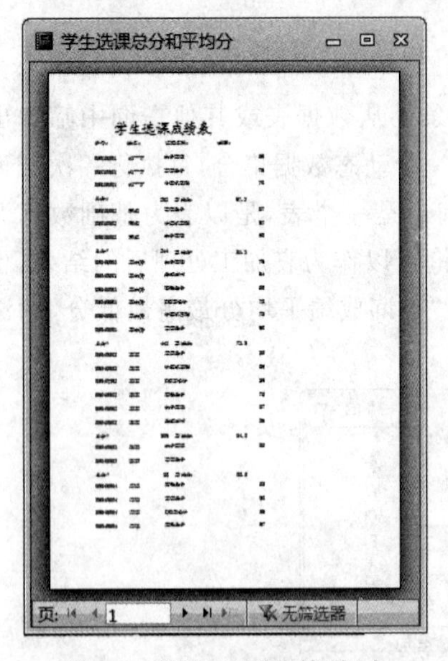

图 2-5 “学生选课成绩”报表

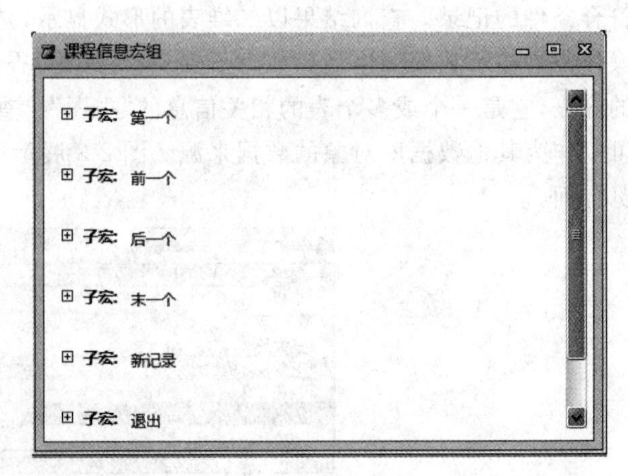

图 2-6 “课程信息宏组”设计视图

6. 模块

模块是 VBA(Visual Basic for Applications)程序的集合,用于实现数据库较为复杂的操作,如图 2-7 所示。

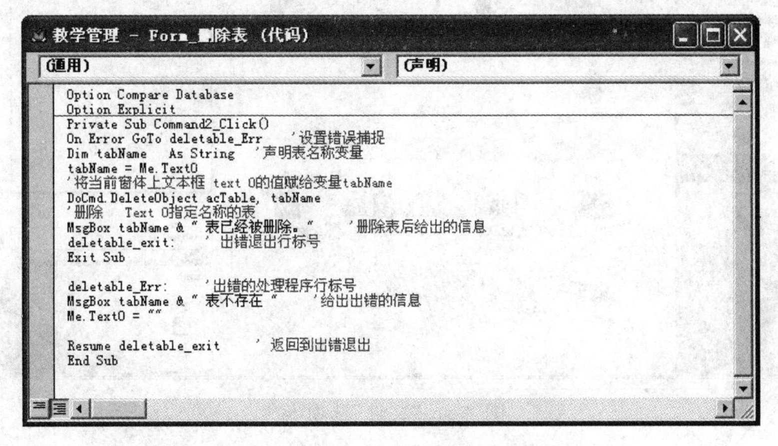

图 2-7　模块设计窗口

模块将声明和过程作为一个单元保存,完成宏不能完成的任务。模块有两个基本类型：类模块和标准模块。类模块与某个窗体或报表相关联,标准模块存放供其他 Access 数据库对象使用的公共过程。

2.2　创建数据库

在 Access 中,创建数据库通常有两种方法：一种方法是利用 Access 提供的向导程序创建数据库;另一种方法是直接创建空数据库。

2.2.1　创建空数据库

在创建数据库对象之前,必须先创建数据库。用户想根据自己的需要管理数据,可以创建一个空数据库,然后创建数据库中的其他对象。

【实例 2-1】　创建一个空数据库,名为"选课管理"。

操作步骤如下：

(1) 启动 Access 2010,在"文件"选项卡中选择"新建"命令,打开"可用模板"窗格,如图 2-8 所示。

(2) 在左侧的窗口中选择"空数据库",右侧的窗口中的"文件名"文本框中给出了一个默认的文件名 Database1. accdb,将其修改为"选课管理. accdb"。

(3) 单击文件夹按钮,打开"文件新建数据库"对话框,如图 2-9 所示。

(3) 选择数据库的保存位置,然后单击"确定"按钮,返回到 Access 启动界面,显示将要创建的数据库的名称和保存位置,单击"创建"按钮,数据库创建完成。可以看到,在数

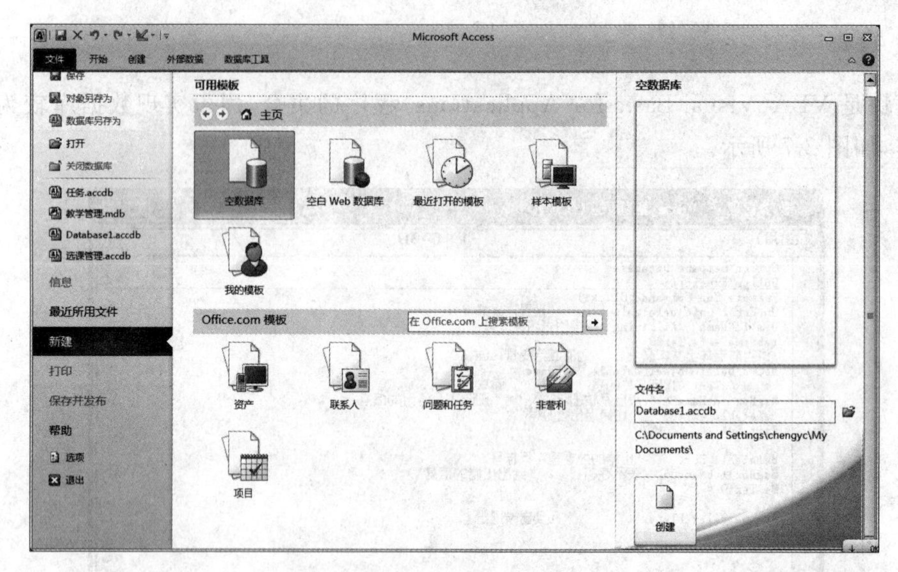

图 2-8 “文件”选项卡

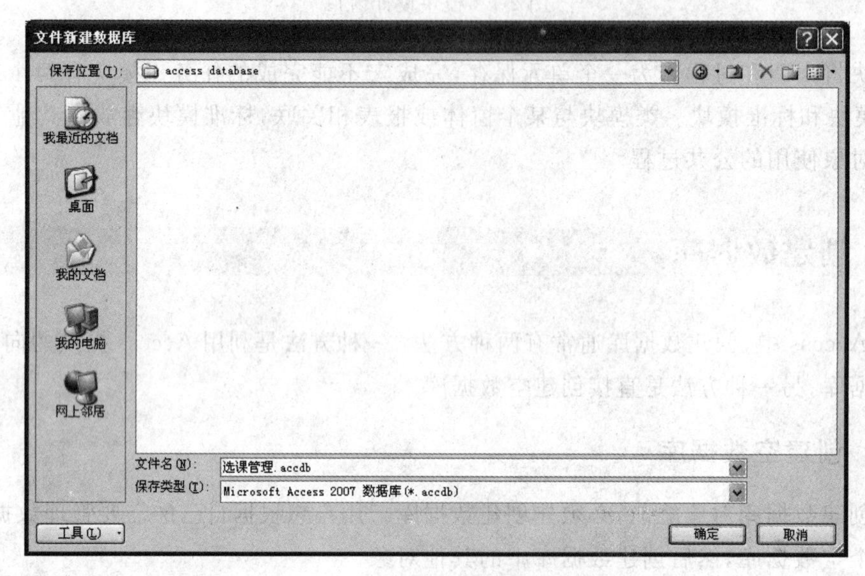

图 2-9 “文件新建数据库”对话框

据库中自动创建了一个名为“表 1”的表，并以数据表视图方式打开“表 1”，光标位于“单击以添加”列中第一个单元格中，可以对表 1 进行编辑操作，如图 2-10 所示。

2.2.2 利用模板创建数据库

模板是 Access 系统为了方便用户建立数据库而设计的一系列模板类型的软件程序，通过它可以大大方便初学创建数据库及数据库对象的用户。Access 2010 共提供了 12 个数据库模板，用户可以根据自己的需要选择相应的模板创建数据库及其他对象。

【实例 2-2】 利用模板创建一个“任务”数据库。

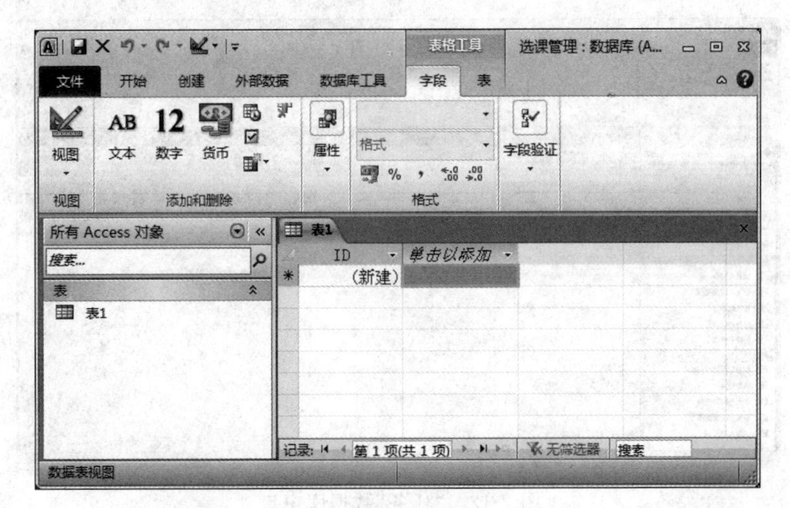

图 2-10 “表 1”数据表视图

操作步骤如下：

(1) 选择“文件”选项卡，单击“新建”命令，打开“新建”窗格，单击“样本模板”，如图 2-11 所示。

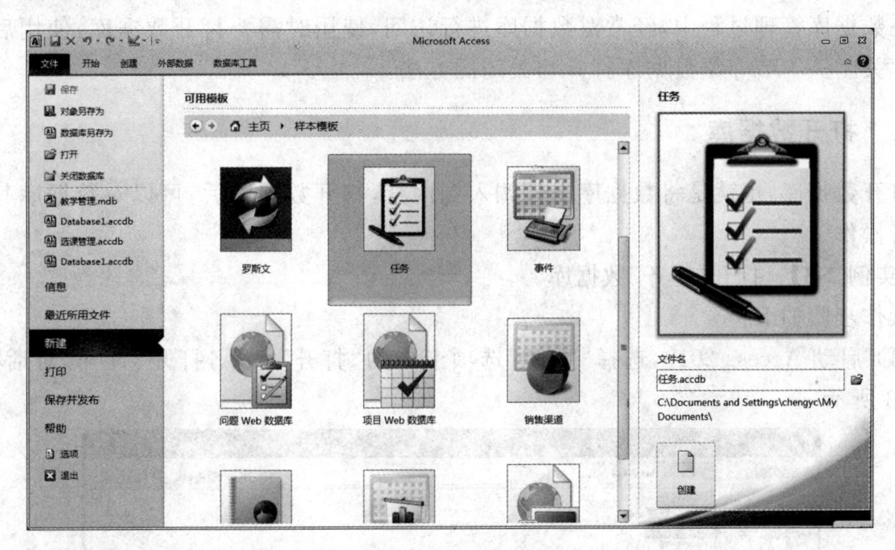

图 2-11 “新建”窗口

(2) 在列出的模板中选择“任务”模板，并在右边的窗格中选择文件保存路径，输入数据库文件名。

(3) 单击“创建”按钮，系统将自动完成数据库的创建。创建的数据库如图 2-12 所示。

可以看到，在“任务”数据库中，系统自动创建了表、查询、窗体、报表等对象，用户可以根据自己的需要在表中输入数据。

利用模板创建的数据库如果不能满足用户需求，可以在数据库创建完成后进行修改。

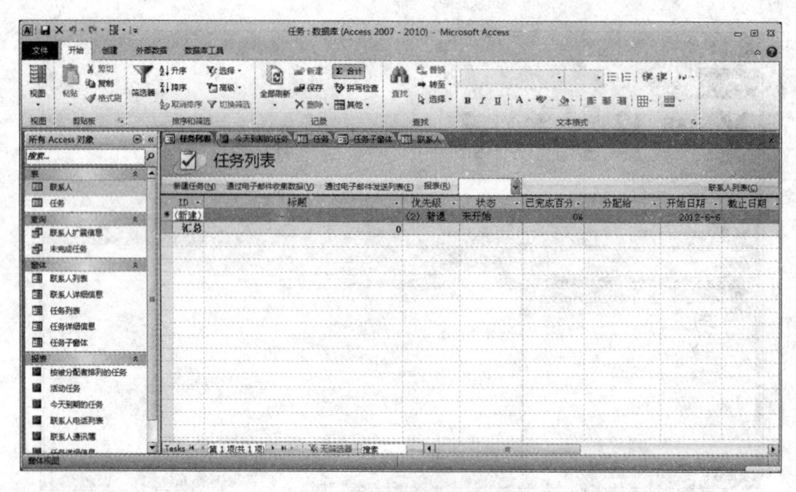

图 2-12 “任务”数据库窗口

2.3 数据库打开与关闭

在数据库管理过程中，经常对数据库进行访问，使用时需要打开数据库，使用后要将数据库关闭。本节介绍数据库打开与关闭的方法。

2.3.1 打开数据库

打开数据库，也就是将数据库文件调入到内存，打开数据库后，可以对数据库其他对象进行操作。

【实例 2-3】 打开“任务”数据库。

操作步骤如下：

(1) 启动 Access 2010，选择“文件”选项卡中的“打开”命令，打开“打开”对话框，如图 2-13 所示。

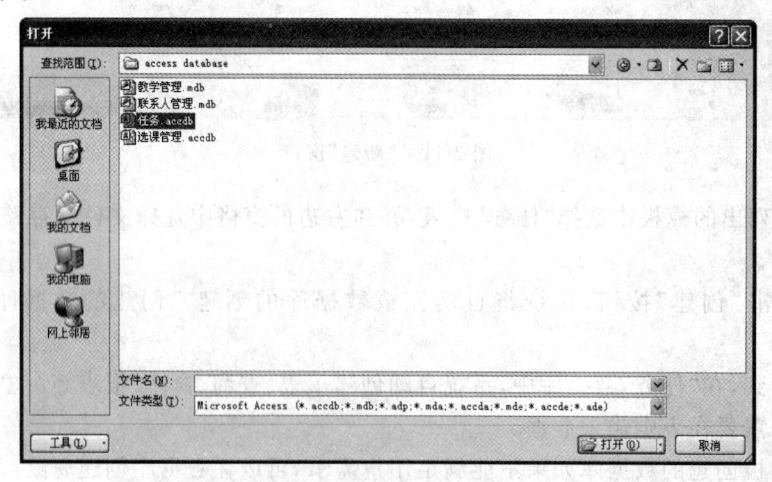

图 2-13 “打开”对话框

(2) 在“查找范围”下拉列表框中，选择数据库文件所在的文件夹，在“文件名”文本框中输入要打开的数据库文件名“任务.accdb”，或在文件列表中直接选择数据库文件名，然后单击“打开”按钮，数据库文件将被打开，数据库中的所有对象将出现在窗口中，如图 2-12 所示。

说明：可以通过“打开”按钮右侧的箭头选择数据库打开方式，如图 2-14 所示。

(1) 如果选择“打开”，被打开的数据库可以被网络中的其他用户共享，这是默认的数据库文件打开方式。

(2) 如果选择以“以只读方式打开”，只能使用、浏览数据库中的对象，不能对其进行修改。

(3) 如果选择以“以独占方式打开”，则其他用户不可以使用该数据库。

(4) 如果选择以“以独占、只读方式打开”，则只能是使用、浏览数据库对象，不能对其进行修改，其他用户不能使用该数据库。

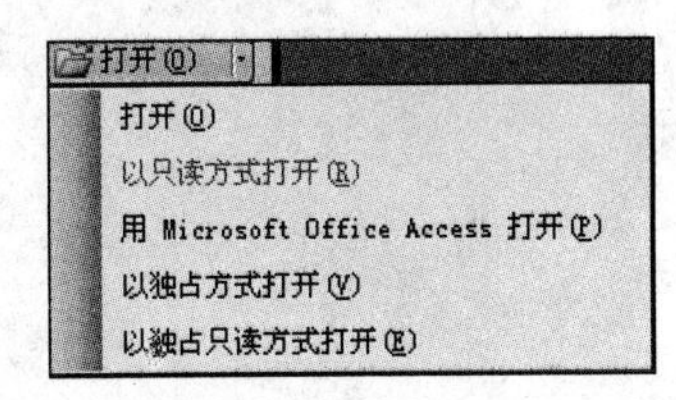

图 2-14 “打开”菜单

2.3.2 关闭数据库

关闭数据库是指将数据库从内存中清除，关闭数据库后数据库窗口将关闭。关闭数据库有以下几种方法：

(1) 选择“文件”选项卡中的“关闭数据库”命令。

(2) 选择“文件”选项卡中的“退出”命令。

(3) 单击数据库窗口标题栏的“关闭”按钮。

思考与练习

1. 思考题

(1) 数据库中有哪些对象？这些对象的作用是什么？

(2) 如何启动 Access 2010 数据库管理系统？

(3) 打开数据库文件的方法有哪些？

2. 上机操作题

(1) 创建一个空数据库，数据库的名称为“教师管理”。

(2) 利用模板创建一个“学生管理”数据库。

第3章 表

学习目标

通过本章的学习，应该掌握以下内容：

(1) 创建表；

(2) 设置表中字段的属性；

(3) 数据的编辑方法；

(4) 创建索引和主键；

(5) 创建和编辑表间的关系。

3.1 表的概念

在关系型数据库中，表是用来存储和管理数据的对象，它是整个数据库系统的基础，也是数据库其他对象的操作基础。

在 Access 中，表是一个满足关系模型的二维表，即由行和列组成的表格。表存储在数据库中并以唯一的名称标识，表的名称可以使用汉字或英文字母等。

3.1.1 表的结构

表由表结构和表中数据组成。表的结构由字段名称、字段类型以及字段属性组成。

字段名称是指二维表中某一列的名称。字段的命名必须符合以下规则：可以使用字母、汉字、数字、空格和其他字符，长度为 1～64 个字符，但不能使用“.”、“!”、[、]等。

字段类型是指字段取值的数据类型，即表中每列数据的类型，可以使用文本型、数字型、备注型、日期/时间型、逻辑型等 10 种数据类型。

字段属性是指字段特征值的集合，分为常规属性和查阅属性两种，用来控制字段的操作方式和显示方式。字段说明是对字段的说明。

在选课管理系统中，包含教师表、学生表、课程表、选课表及用户表等。各个表的结构如下：

(1) 教师表：字段包括编号、姓名、性别、参加工作日期、职称、工资、教研室、邮政编码和电话等，如图 3-1 所示。

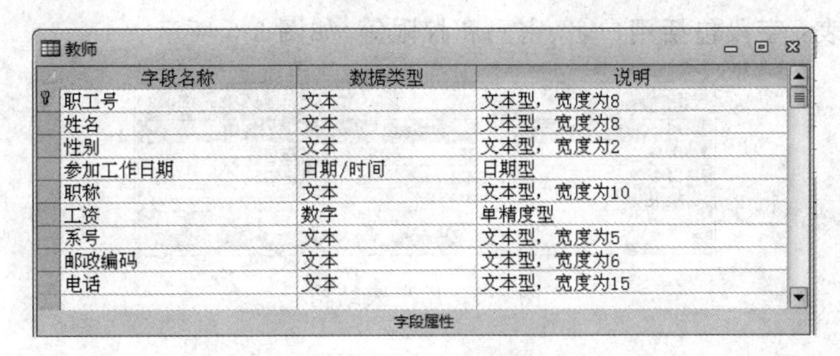

教师

字段名称	数据类型	说明
职工号	文本	文本型，宽度为8
姓名	文本	文本型，宽度为8
性别	文本	文本型，宽度为2
参加工作日期	日期/时间	日期型
职称	文本	文本型，宽度为10
工资	数字	单精度型
系号	文本	文本型，宽度为5
邮政编码	文本	文本型，宽度为6
电话	文本	文本型，宽度为15

字段属性

图 3-1　教师表结构

(2) 学生表：字段包括学号、姓名、性别、出生日期、政治面貌、婚否、家庭住址、电话、照片等，如图 3-2 所示。

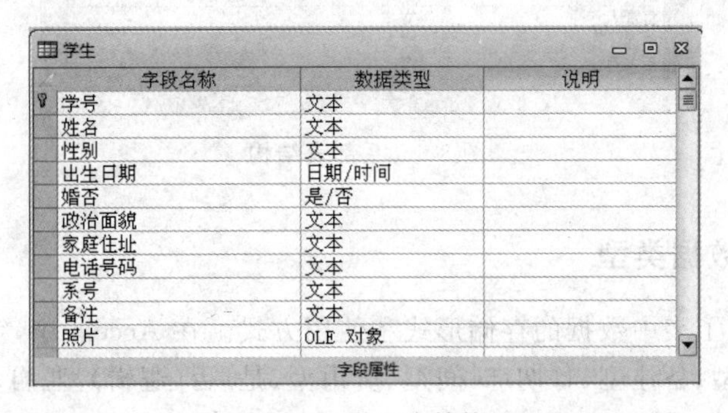

学生

字段名称	数据类型	说明
学号	文本	
姓名	文本	
性别	文本	
出生日期	日期/时间	
婚否	是/否	
政治面貌	文本	
家庭住址	文本	
电话号码	文本	
系号	文本	
备注	文本	
照片	OLE 对象	

字段属性

图 3-2　学生表结构

(3) 课程表：字段包括课程号、课程名称、开课学期、学时、学分、课程类别、专业、教研室等，如图 3-3 所示。

课程

字段名称	数据类型	说明
课程号	文本	课程编号
课程名称	文本	
开课学期	文本	
学时	数字	
学分	数字	
课程类别	文本	
专业	文本	
教研室	文本	

字段属性

图 3-3　课程表结构

(4) 选课表：字段包括学号、课程号和成绩等，如图 3-4 所示。

选课

字段名称	数据类型	说明
学号	文本	
课程号	文本	
成绩	数字	

字段属性

图 3-4　选课表结构

(5) 用户表：字段包括用户名、密码和权限等，如图 3-5 所示。

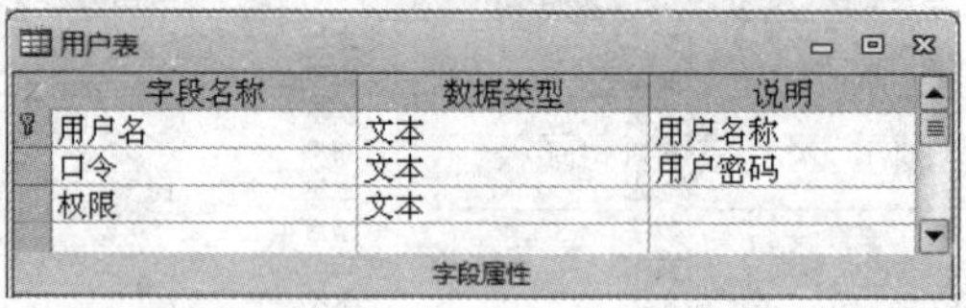

用户表

字段名称	数据类型	说明
用户名	文本	用户名称
口令	文本	用户密码
权限	文本	

字段属性

图 3-5 用户表结构

(6) 系部表：字段包括系号、系名称、负责人、电话等，如图 3-6 所示。

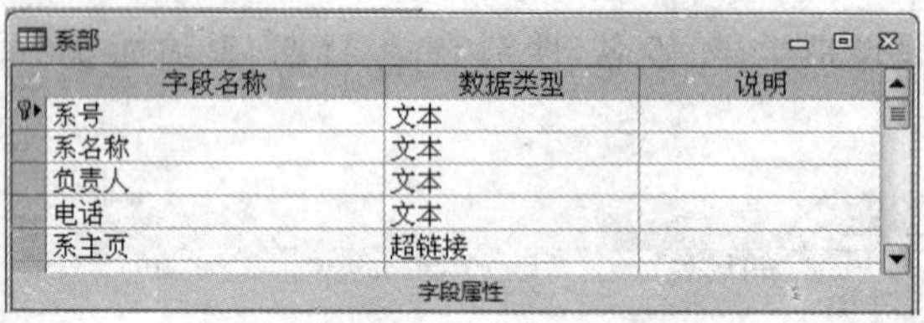

系部

字段名称	数据类型	说明
系号	文本	
系名称	文本	
负责人	文本	
电话	文本	
系主页	超链接	

字段属性

图 3-6 系部表结构

3.1.2 字段的数据类型

数据类型决定了表中数据的存储形式和使用方式。在 Access 中，字段的数据类型可分为文本型、数字型、备注型、日期/时间型、货币型、是/否(逻辑)型、自动编号型、OLE 对象型、超链接型以及查阅向导型等 10 种。

1. 文本型

文本型字段用来存放字符串数据。如学号、姓名、性别等字段。文本型数据可以存储汉字和 ASCII 字符集中可打印字符，文本型字段数据的最大长度为 255 个字符，系统默认的字段长度为 50，用户可以根据需要自行设置。例如，设置字段大小为 5，则该字段的值最多只能容纳 5 个字符。

2. 备注型

备注型字段用来存放较长的文本型数据，如备忘录、简历等字段。备注型数据是文本型数据类型的特殊形式，备注型数据没有数据长度的限制，但受磁盘空间的限制。当字段中存放的字符个数超过 255 时，应该定义该字段为备注型。

3. 数字型

数字型字段用来存储由整数、实数等可以进行计算的数据。根据数字型数据的表示形式和存储形式的不同，数值型可以分为整型、长整型、单精度型、双精度型等，其数据的长度由系统设置，分别为 1、2、4、8 个字节。

4. 日期/时间型

日期/时间型字段用于存放日期、时间或日期时间的组合。如出生日期、参加工作时间等字段。日期/时间型数据分为常规日期、长日期、中日期、短日期、长时间、中时间、短时间等类型。字段大小为8个字节，由系统自动设置。

5. 货币型字段

货币型字段用于存放具有双精度属性的货币数据。当输入货币型数据时，系统会根据所输入的数据自动添加货币符号及千位分隔符，当数据的小数部分超过2位时，系统会自动完成四舍五入。字段大小为8个字节，由系统自动设置。

6. 自动编号型

自动编号型字段用于存放系统为记录绑定的顺序号。自动编号型字段的数据无须输入，当增加记录时，系统为该记录自动编号。字段大小为4，由系统自动设置。

一个表只能有一个自动编号型字段，该字段中的顺序号永久与记录相连，不能人工指定或更改自动编号型字段中的数值。删除表中含有自动编号字段的记录以后，系统将不再使用已被删除的自动编号字段中的数值。

7. 是/否型

是/否型字段用于存放逻辑数据，表示“是/否”或“真/假”。字段大小为1，由系统自动设置。如婚否、团员否等字段可以使用是/否型。

8. OLE 对象型

OLE(Object Linking and Embedding)的中文含义是“对象的链接与嵌入”，用来链接或嵌入OLE对象，如文字、声音、图像、表格等。表中的照片字段应设为OLE对象类型。

9. 超链接型

超链接型字段存放超链接地址，如网址、电子邮件。超链接型字段大小不定。

10. 查阅向导型

查阅向导型字段仍然显示为文本型，所不同的是该字段保存一个值列表，输入数据时从一个下拉式值列表中选择。

3.2 创建表

3.2.1 表的创建

创建表的方法有以下几种：

(1) 使用设计器创建表。

(2) 使用数据表视图创建表。

(3) 通过数据导入创建表。

1. 使用设计视图创建表

使用设计视图创建表，用户可以根据自己的需求创建表，需要定义字段名、类型及相关属性。

【实例 3-1】 使用设计视图创建学生表结构，表结构如图 3-2 所示。

操作步骤如下：

(1) 打开数据库"选课管理"。

(2) 选择"创建"选项卡，单击"表设计"按钮，打开表设计窗口，如图 3-7 所示。

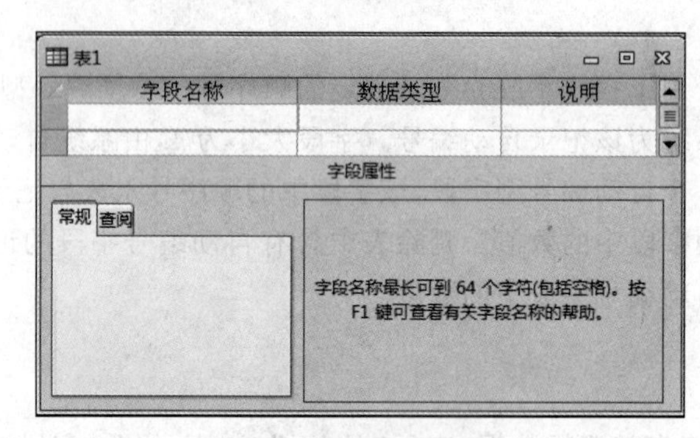

图 3-7 表设计视图

(3) 在表编辑器中，定义每个字段的名字、类型、长度和索引等信息，如图 3-8 所示。

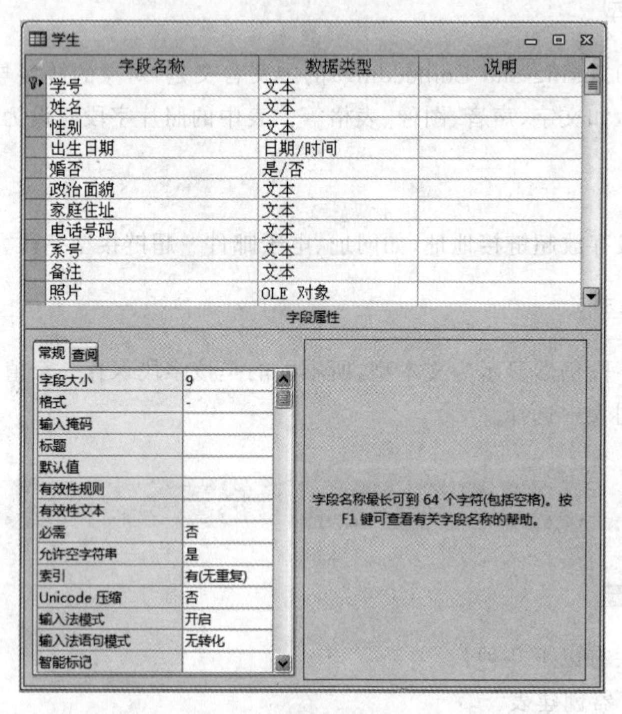

图 3-8 定义表中字段

(4) 选择"文件"选项卡，单击"保存"命令，打开"另存为"对话框，在文本框中输入表名"学生"，然后单击"确定"按钮，保存创建的表，如图 3-9 所示。

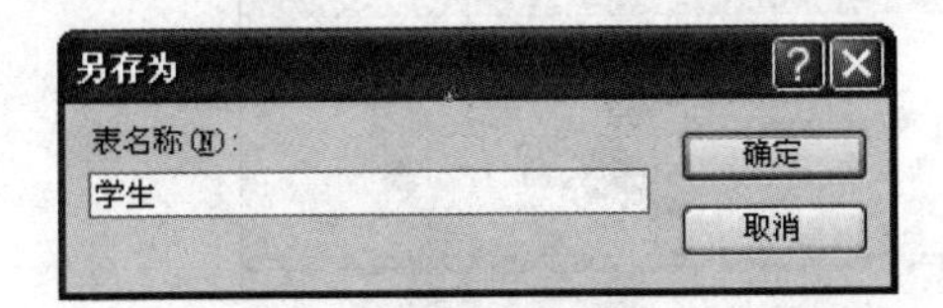

图 3-9 "另存为"对话框

2. 使用数据表视图创建表

使用数据表视图创建表，系统会打开数据表视图窗口，用户在输入数据的同时可以对表的结构进行定义。

【实例 3-2】 利用数据表视图创建表创建"用户"表，表结构如图 3-5 所示。

操作步骤如下：

(1) 打开数据库"选课管理"。

(2) 选择"创建"选项卡的"表格"组，单击"表"按钮，系统将自动创建名为"表 1"的新表，并在数据表中打开如图 3-10 所示窗口。

(3) 在显示的表格中，第 1 行用于定义字段，第 2 行起为输入数据区域。选择"表格工具/字段"选项卡中的"属性"组，单击"名称和标题"按钮，打开"输入字段属性"对话框，如图 3-11 所示。

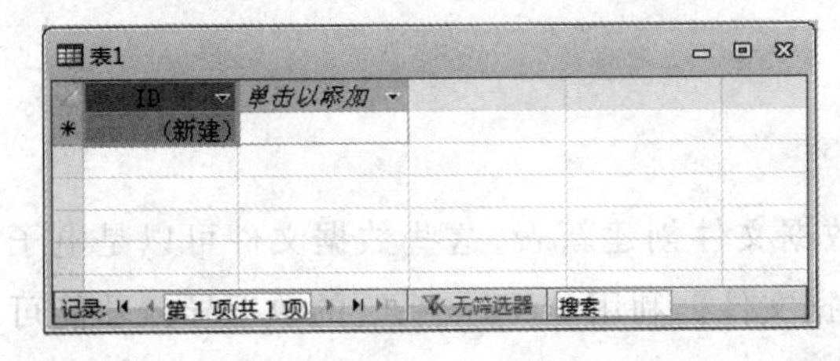

图 3-10 数据表视图窗口

图 3-11 "输入字段属性"对话框

(4) 在"名称"文本框中输入"用户名"，然后单击"确定"按钮。

(5) 选中"用户名"字段列，选择"表格工具/字段"选项卡中的"格式"组，在"数据类型"下拉列表框中选择数据类型"文本"，在"属性"组中，设置"字段大小"的值为 10，在"用户名"下方的单元格中输入数据 liu，如图 3-12 所示。至此，完成了用户名字段的定义和数据输入。

(6) 单击"单击以添加"单元格，弹出"字段类型"列表框，如图 3-13 所示，在其中选择字段的类型为"文本"，文本框中的字段名自动改为"字段 1"，与前面的操作方法类似，将"字段 1"更名为"用户密码"，并在下面的单元格中输入数据 1234。

(7) 重复步骤(6)添加"权限"字段，并输入数据。

(8) 输入数据可以重复输入，直到输入所有的数据，如图 3-14 所示。

(9) 在快速访问工具栏中，单击"保存"按钮，打开"另存为"对话框，如图 3-15 所示。

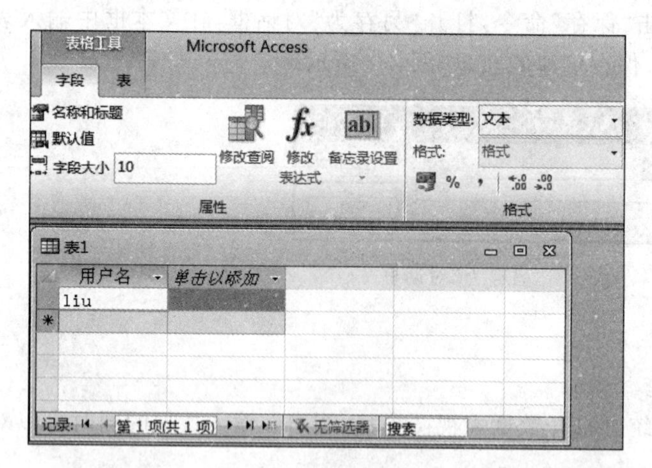

图 3-12 使用“格式”组和“属性”组定义字段

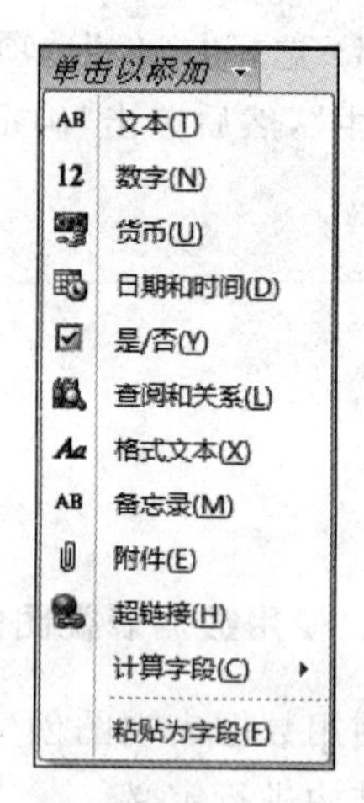

图 3-13 “字段类型”列表框

图 3-14 表的数据视图

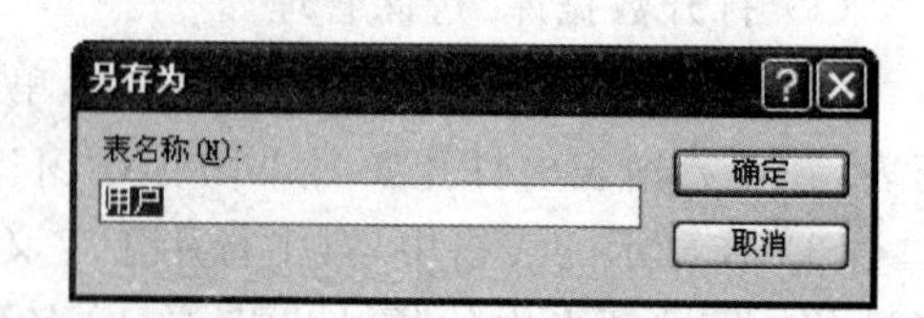

图 3-15 “另存为”对话框

(10) 单击“确定”按钮,完成表的创建。

3. 通过数据导入创建表

通过数据导入创建表是指利用已有的数据文件创建新表,这些数据文件可以是电子表格、文本文件或其他数据库系统创建的数据文件。利用 Access 系统的数据导入功能可以将数据文件中的数据导入到当前数据库中。

【实例 3-3】 将 Excel 电子表格文件“课程. xls”中的数据导入到“选课管理”数据库中,表的名称为“课程”。

操作步骤如下:

(1) 打开数据库“选课管理”。

(2) 选择“外部数据”选项卡的“导入与链接”组,单击 Excel 按钮,打开“获取外部数据”对话框,如图 3-16 所示。

(3) 单击“浏览”按钮选择要导入的 Excel 文件“课程. xls”,还可以使用单选按钮指定数据在当前数据库的存储方式和存储位置,这里选择默认选项,然后单击“确定”按钮,打开“导入数据表向导”对话框,如图 3-17 所示。

(4) 使用单选按钮选择“显示工作表”或“显示命名区域”(这里选择“显示工作表”),系统会自动显示表中的数据,单击“下一步”按钮,打开“指定表第一行是否包含列标题”如

图 3-18 所示对话框。

图 3-16 “获取外部数据”对话框

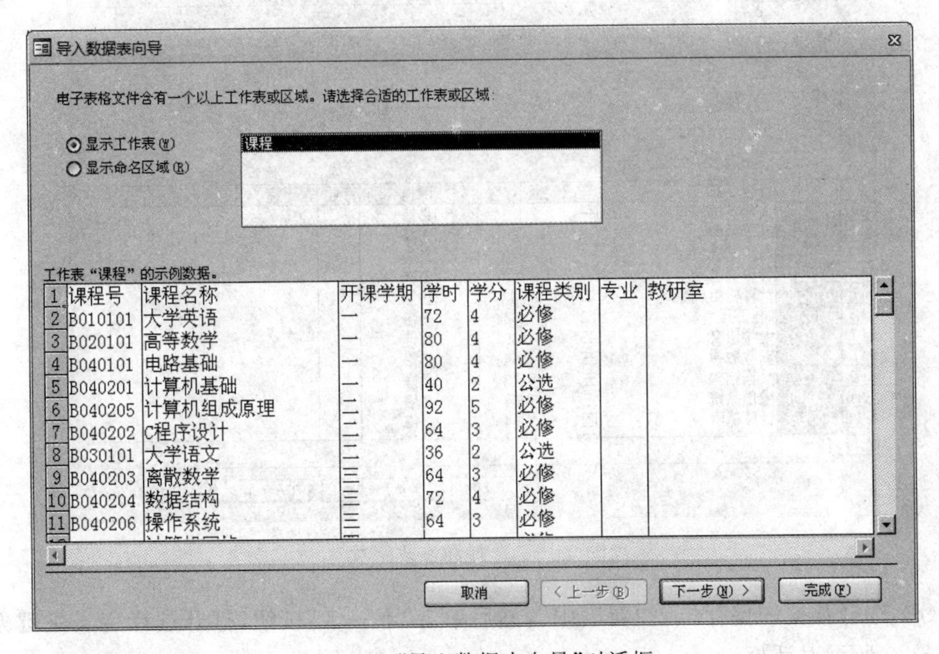

图 3-17 “导入数据表向导”对话框

（5）选中“第一行包含列标题”单选按钮，系统将第一行的数据作为新表的结构，第二行以后的数据作为表中的记录。然后单击“下一步”按钮，打开选择和修改字段对话框，如图 3-19 所示。

导入数据表向导

Microsoft Access 可以用列标题作为表的字段名称。请确定指定的第一行是否包含列标题:

☑第一行包含列标题(I)

	课程号	课程名称	开课学期	学时	学分	课程类别	专业	教研室
1	B010101	大学英语	一	72	4	必修		
2	B020101	高等数学	一	80	4	必修		
3	B040101	电路基础	一	80	4	必修		
4	B040201	计算机基础	一	40	2	公选		
5	B040205	计算机组成原理	二	92	5	必修		
6	B040202	C程序设计	二	64	3	必修		
7	B030101	大学语文	二	36	2	公选		
8	B040203	离散数学	三	64	3	必修		
9	B040204	数据结构	三	72	4	必修		
10	B040206	操作系统	三	64	3	必修		
11	B040209	计算机网络	四	64	3	必修		

取消　< 上一步(B)　下一步(N) >　完成(F)

图 3-18　指定表第一行是否包含列标题

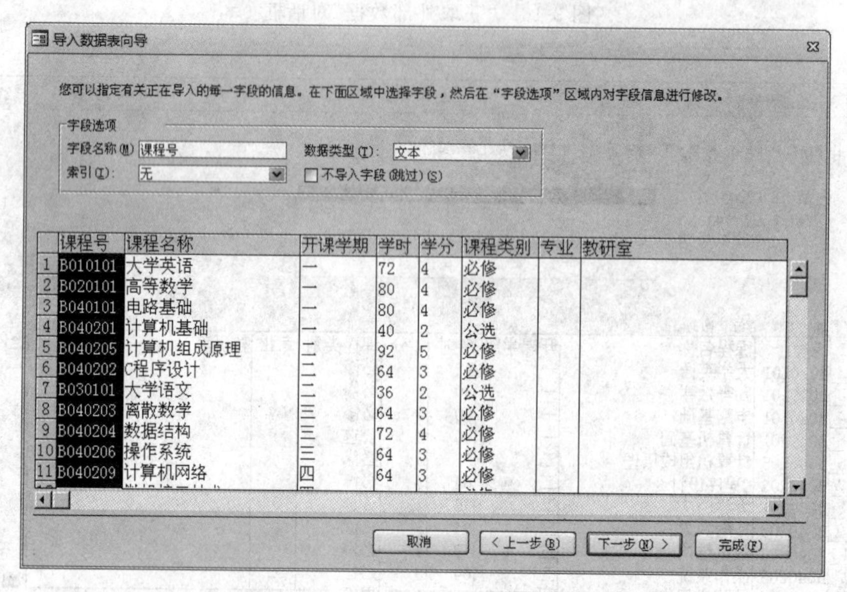

	课程号	课程名称	开课学期	学时	学分	课程类别	专业	教研室
1	B010101	大学英语	一	72	4	必修		
2	B020101	高等数学	一	80	4	必修		
3	B040101	电路基础	一	80	4	必修		
4	B040201	计算机基础	一	40	2	公选		
5	B040205	计算机组成原理	二	92	5	必修		
6	B040202	C程序设计	二	64	3	必修		
7	B030101	大学语文	二	36	2	公选		
8	B040203	离散数学	三	64	3	必修		
9	B040204	数据结构	三	72	4	必修		
10	B040206	操作系统	三	64	3	必修		
11	B040209	计算机网络	四	64	3	必修		

图 3-19　选择和修改字段

(6) 选择数据的保存位置“新表中”，然后单击“下一步”按钮，打开选择定义主键方式如图 3-20 所示对话框。

(7) 选择定义主键的方式“不要主键”，单击“下一步”按钮，如图 3-21 所示，在打开的对话框中，输入新表的名称“课程”，然后单击“完成”按钮，返回“获取外部数据”对话框，如图 3-22 所示，至此，导入表的操作完成。

(8) 取消选中“保存导入步骤”复选框，然后单击“关闭”按钮。

(9) 在“导航”窗格中选择“课程”表，打开数据表视图，显示结果如图 3-23 所示。

导入数据表向导

Microsoft Access 建议您为新表定义一个主键。主键用来唯一地标识表中的每个记录。可使数据检索加快。

○让 Access 添加主键(A)
○我自己选择主键(C)
⊙不要主键(O)

	字段1	字段2	字段3	字段4	字段5	字段6	字段7	字段8
1	课程号	课程名称	开课学期	学时	学分	课程类别	专业	教研室
2	B010101	大学英语	一	72	4	必修		
3	B020101	高等数学	一	80	4	必修		
4	B040101	电路基础	一	80	4	必修		
5	B040201	计算机基础	一	40	2	公选		
6	B040205	计算机组成原理	二	92	5	必修		
7	B040202	C程序设计	二	64	3	必修		
8	B030101	大学语文	二	36	2	公选		
9	B040203	离散数学	三	64	3	必修		
10	B040204	数据结构	三	72	4	必修		
11	B040206	操作系统	三	64	3	必修		

取消　<上一步(B)　下一步(N)>　完成(F)

图 3-20　选择定义主键方式

图 3-21　修改导入的表名对话框

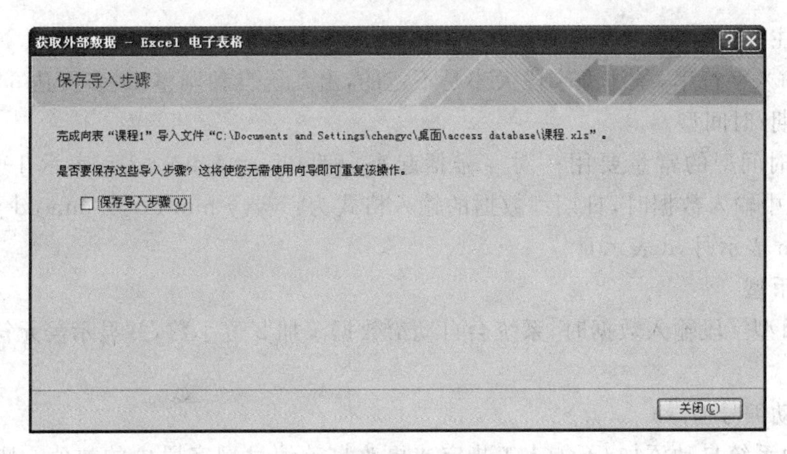

图 3-22　"获取外部数据"对话框

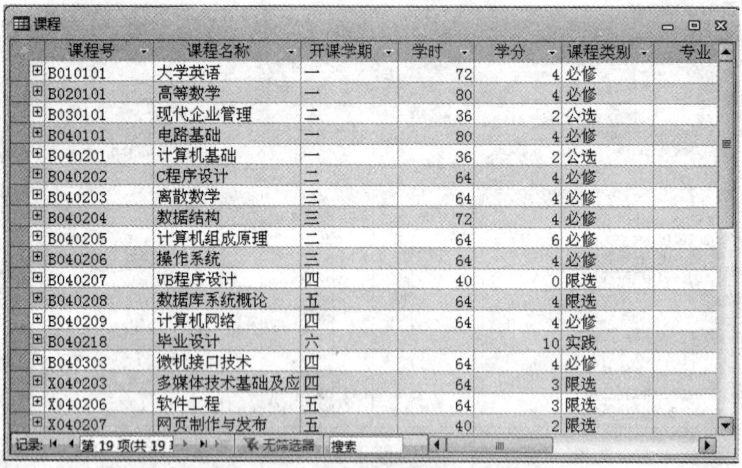

课程号	课程名称	开课学期	学时	学分	课程类别	专业
B010101	大学英语	一	72	4	必修	
B020101	高等数学	一	80	4	必修	
B030101	现代企业管理	二	36	2	公选	
B040101	电路基础	一	80	4	必修	
B040201	计算机基础	一	36	2	公选	
B040202	C程序设计	二	64	4	必修	
B040203	离散数学	三	64	4	必修	
B040204	数据结构	三	72	4	必修	
B040205	计算机组成原理	二	64	6	必修	
B040206	操作系统	三	64	4	必修	
B040207	VB程序设计	四	40	0	限选	
B040208	数据库系统概论	五	64	4	限选	
B040209	计算机网络	四	64	4	必修	
B040218	毕业设计	六		10	实践	
B040303	微机接口技术	四	64	4	必修	
X040203	多媒体技术基础及应	四	64	3	限选	
X040206	软件工程	五	64	3	限选	
X040207	网页制作与发布	五	40	2	限选	

记录: 第 19 项(共 19 项) 无筛选器 搜索

图 3-23 “课程”表数据表视图

说明：

(1) 使用输入数据导入表的方法创建表，不仅创建了表结构，而且为表中添加了数据。

(2) 使用“导入表”方法创建的表，所有字段的宽度都取系统默认值。

3.2.2 输入数据

创建表完成后，首先要做的工作是向表中输入数据，输入数据时要使用规范的数据格式，这是数据管理规范化的关键。

1. 数据的输入方法

对不同类型的数据，数据的表示形式不同，数据的输入方法也有所不同。

1) 文本型

直接输入字符串，字符串的长度不能超过所设置的字段大小，超出部分系统自动截断。

2) 备注型

直接输入字符串，备注型字段大小是不定的，由系统自动调整，最多可达 64KB。

3) 日期/时间型

日期/时间型的常量要用一对＃号括起来。例如：＃1990-1-1＃表示 1990 年 1 月 1 日。在表中输入数据时，日期型数据的输入格式为：yyyy-mm-dd 或 mm-dd-yyyy，其中 y 表示年，m 表示月，d 表示日。

4) 货币型

向货币型字段输入数据时，系统会自动给数据添加 2 位小数，并显示美元符号与千位分隔符。

5) 自动编号型

数据由系统自动添加，不能人工指定或更改自动编号型字段中的数值。删除表中含有自动编号字段的记录以后，系统将不再使用已被删除的自动编号字段中的数值。

例如，输入 10 条记录，记录编号从 1 到 10 自动生成；删除前 3 条记录，编号从 4 到 10；删除第 7 条记录，编号中永远没有 7。

6）是/否型

用鼠标单击是/否型字段，可以选择其值，用“√”表示“真”，不带“√”表示“假”，“真”值用 True 或 Yes 表示，“假”值用 False 或 No 表示。

7）OLE 对象型

OLE 对象型字段不能在单元格中直接输入，输入的步骤如下：

(1) 右击 OLE 对象型字段的单元格，在快捷菜单中选择“插入对象”，打开 Microsoft Office Access 对话框，如图 3-24 所示。

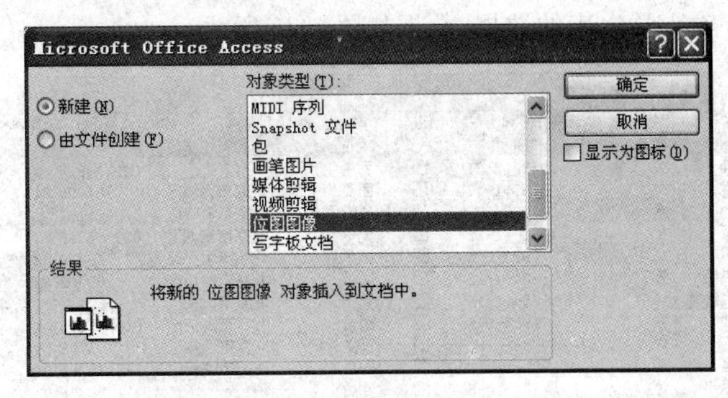

图 3-24　Microsoft Office Access 对话框

(2) 选择插入对象的类型，然后选择对象的创建方式，例如，选择“由文件创建”，打开“文件浏览或链接”对话框，如图 3-25 所示。

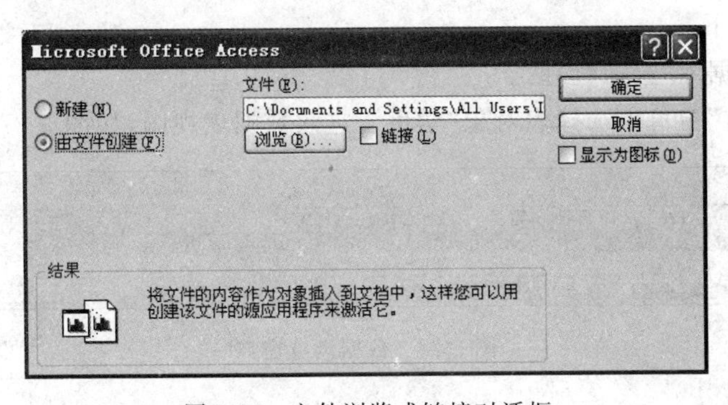

图 3-25　文件浏览或链接对话框

(3) 选择需要插入的文件，然后单击“确定”按钮，即完成对象的插入，这时 OLE 对象型字段显示的数据为插入文件的类型，例如，插入了一个位图文件，则显示的信息为“位图图像”。OLE 对象只能在窗体或报表中用控件显示。不能对 OLE 对象型字段进行排序、索引或分组。

8）查阅向导型

查阅向导型字段值列表的内容可以来自表或查询，也可以来自定义的一组固定不变的值。例如，将“性别”字段设为查阅向导型以后，只能在“男”和“女”2 个值中选择一个即可。

2. 表中数据的输入

表结构设计完成后可直接向表中输入数据，也可以重新打开表输入数据。打开表的方法有以下几种：

(1) 在导航窗格中双击要打开的表。

(2) 右击要打开的表的图标，在弹出的快捷菜单中选择“打开”命令。

(3) 若表处于设计视图状态下，右击标题栏并在快捷菜单中选择“数据表视图”即可转换到数据表窗口。

【实例 3-4】 输入学生表的数据，数据如图 3-26 所示。

学生

学号	姓名	性别	出生日期	婚否	政治面貌	家庭住址	电话号码	系号	备注
04030001	李跃	男	1987-1-12	☐	党员	北京市海淀区	(010)-2345	03	“三好学生”
04030002	汪静	女	1987-12-31	☐	民主党派	不祥	(021)-0987	03	
04040001	张婉玉	女	1987-1-18	☐	团员	北京市西城区	(010)81009	04	
05010001	刘一丁	男	1986-1-1	☐	共青团员	北京市海淀区	(010)-2111	01	
05010002	李想	女	1983-11-12	☑	无	北京市东城区	(029)-8986	02	特困生
05020002	张男	女	1983-6-5	☑	团员	北京市大兴区	( )69220	02	
05020003	李悦明	男	1984-4-13	☐	团员	北京市房山区	( )89002	02	
05040001	王大玲	女	1985-12-12	☐	党员	北京市大兴区		04	
05040002	王霖	男	1985-6-8	☐	团员	北京市海淀区	(010)-3456	04	
05040003	赵莉	女	1985-12-23	☐	民主党派	北京市西城区	( ) 8768	04	
05040004	周强	男	1990-11-12	☐	团员	沈阳市沈河区	(024-)88994	04	
06010001	赵越	女	1984-10-8	☑	党员	dalian	(0411)89898	01	
06010010	韩冰冰	女	1985-1-2	☐	党员	不祥	( ) 1	01	
*				☐		不祥			

记录: 第 1 项(共 13 项 无筛选器 搜索

图 3-26 “学生”表数据

操作步骤如下：

(1) 打开数据库“选课管理”。

(2) 在“导航”窗口中选择表对象“学生”，进入数据表视图，如图 3-27 所示。

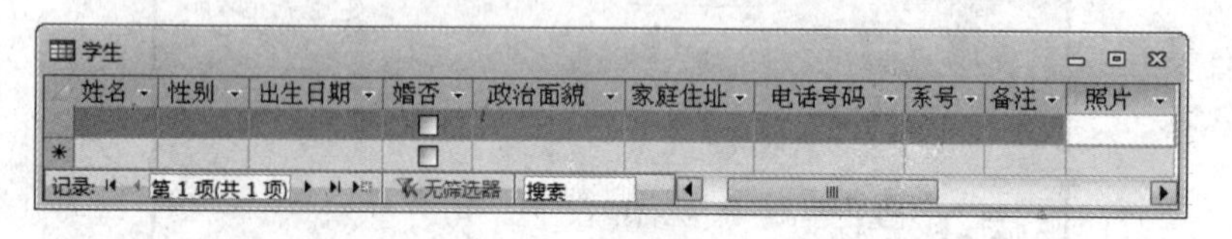

图 3-27 数据浏览窗口

(3) 在数据表窗口中，选中单元格，输入所需要的数据。

3.3 字段属性设置

在设计表结构时，用户应仔细考虑每个字段的属性，如字段名、字段类型、字段大小，此外，还要考虑对字段显示格式、输入格式、字段标题、字段默认值、字段的有效性及有效文本等属性进行定义。

在 Access 2010 中，为表的字段提供了“类型属性”、“常规属性”和“查阅属性”3 种属性设置。

在表的设计视图窗口中，窗口的上半部分用来设置类型属性，可以设置字段名称、数据类型和说明；下半部分由“常规”属性和“查阅”属性两个选项卡组成。

3.3.1 设置常规属性

字段的常规属性用于设置字段大小、小数位数、显示格式、输入掩码、默认值字段有效性规则等。常规属性随字段的类型不同而有所不同。表 3-1 列出了一些常规属性及使用方法。

表 3-1 字段的常规属性

属 性	使 用
字段大小	输入介于 1～255 的值。文本字段可在 1～255 个字符间变化。对于较大文本字段，请使用备注数据类型
小数位数	指定显示数字时要使用的小数位数
允许空字符串	允许在超链接、文本或备注字段中输入零长度字符串(Yes)(通过设置为“是”)
标题	默认情况下，以窗体、报表和查询的形式显示此字段的标签文本。如果此属性为空，则会使用字段的名称。允许使用任何的文本字符串
默认值	添加新记录时自动向此字段分配指定值
格式	决定当字段在数据表或绑定到该字段的窗体或报表中显示或打印时该字段的显示方式
索引	指定字段是否具有索引
必填	需要在字段中输入数据
文本对齐	指定控件内文本的默认对齐方式
有效性规则	提供一个表达式，该表达式必须为 True 才能在此字段中添加或更改值。该表达式和“有效性文本”属性一起使用
有效性文本	输入要在输入值违反有效性规则属性中的表达式时显示的消息

1. 设置字段显示格式

设置字段输入/显示格式，可以保证数据按照指定的要求输入和输出。格式设置用于定义数据显示或打印格式。它只改变数据的显示格式而不改变保存在数据表中的数据。用户可以使用系统的预定义格式，也可以使用格式符号来设置自定义格式，不同的数据类型有着不同的格式。

【实例 3-5】 在学生表中，完成下列设置：

(1) 设置“学号”字段的数据靠右对齐。

(2) 将“出生日期”字段的显示格式设置为“长日期”。

操作步骤如下：

(1) 打开数据库“选课管理”。

(2) 在导航窗口中选择表对象“学生”，进入设计视图。

(3) 单击“常规”属性选项卡，选中“学号”字段，将“文本对齐”设置为“右”。

(4) 选中“出生日期”字段，在“格式”下拉列表框中选择“长日期”，如图 3-28 所示。切换到数据视图，日期型数据＃2007-6-19＃显示为“2007 年 6 月 19 日”。

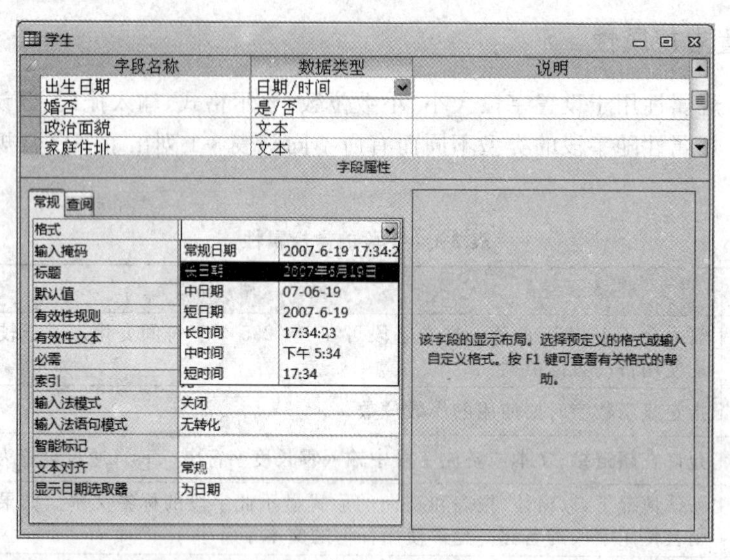

图 3-28　设置“格式”属性

说明：

(1) 格式符中的引号为英文双引号。

(2) 系统提供了日期/时间型字段的预定义格式，共分为 7 种格式，分别为常规日期、长日期、中日期、短日期、长时间、中时间、短时间等类型，用户可以直接使用列表框选择。

2. 设置字段的输入掩码

输入掩码属性主要用于文本、日期/时间、数字和货币型字段，用来定义数据的输入格式，并可对数据输入做更多的控制以保证输入正确的数据。

设置输入掩码的最简单的方法是使用 Access 提供的“输入掩码向导”。Access 不仅提供了预定义输入掩码模板，而且还允许用户自己定义输入掩码。对于一些常用的输入掩码如邮政编码、身份证号、电话和日期等，Access 已经预先定义好了，用户直接使用即可。如果用户需要的输入掩码在预定义中没有，则需要自己定义。

自定义输入掩码格式为：

<输入掩码的格式符>;<0、1 或空白>;<任何字符>

其中：

① 输入掩码的格式符用于定义字段的输入数据的格式，如表 3-2 所示。

② ＜0、1 或空白＞用来确定是否把原样的显示字符存储到表中，如果是 0，则将原样的显示字符和输入值一起保存；如果是 1 或空白，则只保存非空格字符。

表 3-2　输入掩码的格式符号

格式字符	说　明
0	在掩码字符位置必须输入数字
9	在掩码字符位置输入数字或空格,保存数据时保留空格位置
#	在掩码字符位置输入数字、空格、加号或减号
L	在掩码字符位置必须输入英文字母,大小写均可
?	在掩码字符位置输入英文字母或空格,字母大小写均可
A	在掩码字符位置必须输入英文字母或数字,字母大小写均可
a	在掩码字符位置输入英文字母、数字或空格,字母大小写均可
&	在掩码字符位置必须输入空格或任意字符
C	在掩码字符位置输入空格或任意字符
. , : ; - /	句点、逗号、冒号、分号、减号、正斜线,用来设置小数点、千位、日期时间分隔符
<	将其后所有字母转换为小写
>	将其后所有字母转换为大写

③ <任何字符>用来指定在输入掩码中输入字符的地方如果输入空格时显示的字符。可以使用任何字符,默认为下划线;如果要显示空格,应使用双引号将空格括起来。

【实例 3-6】 在教师表中,设置"邮政编码"字段的输入格式为 6 位数字或空。

操作步骤如下:

(1) 打开数据库"选课管理"。

(2) 在"导航"窗口中选择表对象"教师",进入设计视图。

(3) 选中"邮政编码"字段,在"输入掩码"文本框中,单击右侧的按钮[...],打开"输入掩码向导"对话框,如图 3-29 所示。

(4) 在"输入掩码"列表中选择"邮政编码",单击"下一步"按钮,打开"请确定是否更改输入掩码"对话框,如图 3-30 所示。

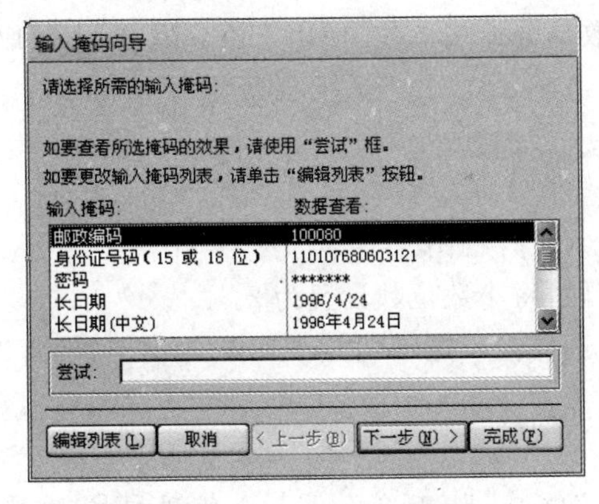

图 3-29　"输入掩码向导"对话框

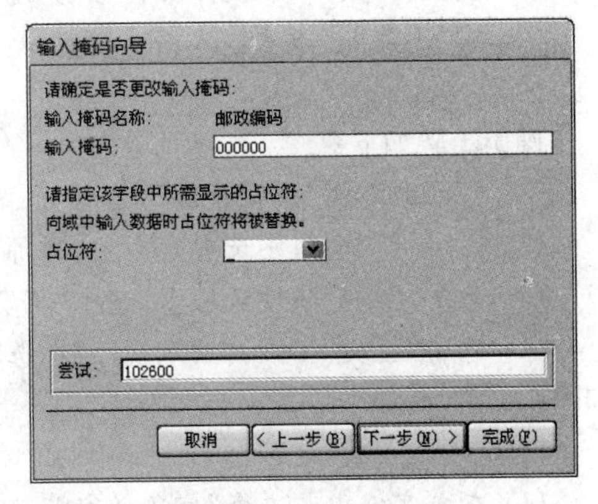

图 3-30　"请确定是否更改输入掩码"对话框

(5) 在“输入掩码”文本框中显示信息 000000，可以修改输入掩码的格式，可以在“尝试”文本框中输入邮政编码进行尝试，然后单击“下一步”按钮，打开“请选择保存数据的方式”对话框，如图 3-31 所示。

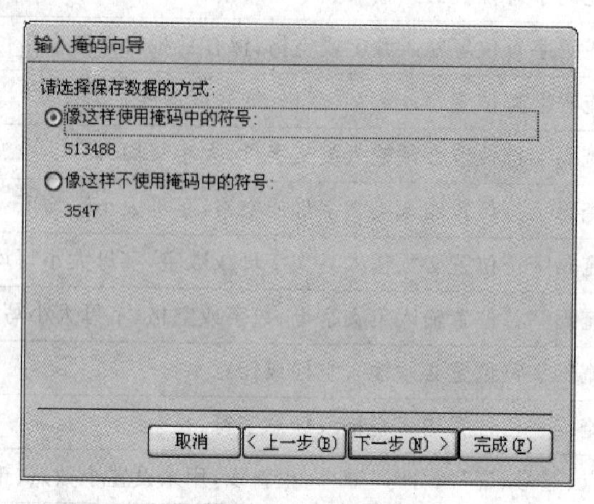

图 3-31 “请选择保存数据的方式”对话框

(6) 使用单选按钮选择保存数据的方式，如果选择第 1 个按钮，则在输入数据时必须输入足够的数位，如果选择第 2 个按钮，则输入数据的位数可以少于指定的位数。本题中选择第 1 个按钮，则输入“邮政编码”时必须输入 6 位。选择后单击“完成”按钮。

3. 设置字段的小数位数、输入掩码

有时需要控制数值型数据的小数位数，利用小数位数属性可以对数值型和货币型的字段设置显示小数的位数；若想控制输入数据时的格式，则通过设置其输入掩码属性来完成。

小数位数属性只影响数据显示的小数位数，不影响保存在表中的数据。小数位数可在 0～15 位之间，系统的默认值为 2，在一般情况下都使用“自动”设定值。

【实例 3-7】 在教师表中，完成下列属性设置：

(1) 设置“工资”字段的小数位数为 2。

(2) 将“工资”字段的输入格式设置为：整数部分最多 5 位，使用千位分隔符，小数取 2 位。

操作步骤如下：

(1) 打开数据库“选课管理”。

(2) 在“导航”窗口中选择表对象“教师”，进入设计视图。

(3) 单击“常规”属性选项卡，选中“工资”字段，将小数位数设置为 2。

(4) 选中“工资”字段，在“常规”属性选项中选择输入掩码，输入“##,###.##”如图 3-32 所示。

说明：

(1) 在本实例中，“工资”字段的数据类型为“数字”型，不能使用输入掩码向导，需要采用自定义格式。

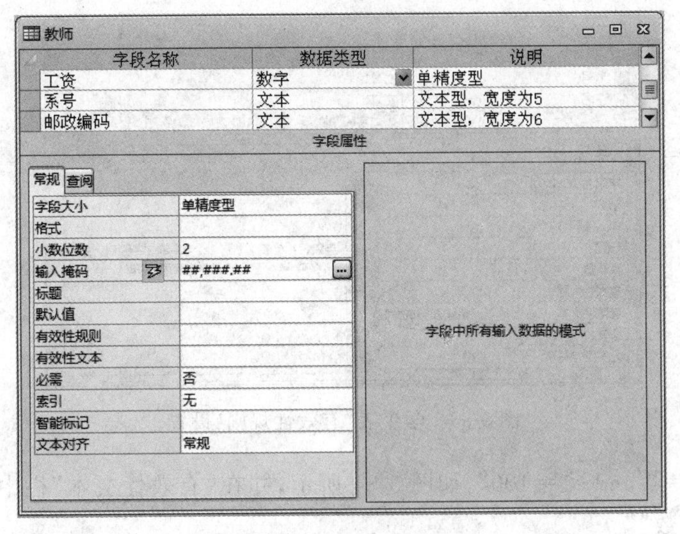

图 3-32 “输入掩码”设置

(2) 对同一个字段,定义了输入掩码又定义了格式属性,则在显示数据时,格式属性优先。

4. 设置有效性规则和有效性文本

输入数据时有时需要限定输入数据的内容,如性别只允许输入“男”或“女”,成绩的值在 0～100 之间等,这些通过设置有效性规则和有效性文本实现。

有效性规则用于设置输入到字段中的数据的值域。有效性文本是设置当用户输入字段有效性规则不允许的值时显示的出错提示信息,用户必须对字段值进行修改,直到数据输入正确。

如果不设置有效性文本,出错提示信息为系统默认显示信息。

有效性规则可以直接在“有效性规则”文本框中输入表达式,也可以使用其右边的按钮…,打开“表达式生成器”来编辑完成。

【实例 3-8】 按要求进行下列设置:

(1) 对于学生表,设置“性别”字段的值只能是“男”或“女”,当输入数据出错时,显示信息“请输入男或女”。

(2) 对选课表,将“成绩”字段的取值范围设置为 0～100 之间,当输入数据出错时,显示信息“请输入 0 到 100 之间的数”。

操作步骤如下:

(1) 打开“选课管理”数据库。

(2) 在“导航”窗口中选择表对象“学生”,进入设计视图。选中“性别”字段,在“有效性规则”一栏中输入“"男" Or "女"”,在“有效性文本栏”中输入“"请输入男或女"”,如图 3-33 所示。

(3) 在导航窗口中选择“选课”表,进入设计视图。选中“成绩”字段,在“有效性规则”

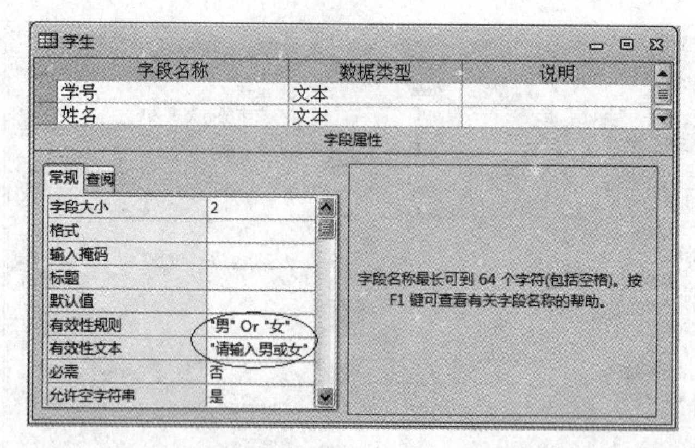

图 3-33　学生表“有效性规则”设置

一栏中输入“＞＝0 and ＜＝100”，如图 3-34 所示，并在“有效性文本”栏中输入“"请输入 0 到 100 之间的数"”。

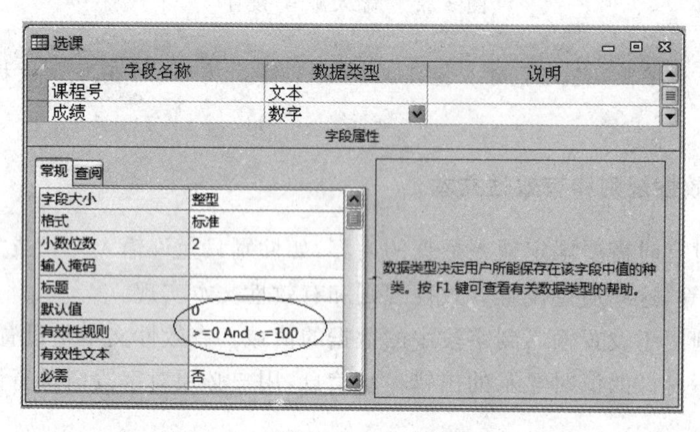

图 3-34　选课表“有效性规则”设置

3.3.2　查阅属性的设置

“查阅”字段提供了一系列值，供输入数据时从中选择。这使得数据输入更为容易，并可确保该字段中数据的一致性。“查阅”字段提供的值列表中的值可以来自表或查询，也可以来自指定的固定值集合。

【实例 3-9】 使用查阅属性设置完成下列操作。

(1) 对于学生表，“政治面貌”字段的取值为“党员、团员、民主党派、群众”或其他值。

(2) 对教师表，“系号”字段的取值来自于“系部”表中的系名称。

操作步骤如下：

(1) 设置“政治面貌”字段，取值为“党员、团员、民主党派、群众”或输入其他值。

① 打开数据库“选课管理”。

② 在导航窗口中选择表对象“学生”，进入设计视图。

③ 选中“政治面貌”字段，并单击“查阅”选项卡，在“显示控件”中，选择控件类型为

"组合框",在"行来源类型"框中,输入行来源的类型:"值列表"。在"行来源"中,输入行源的名称:"党员;团员;民主党派;群众",其他项目取默认值,如图 3-35 所示。

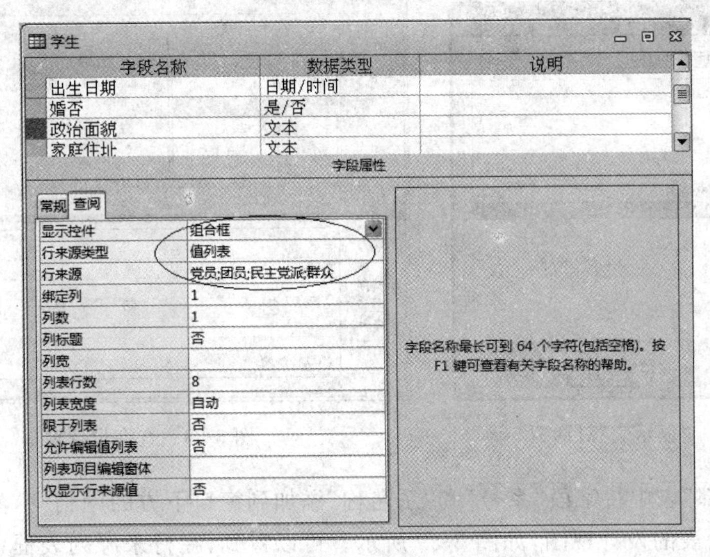

图 3-35 设置"政治面貌"字段的查阅属性

(2) 教师表中"系号"字段的取值来自于"系部"表中的系名称。

① 打开数据库"选课管理"。

② 在导航窗口中选择表对象"教师",进入设计视图。选中"系号"字段,并单击"查阅"选项卡,如图 3-36 所示。

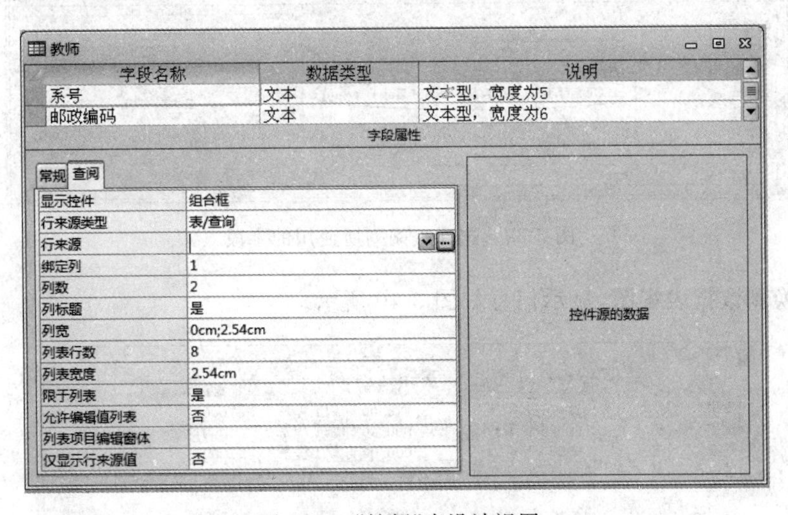

图 3-36 "教师"表设计视图

③ 在"显示控件"中,选择控件类型为"组合框",在"行来源类型"框中,输入行来源的类型:"表/查询"。在"行来源"中,单击右侧的按钮[...]。打开"查询向导"对话框,同时打开"显示表"对话框,如图 3-37 所示。

④ 选择"系部"表,单击"添加"按钮,然后单击"关闭"按钮返回"查询生成器"窗口,如

图 3-38 所示。

图 3-37 “显示表”对话框

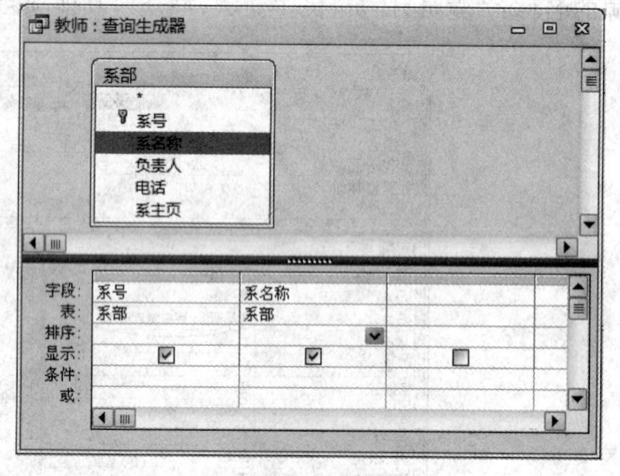

图 3-38 查询设计窗口

⑤ 在“系部”表中将字段“系号”和“系名称”添加到窗口下方的网格中，然后关闭查询设计窗口，返回表的设计视图，如图 3-39 所示。可以看到，在行来源列表框中添加了一行 Select 语句：“SELECT 系部.系号，系部.系名称 FROM 系部;”，这是一条 SQL 查询语句，是利用“教师”表和“系部”表的关联产生的查询(参见第 4 章)。

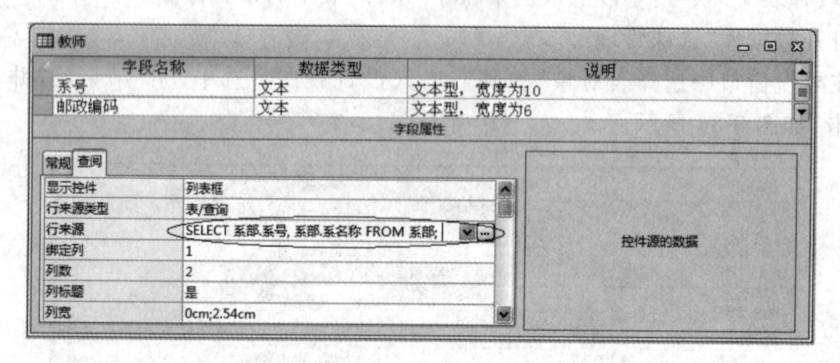

图 3-39 选择查阅列所使用的字段

⑥ 切换到数据表视图，显示信息如图 3-40 所示。

教师

姓名	性别	参加工	职称	工资	系号	邮政编码	电话
章琳	女	981-7-12	教授	3,175.00	印刷工程系	100022	
周敬	男	1985-6-5	副教授	2,000.00	印刷工程系	100044	
赵立钧	男	1988-7-5	讲师	2,000.00	印刷工程系	100076	
董家玉	男	984-6-30	副教授	2,900.00	计算机系	100082	
马良	男	1986-9-1	教授	3,400.00	计算机系	100009	
许亚芬	女	995-6-23	副教授	2,900.00	计算机系	100085	
周树春	男	1984-6-2	教授	3,300.00	计算机系	100001	
张振	男	005-3-28	助教	1,200.00	计算机系	122345	
徐辉	女	989-6-28	副教授	2,600.00	计算机系		
马俊亭	男	983-5-24	讲师	1,800.00	管理系		
张雨生	女	001-2-28	教授	3,000.00	管理系	100077	
汪家伟	女	004-5-29	助教	1,500.00	管理系		

记录: 第 14 项(共 19 项) 无筛选器 搜索

图 3-40 “教师”表设计视图

说明：

(1) 上面的操作分别使用了直接设置查阅属性和查阅向导两种方法。直接设置查阅属性需要自行设置各参数的值，而利用查阅向导需要根据系统提示进行相应的选择。

(2) 在“显示控件”中，选择要用于窗体中查找列的控件的类型有3种方式。

- 选择“文本框”，可以创建一个文本框，是系统默认选项。
- 选择“列表框”，可以创建一个列表框，并使其后面的六个属性可用。在这种方式下，用户可以单击控件显示一个列表，并从该列表中选择一项。
- 选择“组合框”，可以创建一个组合框。并使接下来的所有属性都可用。在这种方式下，用户既可以输入一个值，也可以单击控件显示一个列表，并从该列表中选择一项。

(3) 在“行来源”属性中，行源的名称有3种形式。

- 如果“行来源类型”设为“表/查询”，则在下拉列表中选择表或查询。
- 如果“行来源类型”设为“值列表”，请输入值的列表，并用分号分隔，如“党员；团员；民主党派；群众”。
- 如果“行来源类型”设为“字段列表”，请输入要在列表框或组合框中使用的字段的列表，这些字段来自“行来源类型”中指定的查询或SQL语句。

(4) 在“绑定列”属性中，输入要绑定的列数。这些列与绑定的多列列表框或组合框的基础字段绑定在一起。该数字是有所偏移的：第1列为0，第2列为1，第3列为2，依此类推。

(5) 设置完成后，需要保存，切换到数据表视图，即可验证结果。

3.4 表的编辑

在数据管理过程中，有时会发现数据表设计不是很合理，需要对表的结构或表中的数据进行调整或修改。Access 2010允许对表进行编辑和修改，对表的修改可分为修改表的结构和修改表中的数据。

3.4.1 修改表结构

修改表结构包括修改字段名、字段类型、字段大小，还可以增加新字段、删除字段、插入新字段及修改字段的属性，这些操作都通过表设计器完成。

【实例3-10】 在学生表中，按照下要求修改表结构：

(1) 将“学号”字段的字段大小改为10。

(2) 将“家庭住址”字段的名称改为“家庭所在地”。

(3) 将“备注”字段的类型改为“备注”型。

(4) 在照片字段前面增加E-mail字段，数据类型为文本型，字段大小为20。

(5) 删除“照片”字段。

操作步骤如下：

(1) 打开“选课管理”数据库，在“导航”窗口中选择“学生”表，打开“设计视图”窗口。

(2) 选中"学号"字段,在"常用"属性选项中,选择"字段大小",输入10。

(3) 选中"家庭住址"字段,选中字段名称,直接输入"家庭所在地",如图3-41所示。

字段名称	数据类型	说明
学号	文本	
姓名	文本	
性别	文本	
出生日期	日期/时间	
婚否	是/否	
政治面貌	文本	
家庭住址	文本	
电话号码	文本	
系号	文本	
备注	文本	
照片	OLE 对象	

图3-41 修改表结构窗口

(4) 选中"备注"字段,选中数据类型并在下拉列表框选择"备注",如图3-42所示。

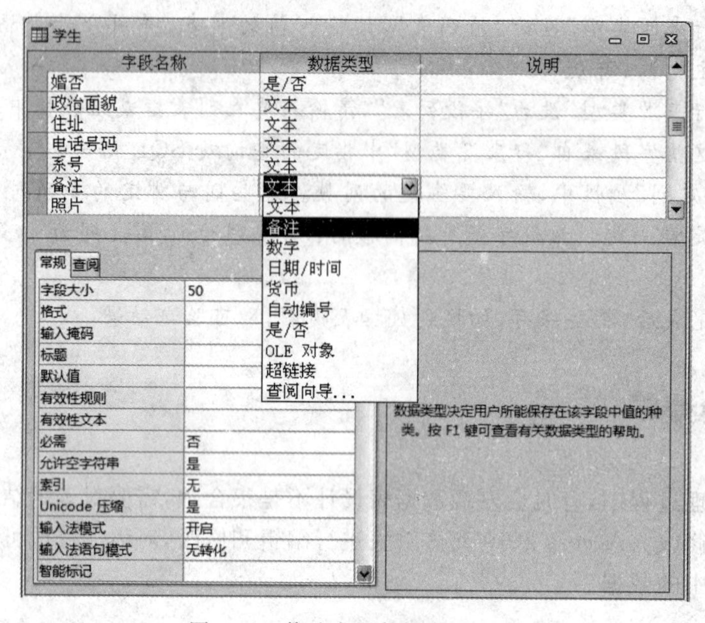

图3-42 修改字段数据类型窗口

(5) 右击字段"照片",弹出快捷菜单,选择菜单项"插入行",出现一个空行,将光标定位于该空白行,输入字段名E-mail,选择数据类型为"文本型",并将字段大小设置为20。

(6) 右击"照片"字段,选择快捷菜单中的"删除行"即可。

(7) 关闭并保存表。

表结构修改完成后,要及时保存表,另外在修改表结构之后,可能会造成某些数据丢失,例如,将文本型字段的数据类型改为数字型时,数据由于无法转换造成丢失。

3.4.2 编辑表中的数据

当情况发生变化(如学生学籍变动、教师评聘职称或调整工资)时,要及时对表中的数据进行调整和修改。

表数据的编辑包括数据的修改、复制、查找、替换以及删除记录、插入新记录等。

利用“查找”与“替换”功能可以成批修改数据。

利用“复制”功能可以进行同一个表或不同表之间的数据复制，这样可以保证数据的一致性。例如，可以将学生的学号直接复制到成绩表中。

当删除记录时系统会向用户弹出确认对话框，以防止数据的误删除。

【实例 3-11】 在学生表中，按照要求修改表中的数据：

(1) 将姓名为“李悦明”的学生的系号改为 04，将“张男”的家庭住址改为“北京市海淀区”。

(2) 删除学号为 06010001 的学生的记录。

(3) 插入一条新记录，数据为(10040011，“周强”，“男”，#1985-11-12#，“团员”，“沈阳市沈河区”，“024-88994321”)。

操作步骤如下：

(1) 打开“选课管理”数据库，在“导航”窗口中选择“学生”表，打开数据表视图窗口。

(2) 定位姓名为“张男”的记录，选中“系号”字段，输入 04。定位姓名为“李悦明”的记录，选中“家庭住址”并输入“北京市海淀区”。

(3) 可以直接定位到指定记录，或通过“查找”功能定位，选择“开始”选项卡的“查找”组，单击“查找”按钮，打开“查找和替换”对话框，如图 3-43 所示，输入查找内容“06010001”，查找范围可选择“当前文档”，然后单击“查找下一个”按钮，即可将光标定位于指定的记录，单击右键，在快捷菜单中选择“删除记录”命令，单击“确定”按钮即可完成。

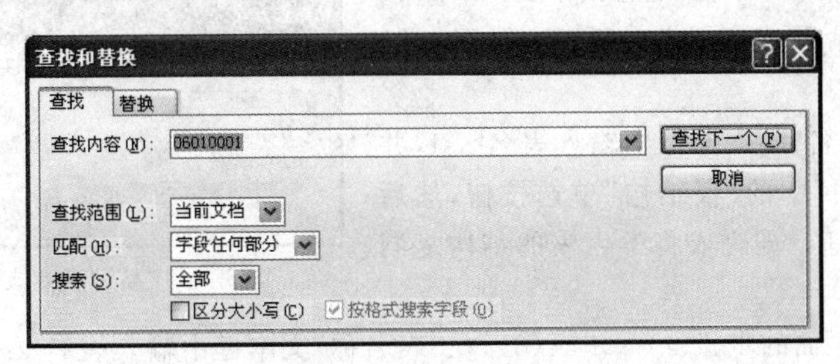

图 3-43 “查找和替换”对话框

(4) 选择“开始”选项卡中的“记录”组，单击“新建”命令，则表的末尾插入一行新记录，将光标定位于空白记录，按顺序输入数据。

操作结果如图 3-44 所示。

3.4.3 表的复制、删除和重命名

在表的修改操作中，除了修改表的结构、数据外，还可以对表进行复制、删除、重命名和打印等操作。

1. 表的复制

表的复制包括复制表结构、复制表结构和数据或把数据追加到另一个表中。

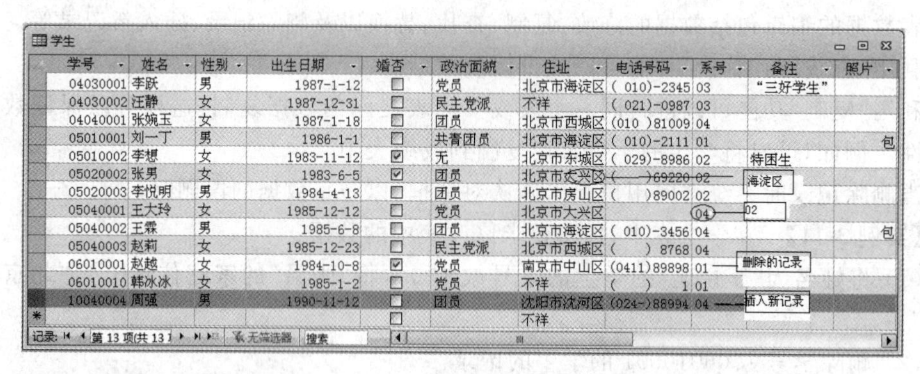

学生

学号	姓名	性别	出生日期	婚否	政治面貌	住址	电话号码	系号	备注	照片
04030001	李跃	男	1987-1-12	☐	党员	北京市海淀区	(010)-2345	03	"三好学生"	
04030002	汪静	女	1987-12-31	☐	民主党派	不祥	(021)-0987	03		
04040001	张婉玉	女	1987-1-18	☐	团员	北京市西城区	(010)81009	04		
05010001	刘一丁	男	1986-1-1	☐	共青团员	北京市海淀区	(010)-2111	01		包
05010002	李想	女	1983-11-12	☑	无	北京市东城区	(029)-8986	02	特困生	
05020002	张男	女	1983-6-5	☑	团员	北京市大兴区	( )69220	02		
05020003	李悦明	男	1984-4-13	☐	团员	北京市房山区	( )89002	02		
05040001	王大玲	女	1985-12-12	☐	党员	北京市大兴区		04		
05040002	王霖	男	1985-6-8	☐	团员	北京市海淀区	(010)-3456	04		包
05040003	赵莉	女	1985-12-23	☐	民主党派	北京市西城区	( ) 8768	04		
06010001	赵越	女	1984-10-8	☑	党员	南京市中山区	(0411)89898	01		
06010010	韩冰冰	女	1985-1-2	☐	党员	不祥	( ) 1	01		
10040004	周强	男	1990-11-12	☐	团员	沈阳市沈河区	(024-)88994	04		
*				☐		不祥				

图 3-44　修改记录结果

【实例 3-12】 对学生表,按照要求完成复制操作:

(1) 将学生表的结构复制到新表 xs1 中。

(2) 将学生表的结构和数据复制到一个新表中,表的名称为 xs。

(3) 将学生表的数据复制到表 xs1 中,

操作步骤如下:

(1) 打开数据库"选课管理"。

(2) 在"导航"窗格中选中"学生"表,选择"开始"选项卡中的"剪贴板"组,单击"复制"按钮或右单击并在快捷菜单中选择命令"复制"。

(3) 单击"粘贴"命令,或直接单击"粘贴"按钮,打开"粘贴表方式"对话框,如图 3-45 所示。

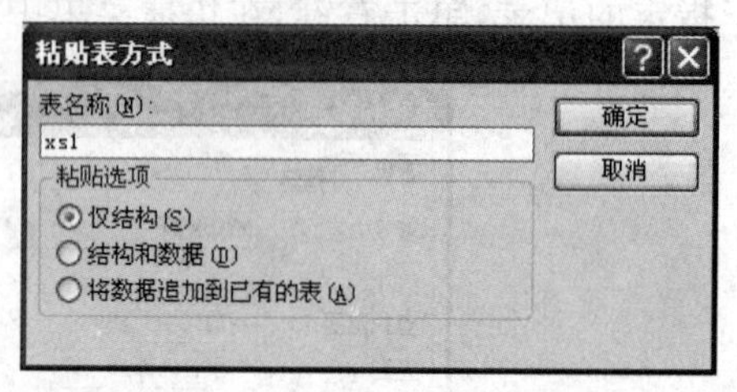

图 3-45　"粘贴表方式"对话框

(4) 在"表名称"文本框中输入表名 xs1,并选择"粘贴选项"中的"仅结构"单选按钮,然后单击"确定"按钮。即完成将学生表的结构复制到新表 xs1 中。

(5) 重复上面的步骤(1)～步骤(3),在"表名称"文本框中输入表名 xs,并选择"粘贴选项"中的"结构和数据"单选按钮,然后单击"确定"按钮,可将学生表的结构和数据复制到一个新表中。

(6) 重复上面的步骤(1)～步骤(3),在"表名称"文本框中输入表名 xs1,并选择"粘贴选项"中的"将数据追加到已有的表"单选按钮,然后单击"确定"按钮,可将学生表的数据复制到表 xs1 中。

2. 表的删除

在数据库的使用过程中,一些无用的表可以进行删除,以释放所占用磁盘空间。删除表的方法有以下几种。

(1) 选中要删除的表,直接按 Delete 键。

(2) 选中要删除的表,单击"开始"选项卡下"记录"组的"删除"按钮,打开"确认删除"对话框,单击"是"即可。

(3) 选中要删除的表，右击并在快捷菜单中选择“删除”命令。

3. 表的重命名

对表重命名也就是对表的名称进行修改，可使用菜单或快捷菜单实现。

【实例 3-13】 将表 xs1 更名为“学生_副本”。

操作步骤如下：

(1) 打开“选课管理”数据库，在“导航”窗口中选择表 xs1。

(2) 右击表 xs1，在快捷菜单中选择命令“重命名”，直接输入表名“学生_副本”，即完成。

3.5 创建索引和表间的关系

数据库中的多个表之间往往存在着某种关联，如选课表中的学号和课程号分别在学生表和课程表中出现，因此选课表和学生表之间存在着关联，与课程表之间也存在着关联，这就是表之间的关联关系。关联的表之间有相同的字段，通过公共字段相关联。

索引是按照某个字段或字段集合的值进行记录排序的一种技术，其目的是为了提高检索速度。通常情况下，数据表中的记录是按照输入数据的顺序排列的。当用户需要对数据表中的信息进行快速检索、查询信息时，可以对数据表中的记录重新调整顺序。索引是一种逻辑排序，它不改变数据表中记录的排列顺序，而是按照排序关键字的顺序提取记录指针生成索引文件。当打开表和相关的索引文件时，记录就按照索引关键字的顺序显示。通常可以为一个表建立多个索引，每个索引可以确定表中记录的一种逻辑顺序。

使用索引还是建立表之间关联关系的前提。同一个数据库中的多个表之间若要建立起关联关系，首先以关联字段建立索引，才能创建表之间的关系。

3.5.1 创建索引

在一个表中可以创建一个或多个索引，可以用单个字段创建一个索引，也可以用多个字段(字段集合)创建一个索引。使用多个字段索引进行排序时，一般按照索引第一个字段进行排序，当第一个字段有重复时，再按第二个关键字进行排序，依此类推。创建索引后，向表中添加记录或更新记录时，索引自动更新。

在 Access 2010 中，除了 OLE 对象型不能建立索引外，其他类型的字段都可以建立索引。

1. 索引的类型

索引按照功能可分为以下几种类型。

(1) 唯一索引：索引字段的值不能重复。若给该字段输入了重复的数据，系统就会提示操作错误。若某个字段的值有重复，则不能创建唯一索引。一个表可以创建多个唯一索引。

(2) 主索引：同一个表可以创建多个唯一索引，其中一个可设置为主索引，主索引字段称为主键。一个表只能创建一个主索引。

(3) 普通索引：索引字段的值可以重复。一个表可以创建多个普通索引。

2. 索引属性设置

使用表设计器可以进行字段的索引属性设置。如图 3-46 所示，单击要创建索引的字段，然后选择索引属性的值。

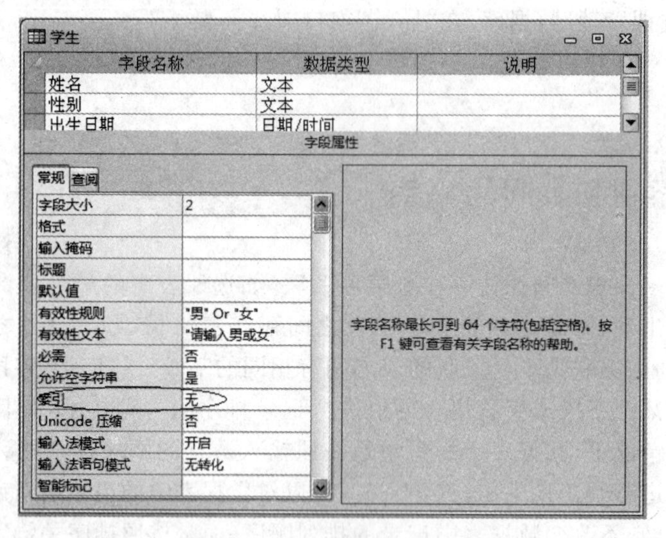

图 3-46　索引属性设置窗口

索引属性的值可以通过下拉列表选择，有 3 种可能的取值。

(1) “无”表示该字段无索引。

(2) “有(有重复)”表示该字段有索引，且索引字段的值可以重复，创建的索引是普通索引。

(3) “有(无重复)”表示该字段有索引，且索引字段的值可不以重复，创建的索引是唯一索引。

用这种方法定义的索引字段，其索引文件名、索引字段、排序方向都是系统根据选定的索引字段而定的，是升序排列。

3. 创建索引

利用索引属性可以创建单个字段索引，利用“索引”对话框可以按照用户的需要创建索引。

打开“索引”对话框有以下几种方法：

(1) 右击表设计器的标题栏，在弹出的快捷菜单中单击“索引”菜单项。

(2) 选择上下文选项卡“表格工具/设计”中“显示/隐藏”组，单击“索引”按钮。

“索引”对话框如图 3-47 所示。

用户可以根据需要确定索引名称、索引字段、排序方向等。

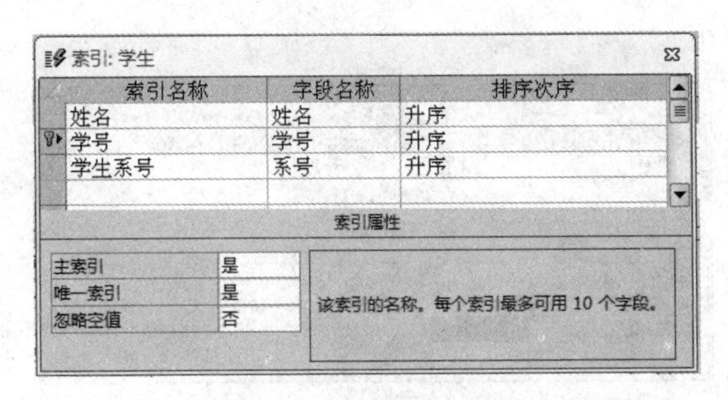

图 3-47　创建索引对话框

4. 设置主关键字

在表中能够唯一标识记录的字段或字段集合被称为主关键字，简称主键。设置主键的同时也创建了索引，建立主键是建立一种特殊的索引。

一个表只能有一个主键，若表设置了主键，则表的记录存取依赖于主键。

创建主键的方法有以下两种：

(1) 打开表的设计视图，选中要创建主键的字段，选择上下文选项卡“表格工具/设计”中的“工具”组，单击“主键”按钮。

(2) 右击要创建主键的字段，在快捷菜单中选择“主键”。

【实例 3-14】 为“选课管理”数据库的表创建索引，要求如下：

(1) 在学生表中，将“学号”设置为主键，“姓名”、“系号”为普通索引。

(2) 在课程表中，将“课程号”设置为唯一索引。

(3) 在选课表中，建立多字段索引，索引关键字为“学号”+“课程号”，并设置为主索引。

操作步骤如下：

(1) 在学生表中，将“学号”设置为主键，按照“姓名”、“系号”创建普通索引。

① 打开“学生”表设计视图，同时打开索引对话框。

② 输入索引名称“学号”，使用列表框选择字段名“学号”，在索引属性中选择主索引“是”。

③ 输入索引名称“姓名”，使用列表框选择字段名“姓名”。

④ 输入索引名称“学生系号”，使用列表框选择字段名“系号”，如图 3-48 所示。

(2) 在课程表中，将“课程号”设置为唯一索引。

① 打开“课程”表设计视图，同时打开索引对话框。

② 输入索引名称“课号”，使用列表框选择字段名“课号”，在“唯一索引”列表框中选

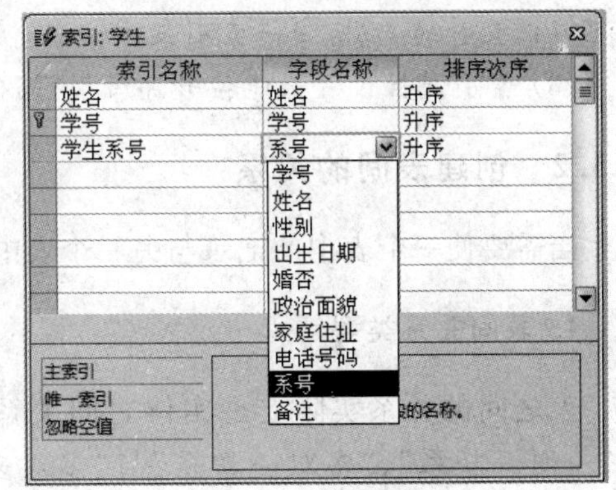

图 3-48　创建“学生”表索引

择“是”，如图 3-49 所示。

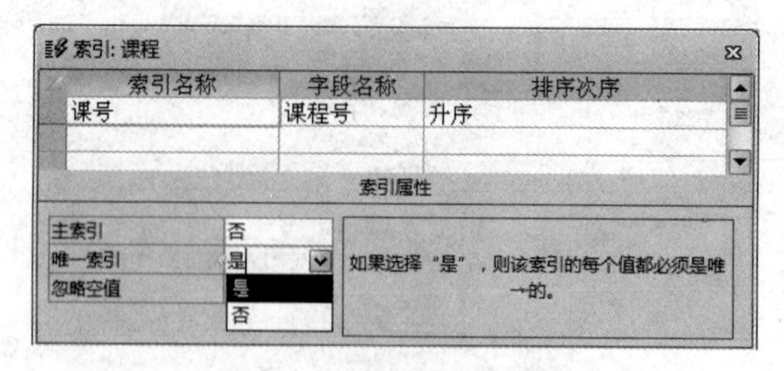

图 3-49 创建“课程”表索引

(3) 在选课表中，建立多字段索引，索引关键字为“学号”+“课程号”，并设置为主索引。

① 打开“选课”表设计视图，同时打开索引对话框。

② 输入索引名称“学号课号”，使用列表框选择字段名“学号”。

③ 光标定位于第二行，使用列表框选择字段名“课程号”，在“主索引”列表框中选择“是”，如图 3-50 所示。

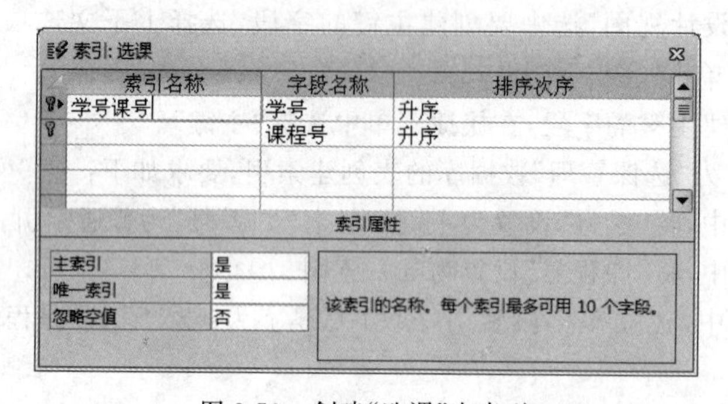

图 3-50 创建“选课”表索引

说明：设置索引属性与使用“索引”对话框创建索引有相似的功能，但又有不同之处。

(1) 索引属性设置只能设置单字段索引，使用“索引”对话框可以设置多字段索引。

(2) 索引属性设置可以设置普通索引、唯一索引，不能设置主索引，使用“索引”对话框可以设置普通索引、唯一索引及主索引。

(3) 索引属性设置只能按升序索引，而使用“索引”对话框可以按升序、降序索引。

3.5.2 创建表间的关系

当需要使一个表中的记录与另一个表中的记录相关联时，可以创建两个表间的关系。

1. 表间关系类型

表之间的关系实际上是实体之间关系的一种反映。实体间的联系通常有三种，即“一对一联系”、“多对一联系”与“多对多联系”，因此表之间的关系通常也分为这三种。

1）一对一关系

“一对一关系”是指A表中的一条记录只能对应B表中的一条记录，并且B表中的一条记录也只能对应A表中的一条记录。

两个表之间要建立一对一关系，首先定义关联字段为两个表的主键或建立唯一索引，然后确定两个表之间具有一对一关系。

2）多对一关系

“多对一关系”是指A表中的一条记录能对应B表中的多条记录，而B表中的一条记录只能对应A表中的一条记录，A称为主表，B称为子表。

两个表之间要建立多对一关系，首先定义关联字段为主表的主键或建立唯一索引，然后在子表中按照关联字段创建普通索引，最后确定两个表之间具有多对一关系。

3）多对多联系

“多对多关系”是指A表中的一条记录能对应B表中的多条记录，而B表中的一条记录也可以对应A表中的多条记录。

关系型数据库管理系统不支持多对多关系，因此，在处理多对多的关系时需要将其转换为两个多对一的关系，即创建一个连接表，将两个多对多表中的主关键字段添加到连接表中，则这两个多对多表与连接表之间均变成多对一的关系，这样间接地建立了多对多的关系。例如，“学生”和“课程”表之间是多对多关系，因此创建了“选课”表，将学生表的“学号”和课程表的“课程号”添加到选课表中，学生表和选课表之间、课程表和选课表之间均为一对多关系。

2. 创建表间关系

数据库中的表之间要建立关系，必须先给相关的表建立索引。在创建表间的关系时，可以编辑关联规则。建立了表间的关系后可以设置参照完整性、设置在相关联的表中的插入记录、删除记录和修改记录的规则。

创建表之间的关系需要打开“关系”窗口，操作方法有以下几种：

(1) 选择“数据库工具”选项卡中的“关系”组，单击“关系”按钮。

(2) 选择“表格工具/表”选项卡中的“关系”组，单击“关系”按钮。

(3) 选择“表格工具/设计”选项卡中的“关系”组，单击“关系”按钮。

【实例3-15】 对“选课管理”数据库的表创建关系，要求如下：

(1) 创建学生表和选课之间的关系，关联字段为“学号”。

(2) 创建课程表和选课表之间的关系，关联字段为“课程号”。

(3) 创建学生表和系部表之间的关系，关联字段为“系号”。

操作步骤如下：

(1) 打开数据库“选课管理”，假设创建关系所需要的表已经按照公共字段创建了索引。

(2) 打开“关系”窗口，选择“关系工具/设计”选项卡，单击“显示表”按钮，打开“显示表”对话框，如图3-51所示。

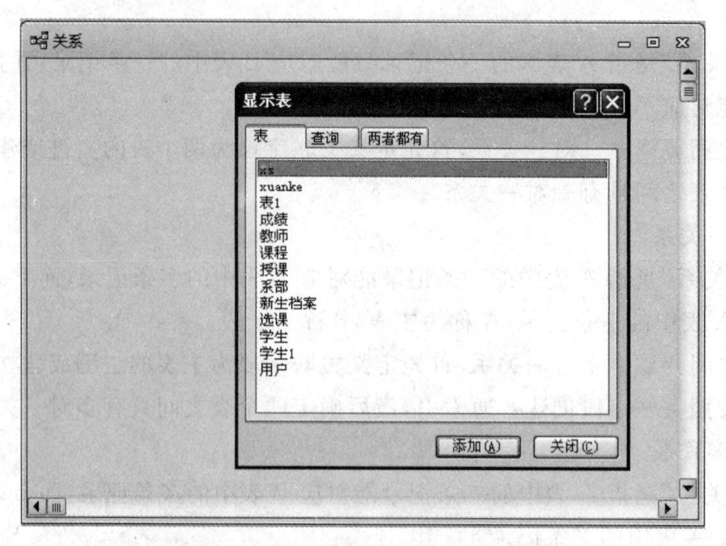

图 3-51 “关系”窗口与“显示表”对话框

(3) 在“显示表”对话框中,将“学生”表和“选课”表添加到关系窗口中,如图 3-52 所示。

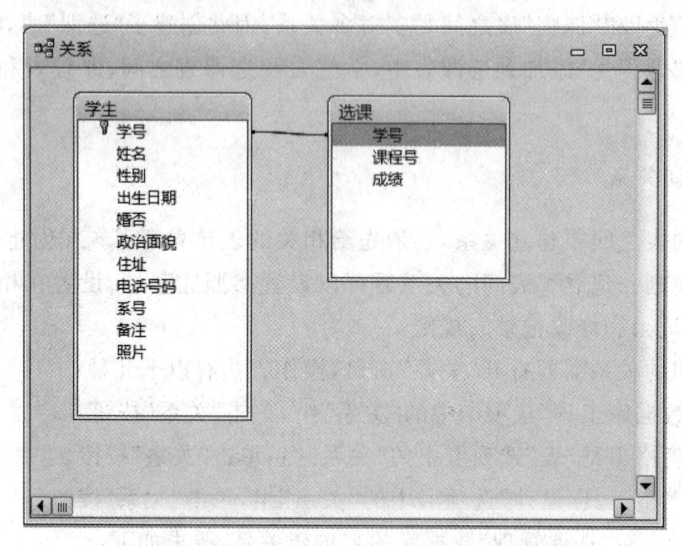

图 3-52 将待创建关系的表添加到“关系”窗口

(4) 从图中看到,在“学生”表和“选课”表的公共字段“学号”之间,已经连接了一条线段,这表明在两个表之间已经创建了关联关系。之所以如此,是因为两个表中有相同的关联字段。如果两个表中的关联字段名称不同,则需要将一个表的相关字段拖到另一个表中的相关字段的位置,系统将自动打开“编辑关系”对话框,如图 3-53 所示。

(5) 在“编辑关系”对话框中,显示两个表的参考关联字段,用户可以重新选择关联字段,还可以选中“实施参照完整性”复选框,单击“创建”按钮,返回到如图 3-52 所示的窗口。创建关系完成。

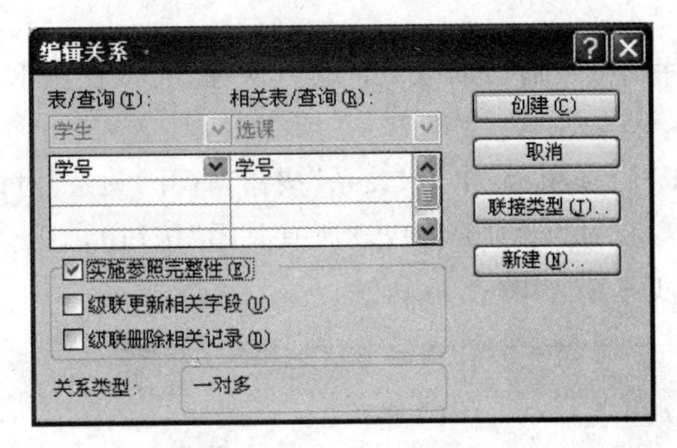

图 3-53 “编辑关系”对话框

用同样的方法可以创建课程表和选课表之间、学生表和系部表之间的关系，甚至可以创建教师表和系部表之间的关系，如图 3-54 所示。

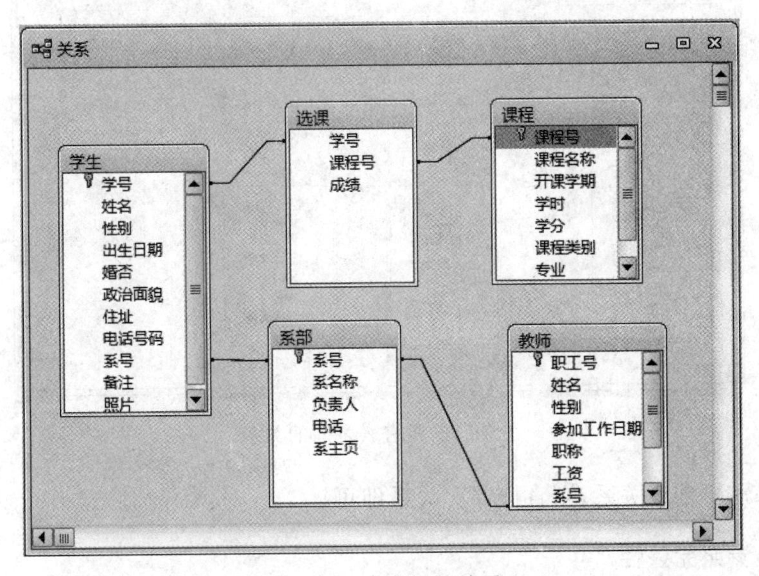

图 3-54 表之间的关系

(6) 单击“关闭”按钮，同时进行保存，完成表间关系的创建。

3. 编辑表间关系

表之间创建了关系后，需要时可以对关系进行修改，如更改关联字段或删除关系。

1) 更改关联字段

打开“关系”窗口，右击表之间的关系连接线，选择“编辑关系”或直接双击关系连接线，打开如图 3-53 所示的“编辑关系”对话框，重新选择关联的表和关联字段即可完成对关系的更改。

2) 删除关系

如果要删除已经定义的关系，需要先关闭所有已打开的表，然后打开“关系”对话框，单击关系连接线，按 Delete 键。或右击关系连接线，在快捷菜单中选择“删除”即可。

3）显示所有关系

如果需要在数据库中的所有关联表之间创建关系，可以使用下面的方法快速创建。

① 打开数据库。

② 选择"数据库工具"选项卡，单击"关系"按钮，打开"关系"对话框。

③ 选择"关系工具/设计"选项卡，单击"所有关系"按钮，则会在"关系"对话框中显示所有关联的表之间的关系，如图 3-55 所示。

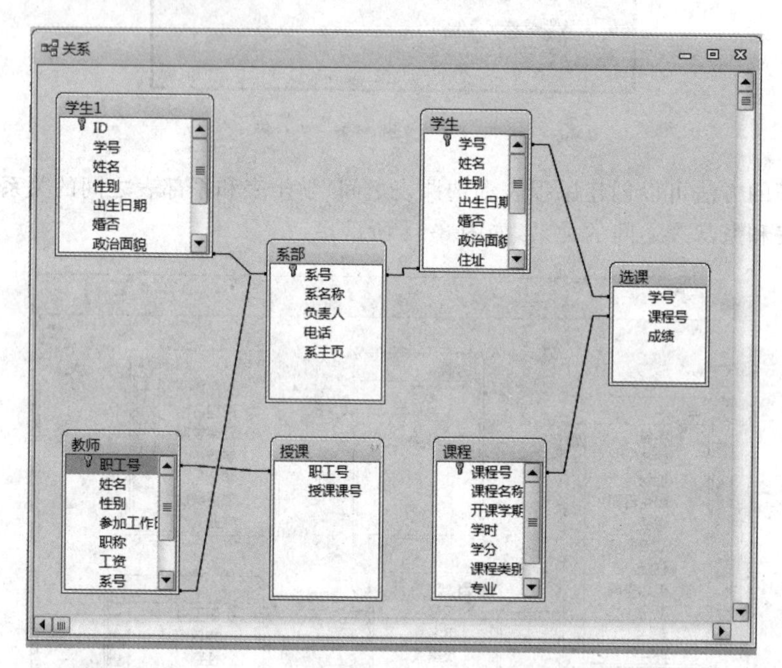

图 3-55　所有表之间的关系

④ 如果需要创建关系，则直接保存关系即可。

4. 实施参照完整性

参照完整性是一个规则，使用它可以保证已存在关系的表中的记录之间的完整有效性，并且不会随意地删除或更改相关数据。即不能在子表的外键字段中输入不存在于在主表中的值，但可以在子表的外键字段中输入 NULL 值来指定这些记录与主表之间并没有关系。如果在子表中存在着与主表匹配的记录，则不能从主表中删除这个记录，同时也不能更改主表的主键值，如图 3-56 所示。

例如，在课程表和选课表之间建立了一对多的关系，并选择了"实施参照完整性"复选框，则在选课表的课程号字段中不能输入在课程表中不存在课程号的值。如果在选课表中存在与课程表相匹配的记录，则不能从课程表中删除这条记录，也不能更改课程表中这个记录的课程号的值。

在设置了"实施参照完整"后，还可以设置级联更新相关字段或级联删除相关字段，只需在图 3-56 中选中相应的复选框，设置了"级联更新相关字段"后，当更改课程表中课程号字段的值时，选课表中与该记录相关的所有记录的课程号的值均自动更改。设置了"级联删除相关字段”后，如果删除了课程表中的某条记录，系统会自动删除选课表中与该记录关联的所有记录。

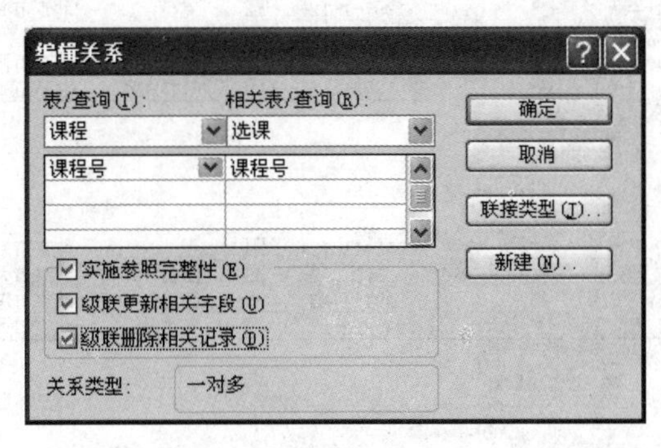

图 3-56　参照完整性设置

3.5.3　子表的使用

当两个表之间已创建了一对多的关系时，这两个表之间就形成了父表和子表的关系，一方称为主表，多方称为子表。当使用父表时，可用方便地使用子表。只要通过插入子表的操作，就可以在父表打开时，浏览子表的相关数据。

创建表间的关系后，在主表的数据浏览窗口中可以看到左边新增了标有“+”的一列，这是父表与子表的关联符，当单击“+”符号时，会展开子数据表，“+”变为“－”符号，单击“－”符号可以折叠子数据表。

【实例 3-16】　对于学生表与选课表，浏览子数据表的部分记录。

操作步骤如下：

(1) 打开数据库“选课管理”。

(2) 打开“学生”表数据表视图，如图 3-57 所示。

学生

	学号	姓名	性别	出生日期	婚否	政治面貌	住址	电话号码
⊞	04030001	李跃	男	1987-1-12	☐	党员	北京市海淀区	(010)-23
⊞	04030002	汪静	女	1987-12-31	☐	民主党派	不祥	(021)-09
⊞	04040001	张婉玉	女	1987-1-18	☐	团员	北京市西城区	(010)810
⊞	05010001	刘一丁	男	1986-1-1	☐	共青团员	北京市海淀区	(010)-21
⊞	05010002	李想	女	1983-11-12	☑	无	北京市东城区	(029)-89
⊞	05020002	张男	女	1983-6-5	☑	团员	北京市大兴区	(　　)692
⊞	05020003	李悦明	男	1984-4-13	☐	团员	北京市房山区	(　　)890
⊞	05040001	王大玲	女	1985-12-12	☐	党员	北京市大兴区	
⊞	05040002	王霖	男	1985-6-8	☐	团员	北京市海淀区	(010)-34
⊞	05040003	赵莉	女	1985-12-23	☐	民主党派	北京市西城区	(　　) 87
⊞	06010001	赵越	女	1984-10-8	☑	党员	南京市中山区	(0411)898
⊞	06010010	韩冰冰	女	1985-1-2	☐	党员	不祥	(　　)
⊞	10040004	周强	男	1990-11-12	☐	团员	沈阳市沈河区	(024-)889
*					☐		不祥	

记录: 第 14 项(共 14 项)　无筛选器　搜索

图 3-57　“学生表”数据表视图

(3) 在数据表视图中，单击某个记录前面的“+”按钮或“-”按钮，可以展开与该记录关联的子表中的记录，“+”按钮会变为“-”按钮，单击“-”按钮可以关闭子表记录显示，如图 3-58 所示。

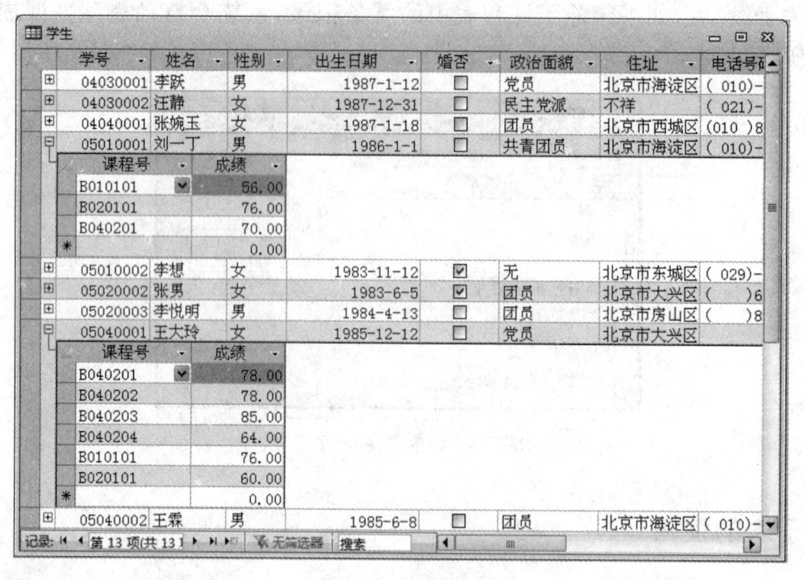

图 3-58 浏览子表

3.6 表的使用

在完成表设计后，用户可以使用表进行数据处理。如对数据进行排序、筛选，调整数据表视图中数据的显示格式等。

3.6.1 记录排序

在浏览表中数据时，通常记录的顺序是按照记录的输入的先后顺序，或者是按主键值升序排列的顺序。为了快速查找信息，可以对记录进行排序。排序需要设定排序关键字，排序关键字可由一个或多个字段组成，排序后的结果可以保存在表中，再次打开时，数据表会自动按照已经排好的顺序显示记录。

在 Access 中，对记录排序采用的规则如下：

(1) 英文字母按照字母顺序排序，不区分大小写。

(2) 中文字符按照拼音字母的顺序排序。

(3) 数字按照数值的大小排序。

(4) 日期/时间型数据按照日期的先后顺序进行排序。

(5) 备注型、超链接型和 OLE 对象型的字段不能排序。

【实例 3-17】 完成下列排序操作。

(1) 在学生表中，按照“学号”的升序进行排序。

(2) 在教师表中，按照“职称”的降序进行排序。

(3) 在教师表中，先按照“职称”的降序，再按照“工资”的降序进行排序。

操作步骤如下：

(1) 打开“选课管理”数据库中的“学生”表，进入数据表视图。

(2) 选中字段“学号”，选择“开始”选项卡中的“排序和筛选”组，单击“升序”按钮，数据表中的记录将立即按照“学号”的升序排列。

(3) 关闭数据表视图，系统会自动弹出如图 3-59 所示对话框，提醒用户保存结果，单击“是”按钮即可保存排序结果。

图 3-59　提示对话框

(4) 用上面的方法可以对“教师”表按照“职称”的降序进行排序，不同的是排序方式为降序，排序结果如图 3-60 所示。

教师

职工号	姓名	性别	参加工	职称	工资	系号	邮政编码	电话
05024	汪家伟	女	)04-5-29	助教	1,500.00	管理系		
04012	张振	男	)05-3-28	助教	1,200.00	计算机系	122345	
04008	周树春	男	1984-6-2	教授	3,300.00	计算机系	100001	
05004	张雨生	女	)01-2-28	教授	3,000.00	管理系	100077	
04003	马良	男	1986-9-1	教授	3,400.00	计算机系	100009	
01001	章琳	女	381-7-12	教授	3,175.00	印刷工程系	100022	
07001	郝爱民	男	380-6-30	教授	4,500.00	艺术设计系	100084	
07005	刘丽	女	394-6-28	讲师	1,700.00		100015	
06004	龙云	女	394-7-20	讲师	1,500.00	外语系	100010	
05001	马俊亭	男	383-5-24	讲师	1,800.00	管理系		
01003	赵立钧	男	1988-7-5	讲师	2,000.00	印刷工程系	100076	
06001	王中合	男	385-6-16	副教授	2,400.00	外语系	100051	
01002	周敬	男	1985-6-5	副教授	2,000.00	印刷工程系	100044	
04004	许亚芬	女	395-6-23	副教授	2,900.00	计算机系	100085	
04022	徐辉	女	389-6-28	副教授	2,600.00	计算机系		
07002	赵娜娜	女	1984-7-3	副教授	2,700.00	艺术设计系	100070	
04001	董家玉	男	384-6-30	副教授	2,900.00	计算机系	100082	

记录: 第 1 项(共 17 项　无筛选器　搜索

图 3-60　教师表按照“职称”排序结果

可以看到，显示的排序结果并不是按照职称的高低进行，而是按照“职称”值的字符顺序排列。

(5) 选择“开始”选项卡的“排序和筛选”组，单击“高级”按钮，打开“高级”菜单，如图 3-61 所示。

(6) 单击“高级筛选/排序”命令，打开筛选窗口，如图 3-62 所示。

图 3-61　“高级”菜单

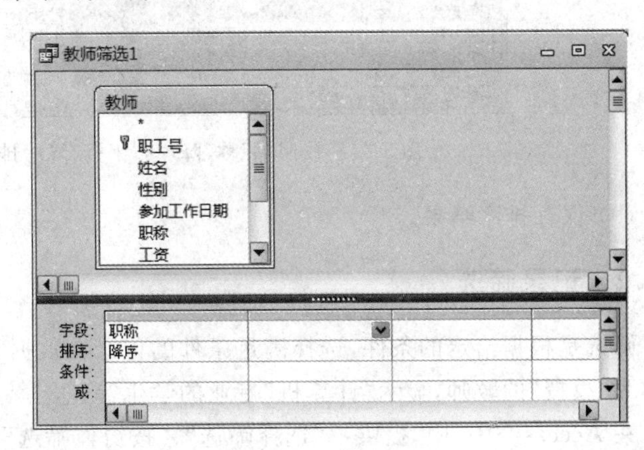

图 3-62　筛选窗口

窗口由两部分组成，上半区显示被打开的数据表及字段列表，下半区是数据表设计网格，用来指定排序字段、排序方式和所遵从的规则。从图中看到，在数据表设计网格中，已经添加了一个排序字段，这是对“职称”字段排序产生的结果。

(7) 在数据表的字段列表中，双击“工资”字段，该字段将显示在数据表设计网格中，然后选择“排序”列表框中的“降序”，如图 3-63 所示。

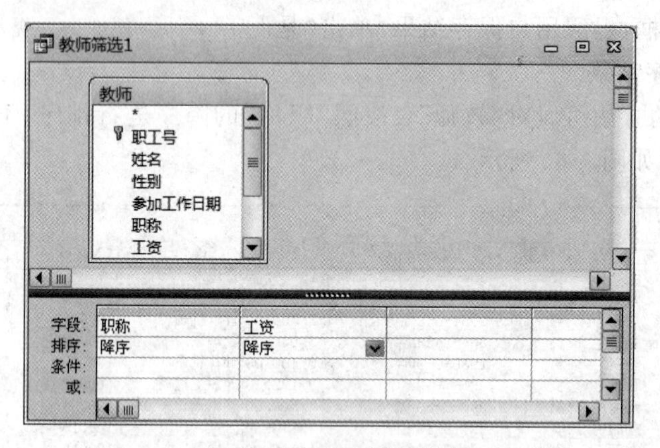

图 3-63　按照“职称”降序，“工资”降序排序

(8) 选择“高级”→“应用筛选/排序”命令，打开数据表视图并显示排序结果，如图 3-64 所示。

教师

姓名	性别	参加工	职称	工资	系号	邮政编码
汪家伟	女	004-5-29	助教	1,500.00	管理系	
张振	男	005-3-28	助教	1,200.00	计算机系	122345
郝爱民	男	980-6-30	教授	4,500.00	艺术设计系	100084
马良	男	1986-9-1	教授	3,400.00	计算机系	100009
周树春	男	1984-6-2	教授	3,300.00	计算机系	100001
章琳	女	981-7-12	教授	3,175.00	印刷工程系	100022
张雨生	女	001-2-28	教授	3,000.00	管理系	100077
赵立钧	男	1988-7-5	讲师	2,000.00	印刷工程系	100076
马俊亭	男	983-5-24	讲师	1,800.00	管理系	
刘丽	女	994-6-28	讲师	1,700.00		100015
龙云	女	994-7-20	讲师	1,500.00	外语系	100010
许亚芬	女	995-6-23	副教授	2,900.00	计算机系	100085
董家玉	男	984-6-30	副教授	2,900.00	计算机系	100082
赵娜娜	女	1984-7-3	副教授	2,700.00	艺术设计系	100070
徐辉	女	989-6-28	副教授	2,600.00	计算机系	
王中合	男	985-6-16	副教授	2,400.00	外语系	100051
周敬	男	1985-6-5	副教授	2,000.00	印刷工程系	100044

记录: 第 1 项(共 17 项　无筛选器　搜索

图 3-64　按照“职称”降序，“工资”降序排序的结果

(9) 保存排序结果。

3.6.2　记录筛选

筛选是根据给定的条件，选择满足条件的记录在数据表视图中显示。例如，显示所有职称为“教授”的教师，显示“计算机”专业的学生等。

在 Access 2010 中，提供了“选择筛选”、“按窗体筛选”和“高级筛选/排序”3 种方法。

1. 选择筛选

选择筛选用于查找某一字段满足一定条件的数据记录，条件包括“等于”、“不等于”、“包含”、“不包含”等，其作用是隐藏不满足选定内容的记录，显示所有满足条件的记录。

2. 按窗体筛选

按窗体筛选是在空白窗体中设置筛选条件，然后查找满足条件的所有记录并显示，可以在窗体中设置多个条件。按窗体筛选是使用最广泛的一种筛选方法。

3. 高级筛选/排序

使用“高级筛选/排序”不仅可以筛选满足条件的记录，还可以对筛选的结果进行排序。

【实例 3-18】 完成下列筛选操作。

(1) 在学生表中，显示家庭住址含有“北京市海淀区”同学的记录。

(2) 在学生表中，显示“非党员”同学的记录。

(3) 在教师表中，显示系号为“计算机系”，职称为“教授”的记录。

(4) 在教师表中，显示系号为“计算机系”，职称为“教授”的记录，并按工资降序排序。

操作步骤如下：

(1) 打开“选课管理”数据库中的“学生”表，进入数据表视图。

(2) 选中“家庭住址”字段，选择“开始”选项卡中的“排序和筛选”组，单击“选择”按钮并在下拉列表框中选择“包含"海淀区"”选项(或选择“等于"北京市海淀区"”选项)如图 3-65 所示，显示结果如图 3-66 所示。

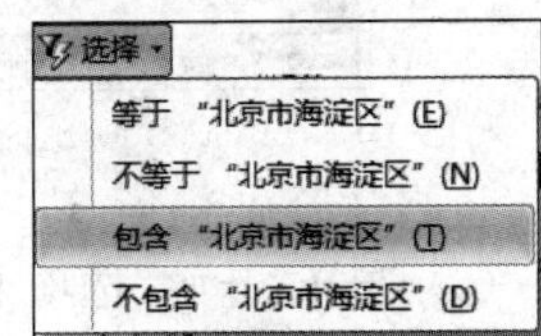

图 3-65 “选择”列表框

学生

学号	姓名	性别	出生日期	婚否	政治面貌	住址	电话号码
05010001	刘一丁	男	1986-1-1	☐	共青团员	北京市海淀区	(010)-2111
05040002	王霖	男	1985-6-8	☐	团员	北京市海淀区	(010)-3456
04030001	李跃	男	1987-1-12	☐	党员	北京市海淀区	(010)-2345

记录: 第 1 项(共 3 项) 已筛选 搜索

图 3-66 显示家庭住址含有“北京市海淀区”同学的记录

(3) 选择“开始”选项卡中的“排序和筛选”组，单击“切换筛选”按钮取消前面的筛选，选中“政治面貌”字段，单击“选择”按钮并在下拉列表框中选择“不包含"党员"”选项，可以看到数据表视图中显示政治面貌为“非党员”的所有记录，如图 3-67 所示。

(4) 打开“教师”表，进入数据表视图，选择“开始”选项卡中“排序和筛选”组，单击“高级”按钮并在下拉列表框中选择命令“按窗体筛选”，打开空白窗体，在“职称”列表框中选择“教授”，在“系号”列表框中选择“计算机系”，如图 3-68 所示。

(5) 单击“高级”按钮并选择“应用筛选排序”，将在数据表视图中将显示筛选结果，如图 3-69 所示。

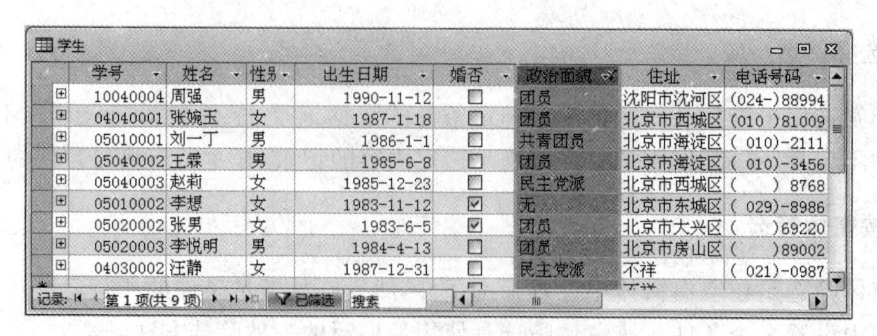

图 3-67　显示“非党员”同学的记录

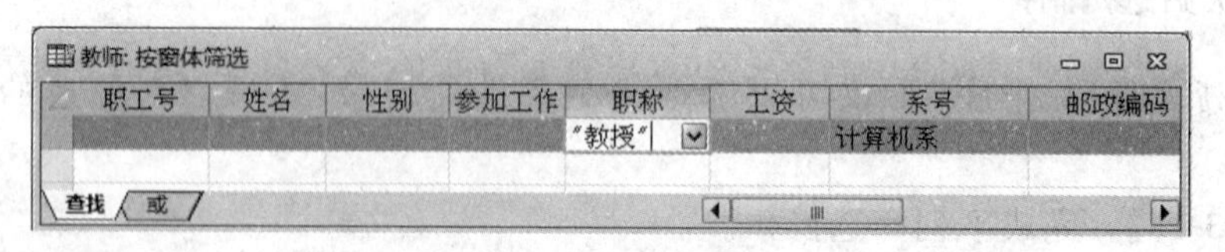

图 3-68　按窗体筛选的窗体

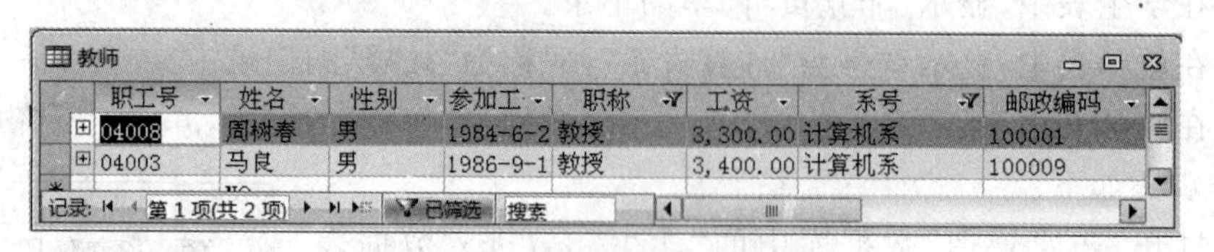

图 3-69　按窗体筛选的结果

(6) 选择“开始”选项卡中的“排序和筛选”组，单击“高级”按钮，并在菜单中选择“高级筛选/排序”命令，打开筛选窗口，如图 3-70 所示。

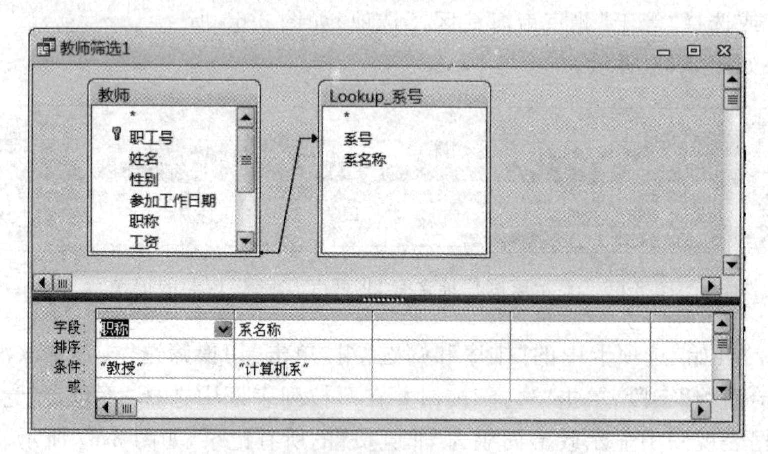

图 3-70　筛选窗口

(7) 在数据表中双击“工资”字段，将“工资”添加到数据表设计网格中，然后在“排序”列表框中选择“降序”，如图 3-71 所示。

(8) 单击“高级”命令按钮，选择“应用筛选/排序”命令，在数据表视图中将显示筛选结果，如图 3-72 所示。

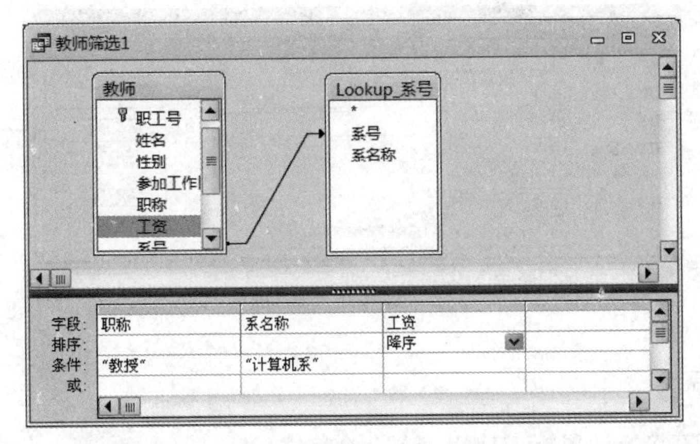

图 3-71　将“工资”添加到数据表设计网格中

教师

	职工号	姓名	性别	参加工	职称	工资	系号	邮政编码
⊞	04003	马良	男	1986-9-1	教授	3,400.00	计算机系	100009
⊞	04008	周树春	男	1984-6-2	教授	3,300.00	计算机系	100001
*		NO						

记录: 第 2 项(共 2 项)　已筛选　搜索

图 3-72　高级筛选/排序结果

应用“高级筛选/排序”功能既可以对记录进行筛选，又可以进行排序，也可以同时进行筛选和排序，而筛选不改变表中记录排列的顺序，通过取消筛选恢复所有记录的显示，这种方法是一种比较实用的记录访问方法。

3.6.3　记录的查找与替换

在数据管理中，有时需要快速查找某些数据，甚至需要对这些数据进行有规律的替换，使用 Access 提供的“查找”和“替换”功能即可实现。

【实例 3-19】　在学生表中，将字段“政治面貌”的取值为“团员”值替换为“共青团员”。

操作步骤如下：

(1) 打开数据库“选课管理”中的“学生”表，进入数据表视图。

(2) 选择“开始”选项卡中的“查找”组，单击“替换”命令，打开“查找与替换”对话框，如图 3-73 所示，选择“替换”选项卡，在“查找内容”组合框中输入“团员”，在“替换为”组合框中输入“共青团员”，查找范围可选择“当前字段”，在“匹配”选项选择“整个字段”，然后单击“替换”按钮，系统自动将查找到的数据替换，单击“查找下一个”按钮可以继续进行替换操作。如果单击“全部替换”按钮则将所有找到的数据进行替换。

3.6.4　表的显示格式设置

在表的数据表视图中浏览数据时，可以按照自己的需求进行数据显示格式的设置，如设置行高和列宽、设置显示字体、隐藏某些列、冻结某些列、改变字段的显示顺序等。

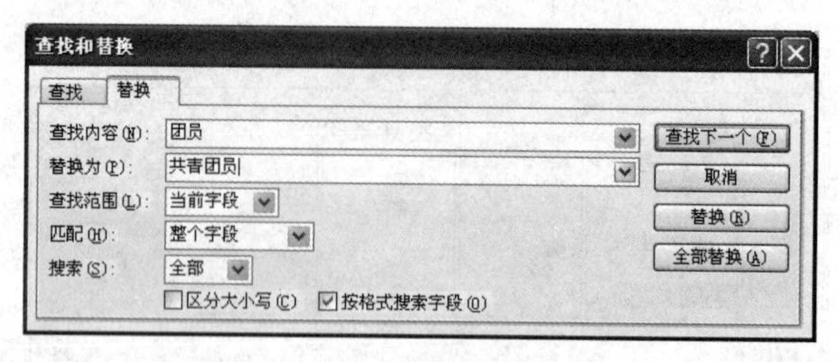

图 3-73 “查找和替换”对话框

1. 调整行高

调整行高可直接拖动鼠标或使用菜单命令完成。

1）直接拖动鼠标

将鼠标指针移到记录最左边的空白按钮边界，直接拖动鼠标可以直接改变行高。

2）使用快捷菜单

打开表的数据表视图，选定记录，右击记录左边的控制按钮，打开快捷菜单，如图 3-74 所示。选择“行高”命令，打开“行高”对话框，如图 3-75 所示。在“行高”文本框中输入需要设置的行高值，单击“确定”按钮即可。

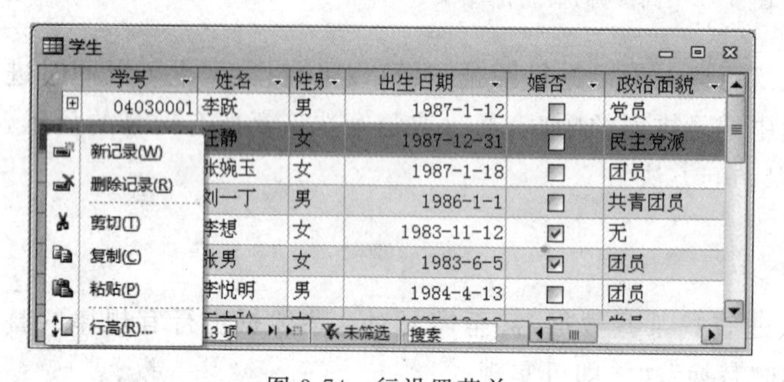

图 3-74 行设置菜单

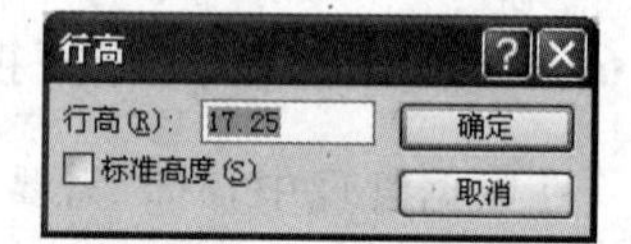

图 3-75 “行高”对话框

2. 调整列宽

调整列宽亦可直接拖动鼠标或使用菜单命令完成。

1）直接拖动鼠标

将鼠标指针移到“字段标题”按钮的左右边界，直接拖动鼠标可以直接改变列宽。

2）使用快捷菜单

打开表的数据表视图，选定字段，右击字段名称，打开快捷菜单，如图 3-76 所示。选择“字段宽度”命令，打开“列宽”对话框，如图 3-77 所示。在“列宽”文本框中输入需要设置的列宽值，单击“确定”按钮即可。

3. 设置文本字体和数据表格式

选择“开始”选项卡，使用“文本格式”组中按钮可以设置字段的格式，如图 3-78 所示，可以选择显示数据的字体、字形、字号、对齐、颜色以及特殊效果，还可设置数据表的格式。

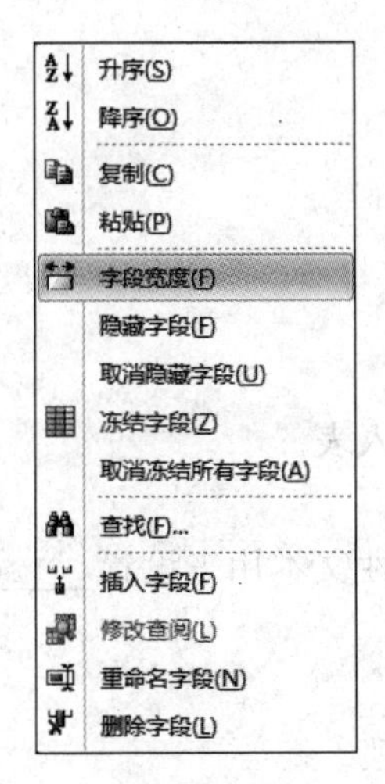

图 3-76　列设置菜单

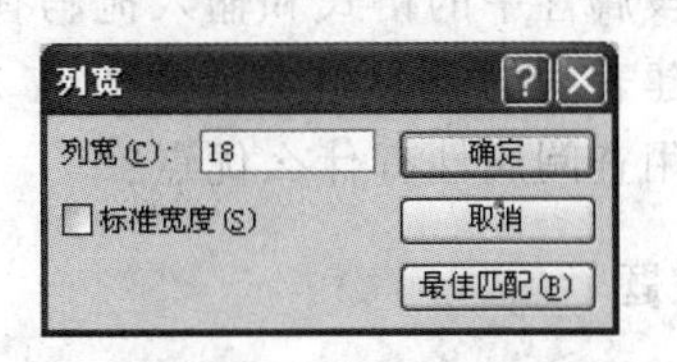

图 3-77　“列宽”对话框

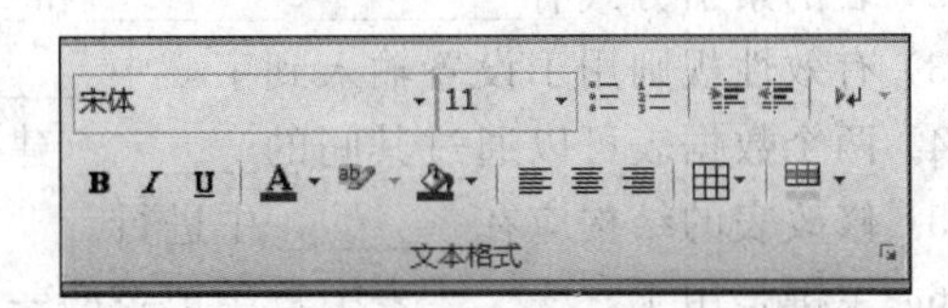

图 3-78　“文本格式”组

4. 隐藏列/取消隐藏列、冻结列/解冻列

在数据表视图中，可以使某些字段信息隐藏，使其不在屏幕中显示，需要时取消隐藏。如果表中字段较多，在浏览记录时，将有一些字段被隐藏。如果想在字段滚动时，使某些字段始终在屏幕上保持可见，可以使用冻结列操作。这样，就可以使冻结的列显示在数据表的左边并添加冻结线，未被冻结的列，在字段滚动时被隐藏。

设置隐藏列/取消隐藏列、冻结列/解冻列的操作方法如下：

(1) 选中需要的列，右击字段名称，打开快捷菜单，如图 3-76 所示。选择“隐藏字段”命令即可隐藏选定的列。若要使被隐藏的列恢复显示，可选择“取消隐藏字段”命令，打开“取消隐藏列”对话框，如图 3-79 所示。

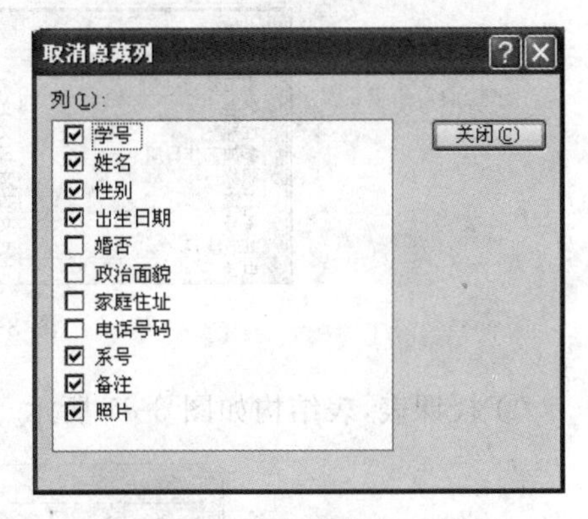

图 3-79　“取消隐藏列”对话框

(2) 在“取消隐藏列”对话框中，未选中的字段是被隐藏的字段，用户可以根据需要部分或全部显示被隐藏的字段，只需选中相应的复选框。

(3) 在快捷菜单中选择“冻结字段”命令可以冻结选中的字段，选择“取消冻结所有字段”命令可以取消冻结字段。

思考与练习

1. 思考题

(1) 简述表的结构。

(2) 表的字段有哪些数据类型？

(3) 设计表要定义哪些内容?
(4) 字段属性中的格式和输入掩码有何区别?
(5) 创建表间的关系应注意什么?
(6) 使用查阅属性有什么优点?

2. 填空题

(1) 创建表有 3 种方法,分别是________、________和导入表。
(2) 表的索引方式有________、________和________。
(3) 有效性规则用于设置输入到字段中________。有效性文本用来设置________。
(4) 两个数据表可以通过其间的________建立联系。
(5) 修改表的结构应在________中进行。
(6) 主键是用于________表中每条记录的一个或多个字段。
(7) 创建表间的关系时,在父表中必须按照连接字段创建________。
(8) 筛选是按照________从表中选出________的记录。

3. 上机操作题

(1) 在"教师管理"数据库中创建以下表。
① 教师表,表结构如图 3-80 所示。

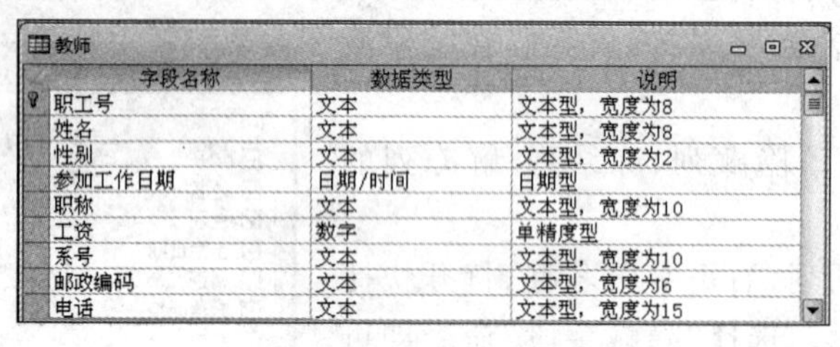

字段名称	数据类型	说明
职工号	文本	文本型,宽度为8
姓名	文本	文本型,宽度为8
性别	文本	文本型,宽度为2
参加工作日期	日期/时间	日期型
职称	文本	文本型,宽度为10
工资	数字	单精度型
系号	文本	文本型,宽度为10
邮政编码	文本	文本型,宽度为6
电话	文本	文本型,宽度为15

图 3-80 教师表结构

② 授课表,表结构如图 3-81 所示。

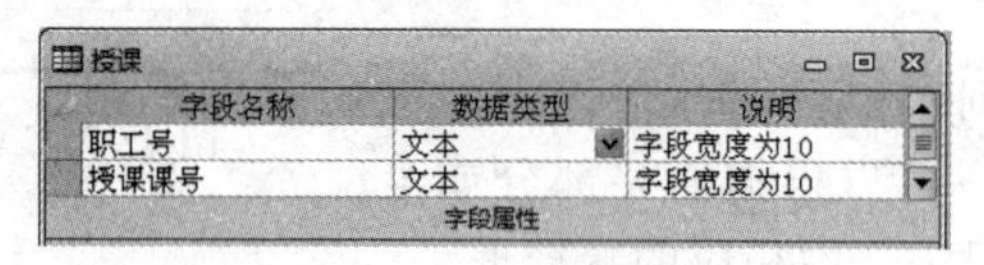

字段名称	数据类型	说明
职工号	文本	字段宽度为10
授课课号	文本	字段宽度为10

图 3-81 授课表结构

③ 课程表,表结构如图 3-82 所示。

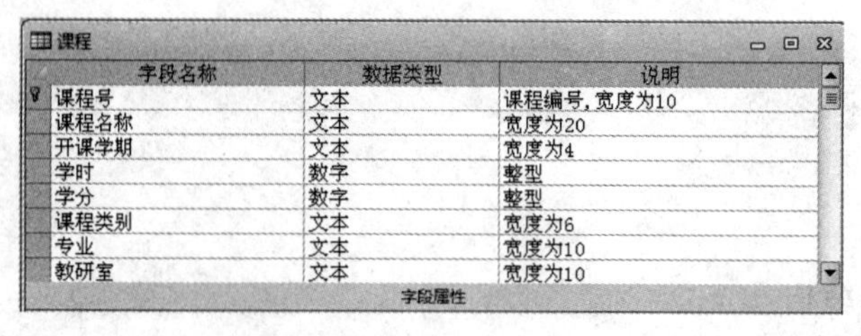

字段名称	数据类型	说明
课程号	文本	课程编号,宽度为10
课程名称	文本	宽度为20
开课学期	文本	宽度为4
学时	数字	整型
学分	数字	整型
课程类别	文本	宽度为6
专业	文本	宽度为10
教研室	文本	宽度为10

图 3-82 课程表结构

④ 工资表，表结构如图 3-83 所示。

工资

字段名称	数据类型	说明
职工号	文本	宽度为10
岗位补贴	数字	单精度型，以下同
职务工资	数字	
公积金	数字	
书报费	数字	
所得税	数字	

字段属性

图 3-83　工资表结构

（2）输入教师、授课、课程、工资表中的数据，表数据如表 3-3～表 3-6 所示。

表 3-3　教师表数据

职工号	姓名	性别	参加工作日期	职称	系号	邮政编码	电话
01001	章琳	女	1981-7-12	教授	01	100022	63331122
01002	周敬	男	1985-6-5	副教授	01	100044	58001234
01003	赵立钧	男	1988-7-5	讲师	01	100076	62001011
04001	董家玉	男	1984-6-30	副教授	04	100082	69001088
04003	马良	男	1986-9-1	教授	04	100009	62033319
04004	许亚芬	女	1995-6-23	副教授	04	100085	87998822
04008	周树春	男	1984-6-2	教授	04	100051	67524321
04012	张振	男	2005-3-28	助教	04	100085	66078821
04022	徐辉	女	1989-6-28	副教授	04	100051	66084455
05001	马俊亭	男	1983-5-24	讲师	05	100085	87009988
05004	张雨生	女	2001-2-28	教授	05	100077	85102233
07002	赵娜娜	女	1984-7-3	副教授	07	100070	85104889

表 3-4　授课表数据

职工号	授课课号	职工号	授课课号
04004	B040201	04003	B040202
04012	B040201	05001	B030101
04001	B040201	05004	B030101
04001	B040203	04008	B040208
04008	B040206	07002	B040209
04003	B040205		

表 3-5　课程表数据

课程号	课程名称	开课学期	学时	学分	课程类别
B010101	大学英语	一	72	4	必修
B020101	高等数学	一	80	4	必修
X030101	现代企业管理	二	36	2	公选
B040101	电路基础	一	80	4	必修
B040201	计算机基础	一	36	2	公选
B040202	C 程序设计	二	64	4	必修
B040203	离散数学	三	64	4	必修
B040204	数据结构	三	72	4	必修
B040205	计算机组成原理	二	64	6	必修
B040206	操作系统	五	64	4	必修
B040207	VB 程序设计	三	40	0	限选
B040208	数据库系统概论	五	64	4	限选
B040209	计算机网络	四	64	4	必修
B040303	微机接口技术	四	64	4	必修
X040203	多媒体技术基础及应用	四	64	3	限选
X040206	软件工程	五	64	3	限选
X040207	网页制作与发布	五	40	2	限选

表 3-6　工资表数据

职工号	基本工资	职务工资	岗位补贴	书报费	公积金	所得税
01001	2800	1400	400	70	1200	0.15
01002	2000	1200	300	60	1050	0.1
01003	1700	1000	200	50	900	0.05
04001	2200	1200	300	60	960	0.1
04003	3000	1480	400	70	1300	0.15
04004	2100	1200	300	60	1080	0.1
04008	2850	1400	400	70	1240	0.15
04012	1300	800	150	40	500	0.05
04022	2030	1200	300	60	1060	0.1
05001	1790	1100	200	50	950	0.1
05004	1260	800	150	40	550	0.05
07002	1350	800	150	40	600	0.05

(3) 完成下列显示格式设置

① 设置教师表中“教师编号”字段的数据靠左对齐。

② 将工资表中“基本工资”字段的显示格式设置为：整数部分最多5位，小数取2位，前缀使用“$”符号。

③ 设置教师表中“参加工作日期”字段的输入掩码格式为：yyyy年mm月dd日，其中y为年份，m为月份，d为日期。

④ 设置工资表“所得税”字段的有效性规则：“所得税”大于等于0，出错信息为“所得税不能为负数”。

⑤ 设置教师表“职称”字段的查阅属性：设置“职称”字段的取值为“教授、副教授、讲师和助教”或其他值。

(4) 创建索引

① 在教师表中，将“职工号”设置为主键，“姓名”为普通索引。

② 在授课表中，建立多字段索引，索引关键字为“职工号”+“课程号”，并将“职工号”和“课程号”设置为普通索引。

③ 在工资表中，将“职工号”设置普通索引。

(5) 创建教师、工资、课程、授课表之间的关系

① 设置教师表与工资表通过“职工号”字段建立一对一的关系，并实现“级联更新相关字段”和“级联删除相关记录”的操作。

② 设置教师表与授课表通过“职工号”字段建立一对多的关系，并实现“级联更新相关字段”和“级联删除相关记录”的操作。

③ 设置课程表与授课表通过“课程号”字段建立一对多的关系，并选择“实施参照完整性”操作。

(6) 表的修改，完成以下操作

① 在教师表中增加一个字段，字段名：应发工资，数据类型：数字型(单精度型)，小数位数：2。

② 将姓名为“张振”的职称修改为“讲师”。

③ 将“职称”字段的名称改为“技术职务”。

④ 删除教师“张雨生”的记录。

⑤ 输入一个新记录：(“01004”，“赵敏”“女”，# 1978-05-18 #，“助教”，“01”，“58861940”)。

(7) 完成表的排序和筛选操作

① 在教师表中，按照“参加工作日期”的降序进行排序。

② 在工资表中，先按照“基本工资”的降序，再按照“职务工资”的降序进行排序。

③ 在教师表中，显示职称为“教授”和“副教授”的教师记录。

④ 在教师表中，显示职称为“教授”的记录，并按“系部”降序排序。

查询

学习目标

通过本章的学习，应该掌握以下内容：

(1) 查询的基本概念；

(2) 查询的功能及分类；

(3) 根据给定条件建立查询规则；

(4) 查询的设计方法；

(5) 查询的应用；

(6) SQL语言及其应用。

4.1 查询概述

利用数据表可以存储数据，这些数据可以长期保存于数据库中。存储数据的目的是为了重复使用这些数据。在设计数据库时，为了减少数据冗余，节省内存空间，常常会将数据分类存储到多个数据表中，这种设计导致某些相关信息可能分散地存储在多个数据表中。在使用这些数据时，用户根据自己的需求可以从单个数据表中获取所需要的信息，也可从多个相关的数据表中获得信息，所采用的手段就是使用查询技术。Access提供的查询功能为用户提供了从若干个数据表中获取信息的手段，是分析和处理数据的一种重要工具。

4.1.1 查询的概念

查询是指向数据库提出请求，要求数据库按照特定的需求在指定的数据源中进行查找，提取指定的字段，返回一个新的数据集合，这个集合就是查询结果。

查询是Access 2010数据库的一个重要对象，在Access中，查询具有非常重要的地位，利用不同的查询，可以方便、快捷地浏览数据表中的数据，同时利用查询可以实现数据的统计分析与计算等操作，查询还可以作为窗体和报表的数据源。

查询也可以看做一个“表”，只不过是以表或查询为数据来源的再生表，是动态的数据集合。也就是说，查询的记录集实际上并不存在，每次使用查询时，都是从查询的数据源表中创建记录集。基于此，查询的结果总是与数据源中的数据保持同步，当数据源中的记录更新时，查询的结果也会随数据源的变化自动更新。

查询主要有以下几方面的功能。

1）选择字段和记录

查询可以根据给定的条件，查找并显示相应的记录，并可仅显示需要的字段。

2）修改记录

通过查询功能，对符合条件的记录进行添加、修改和删除等操作。例如，将所有教师的工资增加10%，删除成绩不及格的学生记录等。

3）统计和计算

可以使用查询对数据进行统计和计算。如求学生的总成绩、男女学生的人数、教师的平均工资等。

4）建立新表

可以将查询所得的动态记录集即查询结果存储于表中。

5）为其他数据库对象提供数据源

在创建报表、窗体或数据访问页时，其数据源可能是多个表，在这种情况下，可以先建立一个查询，再以查询作为数据源，设计报表、窗体或数据访问页。

4.1.2 查询的类型

根据对数据源的操作方式以及查询结果，Access 2010 提供的查询可以分为 5 种类型，分别是选择查询、交叉表查询、参数查询、操作查询和 SQL 查询。

1. 选择查询

选择查询是最常用的查询类型，它能够根据用户所指定的查询条件，从一个或多个数据表中获取数据并显示结果，还可以利用查询条件对记录进行分组，并进行求总计、计数、平均值等运算。选择查询产生的结果是一个动态记录集，不会改变源数据表中的数据。

2. 交叉表查询

交叉表查询可以计算并重新组织数据表的结构，可以方便地分析数据。交叉表查询将源数据或查询中的数据分组，一组在数据表的左侧，另一组在数据表的上部，数据表内行与列的交叉单元格处显示表中数据的某个统计值，这是一种可以将表中的数据看作字段的查询方法。

3. 参数查询

参数查询为用户提供了更加灵活的查询方式，通过参数来设计查询准则，在执行查询时，会出现一个已经设计好的对话框，由用户输入查询条件并根据此条件返回查询结果。

4. 操作查询

操作查询是指在查询中对源数据表进行操作，可以对表中的记录进行追加、修改、删除和更新。操作查询包括删除查询、更新查询、追加查询和生成表查询。

5. SQL 查询

SQL 是指使用结构化查询语言 SQL 创建的查询。在 Access 中,用户可以使用查询设计器创建查询,在查询创建完成后系统会自动产生一个对应的 SQL 语句。除此之外,用户还可以使用 SQL 语句创建查询,实现对数据的查询和更新操作。

4.1.3 查询视图

查询共有五种视图,分别是设计视图、数据表视图、SQL 视图、数据透视表视图和数据透视图。

1. 设计视图

设计视图就是查询设计器,通过该视图可以创建除 SQL 之外的各种类型查询。

2. 数据表视图

数据表视图是查询的数据浏览器,用于查看查询运行结果。

3. SQL 视图

SQL 视图是查看和编辑 SQL 语句的窗口,通过该窗口可以查看用查询设计器创建的查询所产生的 SQL 语句,也可以对 SQL 语句进行编辑和修改。

4. 数据透视表视图和数据透视图

在数据透视表视图和数据透视图中,可以根据需要生成数据透视表和数据透视图,从而对数据进行分析,得到直观的分析结果。

4.1.4 创建查询方法

在 Access 中,创建查询的方法主要有两种,使用查询设计视图创建查询和使用查询向导创建查询。

1. 使用查询设计视图创建查询

使用查询设计视图创建查询首先要打开查询设计视图窗口,然后根据需要进行查询定义,具体操作步骤如下:

(1) 打开数据库。

(2) 选择“创建”选项卡的“查询”组,单击“查询设计”按钮,打开“查询设计器”窗口,如图 4-1 所示。

查询设计器窗口由两部分组成,上半部分是数据源窗口,用于显示查询所涉及的数据源,可以是数据表或查询,下半部分是查询定义窗口,用于添加和选择查询需要的字段和表达式,主要包括以下内容:

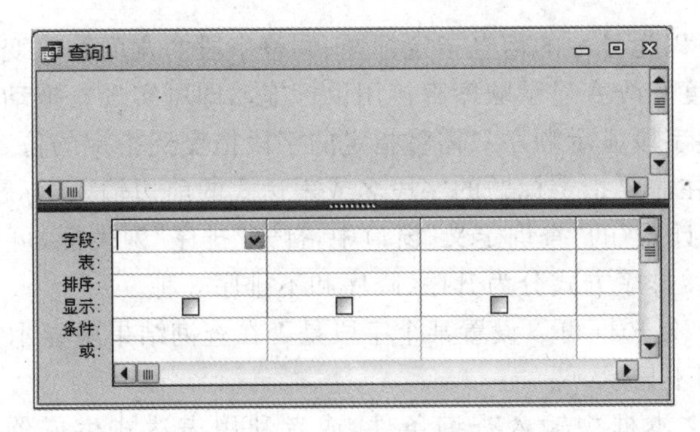

图 4-1　查询设计视图

① 字段：查询结果中所显示的字段。

② 表：查询的数据源，即查询结果中字段的来源。

③ 排序：查询结果中相应字段的排序方式。

④ 显示：当相应字段的复选框被选中时，则在结构中显示，否则不显示。

⑤ 条件：即查询条件，同一行中的多个准则之间是逻辑“与”的关系。

⑥ 或：查询条件，表示多个条件之间的“或”的关系。

(3) 在打开查询设计视图窗口的同时打开弹出“显示表”对话框，如图 4-2 所示。

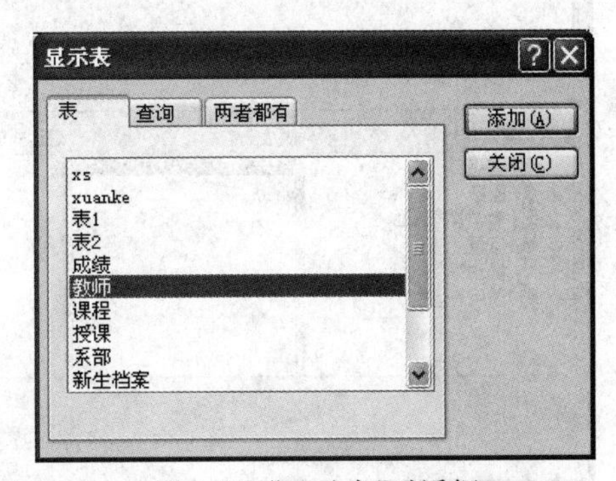

图 4-2　“显示表”对话框

(4) 在“显示表”对话框中，选择作为数据源的表或查询，将其添加到查询设计器窗口的数据源窗口中。在查询设计器窗口的查询定义窗口中，单击字段的空白处，会出现一个下拉按钮，单击该按钮即可打开下拉列表，其中列出了所有被选择的表或查询所包含的所有字段。通过“字段”列表框选择所需字段，或者将双击数据源中的字段，可选择所需要的字段，选中的字段将显示在查询定义窗口中，如图 4-3 所示。

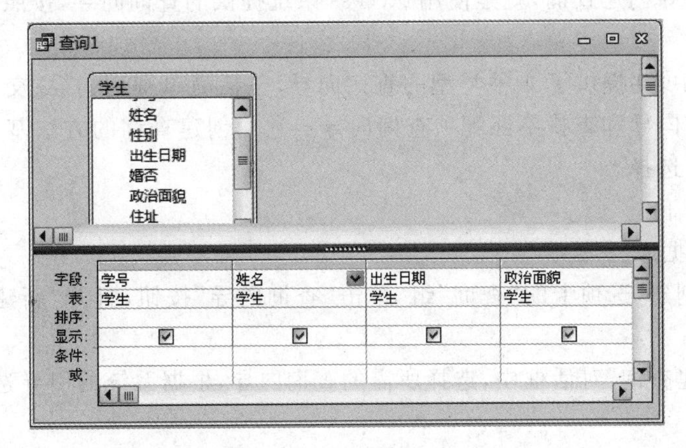

图 4-3　为查询添加字段

除此之外,还可以为显示的信息指定标题、调整字段的宽度和改变显示顺序等操作。

调整字段的宽度和改变显示顺序直接用鼠标拖动即可实现。拖动字段的边界可以改变字段的宽度;调整字段显示顺序只需将指定的字段拖曳到指定的位置即可;而为显示的信息指定标题可以在需要指定标题的字段名或表达式的前边输入"标题:"即可。

(5) 在"查询设计器"的"查询定义"窗口中,打开"排序"列表框,可以指定查询的排序关键字和排序方式。排序方式分为升序、降序和不排序 3 种。

(6) 使用"显示"复选框可以设置某个字段是否在查询结果中显示,若复选框被选中,则显示该字段,否则不显示。

(7) 在"条件"文本框中输入查询条件,或者利用表达式生成器输入查询条件,如图 4-4 所示。

(8) 保存查询,创建查询完成,如图 4-5 所示。

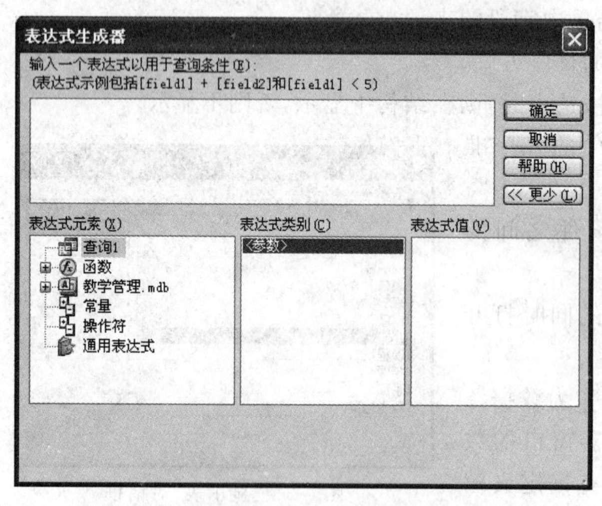

图 4-4 "表达式生成器"对话框

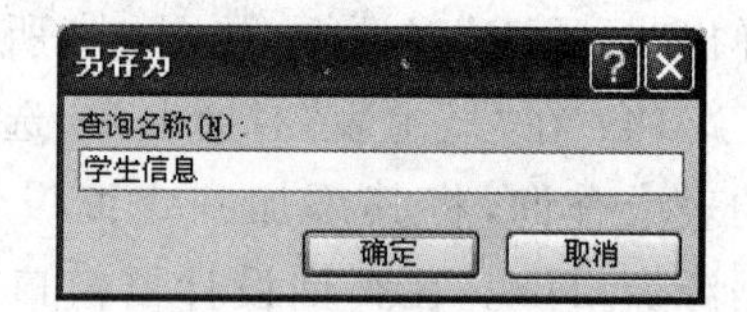

图 4-5 保存查询

2. 使用查询向导创建查询

使用查询向导创建查询,就是使用 Access 系统提供的查询向导,按照系统的引导,完成查询的创建。

在 Access 中,共提供了 4 种类型的查询向导,包括简单查询向导、交叉表查询向导、查找重复项查询向导和查找不匹配项查询向导。它们创建查询的方法基本相同,用户可以根据需要进行选择。

操作步骤如下:

(1) 打开数据库。

(2) 选择"创建"选项卡的"查询"组,单击"查询向导"按钮,打开"新建查询"对话框,如图 4-6 所示。

(3) 在"新建查询"对话框中,选择所需的查询向导,根据系统的引导选择参数或输入相应的信息。

(4) 保存查询,完成查询创建。

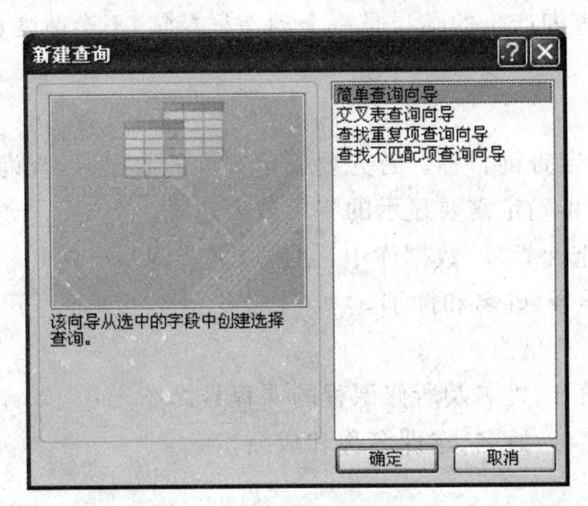

图 4-6 “新建查询”对话框

4.1.5 运行查询

查询创建完成后，将保存在数据库中。运行查询后才能看到查询结果。可以通过下面的方法运行查询。

(1) 在上下文选项卡“查询工具”→“设计”的“结果”组中单击“运行”按钮。

(2) 在上下文选项卡“查询工具”→“设计”的“结果”组中单击“视图”按钮。

(3) 在导航窗口中选择要运行的查询双击。

(4) 在导航窗口中选择查询对象右单击，在快捷菜单中选择“打开”命令。

(5) 在查询设计视图窗口的标题栏右单击，在快捷菜单中选择“数据表视图”。

如图 4-7 所示的窗口是查询学生年龄的查询运行界面。

学生年龄

学号	姓名	出生日期	年龄
04030001	李跃	1987-1-12	25
04030002	汪静	1987-12-31	25
04040001	张婉玉	1987-1-18	25
05010001	刘一丁	1986-1-1	26
05010002	李想	1983-11-12	29
05020002	张男	1983-6-5	29
05020003	李悦明	1984-4-13	28
05040001	王大玲	1985-12-12	27
05040002	王霖	1985-6-8	27
05040003	赵莉	1985-12-23	27
06010001	赵越	1984-10-8	28

记录: 第 1 项(共 13 项 无筛选器 搜索

图 4-7 查询结果

4.2 选择查询

选择查询是最常用的查询类型，它能够根据用户所指定的查询条件，从一个或多个数据表中获取数据并显示结果，还可以利用查询条件对记录进行分组，并进行求总计、计数、平均值等运算。选择查询产生的结果是一个动态记录集,不会改变源数据表中的数据。

4.2.1 简单查询

设计查询时,要确定查询目标。首先要确定查询的数据源,查询的数据源可以是表和已经建立的查询,然后再确定需要显示的字段或表达式。

【实例 4-1】 在“选课管理”数据库中,创建以下查询。

(1) 查询学生的学号、姓名和性别。

(2) 查询学生的所有信息。

(3) 查询学生的学号、姓名及所修课程的课程号。

(4) 查询学生的学号、姓名、选课名称和成绩。

操作步骤如下:

(1) 查询学生的学号、姓名和性别。

① 打开数据库“选课管理”。

② 选择“创建”选项卡中的“查询”组,单击“查询设计”按钮,打开查询设计器窗口,在“显示表”对话框中选择“学生”表双击,将学生表添加到查询设计视图的数据源窗口中,如图 4-8 所示。

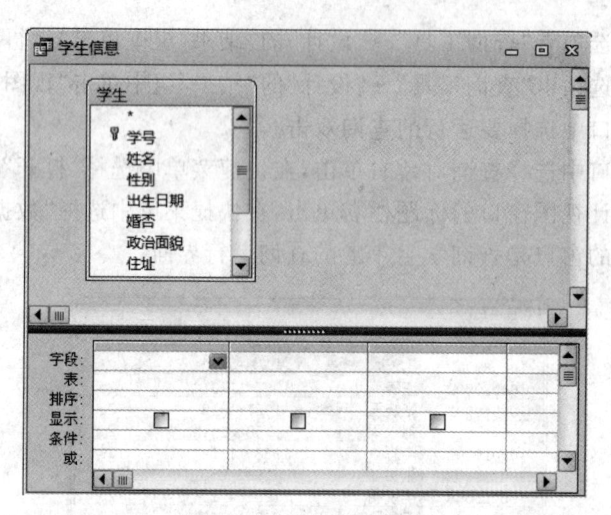

图 4-8 查询学生表的信息

③ 通过字段下拉列表按钮选择字段“学号”、“姓名”和“性别”,这些字段将显示在查询定义窗口中,如图 4-9 所示。保存查询“学生信息”,完成查询的创建。

(2) 查询学生的所有信息

重复(1)中的步骤②,如图 4-8 所示。顺序双击数据源窗口中表的所有字段或直接双击表中显示的“*”标记,这里,“*”代表表中的所有字段,如图 4-10 所示。保存查询,完成查询的创建。

(3) 查询学生的学号、姓名及所修课程号。

① 选择“创建”选项卡的“查询”组,单击“查询设计”按钮,打开查询设计器窗口,在

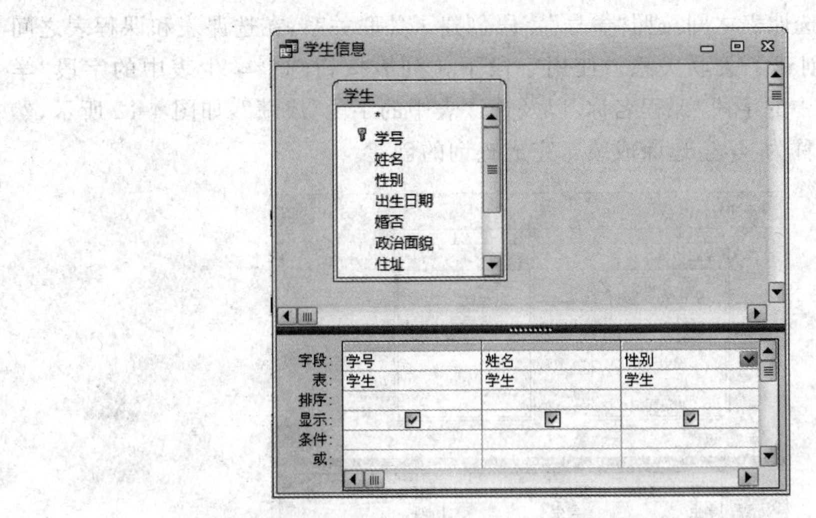

图 4-9　查询学生的学号、姓名、性别

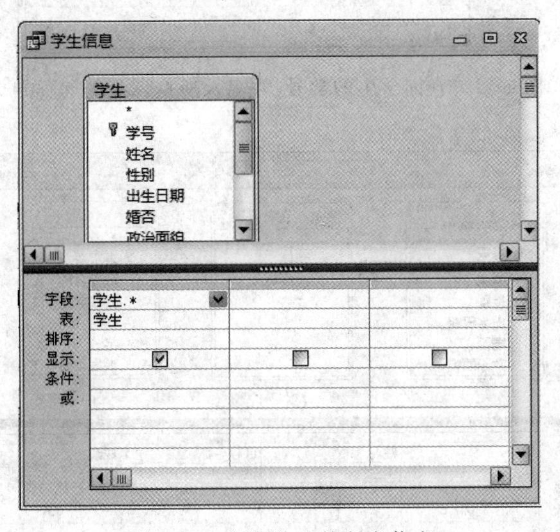

图 4-10　查询学生的所有信息

“显示表”对话框中选择“学生”表和“选课”表，将这两个表添加到查询设计视图的数据源窗口中，如图 4-11 所示。

从图 4-11 中可以看到，在学生表和选课表的公共字段“学号”之间连了一条线段，这表明在两个表之间按照“学号”字段创建了关联关系。

② 使用字段下拉列表按钮选择学生表中的字段“学号”、“姓名”以及选课表中的字段“课程号”。然后保存查询，完成查询的创建。

(4) 查询学生的学号、姓名、选课名称和成绩。

① 选择“创建”选项卡中的“查询”组，单击“查询设计”按钮，打开查询设计器窗口，在“显示表”对话框中选择“学生”表、“选课”表和“课程”表，将这三个表添加到查询设计视图的数据源窗口中，如图 4-12 所示。

② 在学生表和选课表之间按照“学号”字段创建了关联关系，在选课表和课程表之间按照“课程号”字段创建了关联关系。使用字段下拉列表按钮选择学生表中的字段“学号”、“姓名”，课程表中的字段“课程名称”以及选课表中的字段“成绩”，如图 4-12 所示，然后保存查询，查询名称为“学生选课成绩”，完成查询的创建。

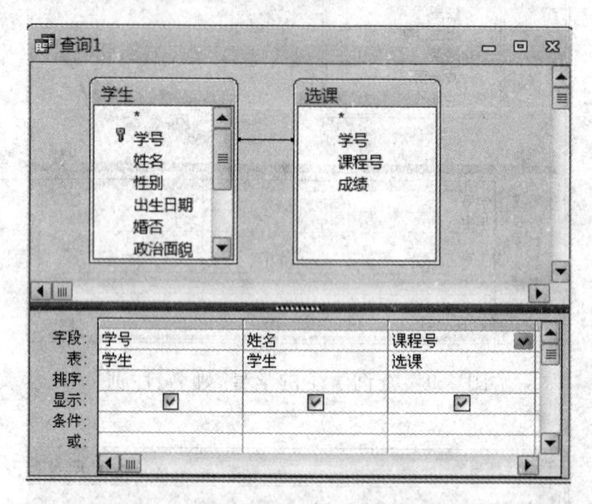

图 4-11　查询学生的学号、姓名及所修课程的课程号

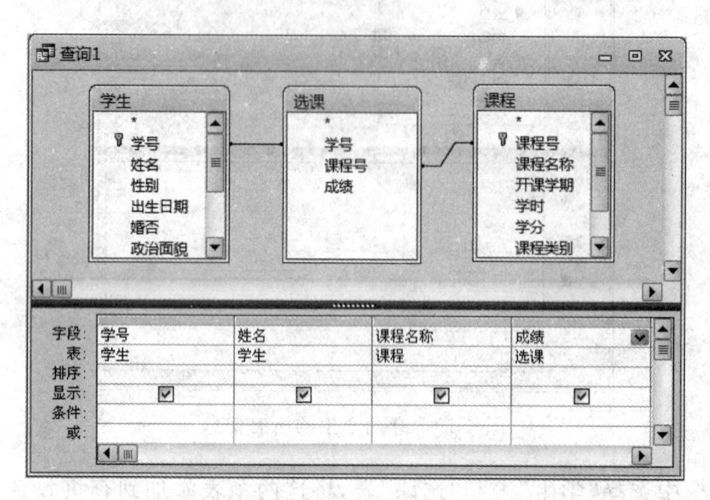

图 4-12　查询学生的学号、姓名、选课名称和成绩

4.2.2　查询中的连接类型

如果查询的数据源是两个或以上的表或查询，在设计查询需要创建数据源之间的连接关系，如果在创建表时已经按照公共字段创建了索引，在查询视图中可以看到作为数据源的表或查询之间已经通过相应的字段连接起来，也就是自动创建了连接。如果在表中的字段在创建表时未创建索引，则需要在数据源之间按照关联字段创建连接，具体做法是，用鼠标将一个表中的字段拖到与其关联的表中相关字段上，就会在相关字段之间连一条线段。右击连接线，选择“联接属性”打开“联接属性”对话框，如图 4-13 所示。

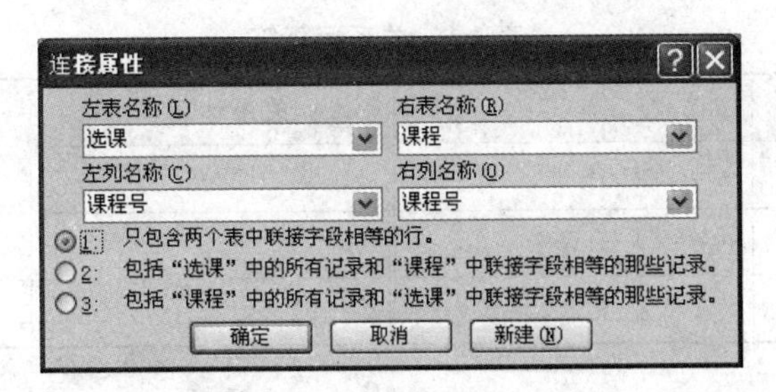

图 4-13 “连接属性”对话框

在图 4-13 中，列出了查询连接的类型，共分为 3 种：内部连接、左连接和右连接。

1. 内部连接

内部连接是指将两个表中连接字段相等的记录提取出来进行合并，从中选取所需要的字段形成一条记录，显示在查询结果中。内部连接是系统默认的连接类型。

2. 左连接

左连接是指取左表中的所有记录和右表中连接字段相等的记录作为查询的结果。

3. 右连接

右连接是指取右表中的所有记录和左表中连接字段相等的记录作为查询的结果。

说明：如果查询中使用的表或查询之间没有建立连接关系，那么查询将以笛卡儿积的形式产生查询结果。也就是说，一个表的每一条记录和另一个表的所有记录连接构成新的记录，这样就会在查询结果中产生大量的数据，而这样的结果是没有任何实际意义的。因此，在涉及多表的查询中，建立表之间的连接是必要的。

4.2.3 查询中条件的设置

在实际应用中，经常查询满足某个条件的记录，这需要在查询时进行查询条件的设置。例如，查询所有“女同学”的记录，查询职称为“教授”的教师的信息等等。通过在查询设计视图中设置条件可以实现条件查询。

查询中的条件通常使用关系运算符、逻辑运算符和一些特殊运算符来表示。

1. 条件的表示

1）关系运算

关系运算符由＞、＞＝、＜、＜＝、＝和＜＞等符号构成，主要用于数据之间的比较，其运算结果为逻辑值，即“真”和“假”，如表 4-1 所示。

例如，性别为“男”的同学，用关系表达式应为，“性别＝"男"”。成绩在及格以上，用关系表达式应为，“成绩＞＝60”。

2）逻辑运算

逻辑运算符由 Not、And 和 Or 构成，主要用于多个条件的判定，其运算结果是逻辑值，如表 4-2 所示。

表 4-1　关系运算符

关系运算符	含义	关系运算符	含义
＞	大于	＜＝	小于等于
＞＝	大于等于	＝	等于
＜	小于	＜＞	不等于

表 4-2　逻辑运算符

关系运算符	含义	关系运算符	含义
Not	逻辑非	Or	逻辑或
And	逻辑与		

例如，成绩在 60～70 之间，其逻辑表达式应为"成绩＞＝60 And 成绩＜＝70"。婚姻状况为"未婚"，其逻辑表达式应为"Not 婚否"。

3）其他运算

Access 提供了一些特殊运算符用于对记录进行过滤，常用的特殊运算符如表 4-3 所示。

表 4-3　其他运算符

关系运算符	含　义
In	指定值属于列表中所列出的值
Between…And …	指定值的范围在…到…之间
Is	与 NULL 一起使用，确定字段值是否为空值
Like	用通配符查找文本型字段是否与其匹配 通配符"?"匹配任意单个字符；"*"匹配任意多个字符；"#"匹配任意单个数字；"!"不匹配指定的字符；[字符列表]匹配任何在列表中的单个字符

例如，成绩在 70～90 之间，可以表示为，Between 70 And 90；姓"李"的同学，可以表示为"like "李*""。

2. 查询条件的设置

在查询设计视图中，设置查询条件应使用查询定义窗口中的条件选项来设置。首先选择需设置条件的字段，然后在"条件"文本框中输入条件。条件的输入格式与表达式的格式略有不同，通常省略字段名。

例如，"性别＝"男""，用关系表达式应为，"性别＝"男""，而在查询设计器中对应"性别"字段的"条件"行输入"＝"男""。成绩在 60～70 之间，用逻辑表达式应为"成绩＞＝60 And 成绩＜＝70"，而在查询设计时对应"成绩"字段的"条件"行应输入"＞＝60 And ＜＝70"。

如果有多个条件，且涉及不同的字段，则分别设置相应字段的条件，例如，职称为"讲师"的男教师，其逻辑表达式应为"性别＝"男" And 职称＝"讲师""，而在查询设计器中对应“性别”字段的条件行应输入“"男"”,对应“职称”字段的条件行应输入“"讲师"”,如果两个条件之间 And 运算符连接,则输入的信息放在同一行中,如图 4-14 所示。如果两个条件之间使用 Or 运算符连接,则输入的信息放在不同行中,如图 4-15 所示。

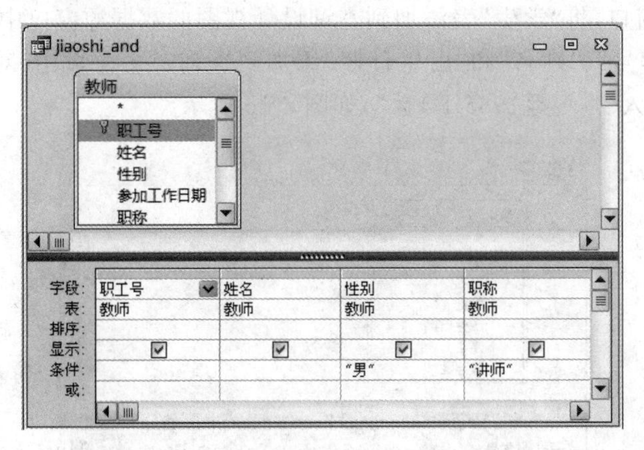

图 4-14　多个查询条件之间用 And 连接

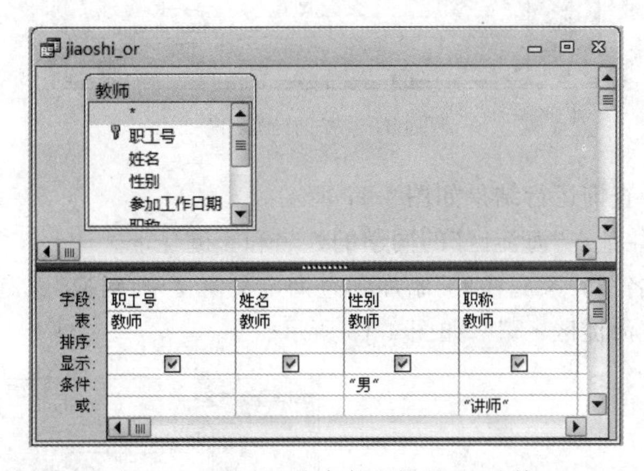

图 4-15　多个查询条件之间用 Or 连接

3. 查询举例

【实例 4-2】 在教学管理数据库中,创建以下查询。

(1) 查询 1985 年以后出生的学生的学号、姓名和出生日期。

(2) 查询家庭住址在“海淀区”的同学的姓名和家庭住址。

(3) 查询学号前 2 位是“05”的同学的姓名和专业。

(4) 查询职称是“教授”或“副教授”的教师的姓名、性别和职称。

(5) 查询职称为“中级以上”职称的教师的姓名、性别和职称。

(6) 查询选修“C 程序设计”课程的学生的学号、姓名和成绩。

(7) 查询“高等数学”大于 90 分或“计算机基础”大于 85 分的同学的姓名、课程和成绩。

(8) 查询未参加考试的同学的学号、姓名和课程名称。

操作步骤如下：

(1) 查询1985年以后出生的学生的学号、姓名和出生日期。

① 打开数据库“选课管理”，选择“创建”选项卡中的“查询”组，单击“查询设计”按钮，打开查询设计器窗口，将“学生”表添加到查询设计视图的数据源窗口中。

② 将字段“学号”、“姓名”和“出生日期”添加到查询定义窗口中，对应“出生日期”字段，在“条件”行输入“>=＃1985-1-1＃”，如图4-16所示。

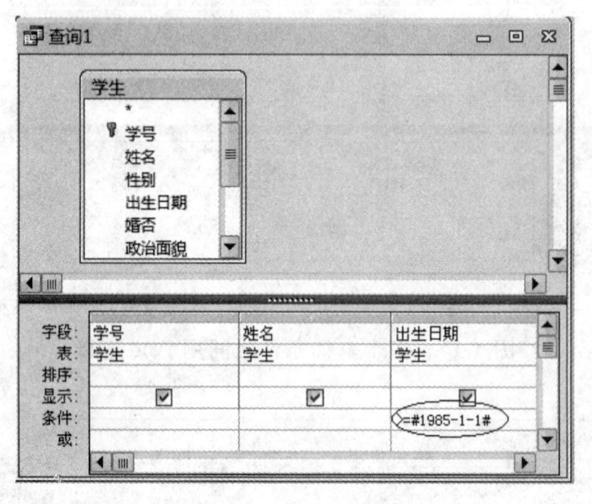

图4-16　查询(1)设置

③ 保存查询。查询运行结果如图4-17所示。

(2) 查询家庭住址在“海淀区”的同学的姓名和家庭住址。

① 将字段“姓名”和“家庭住址”添加到查询定义窗口中，对应“家庭住址”字段，在“条件”行输入“like " * 海淀区 * ""，如图4-18所示。

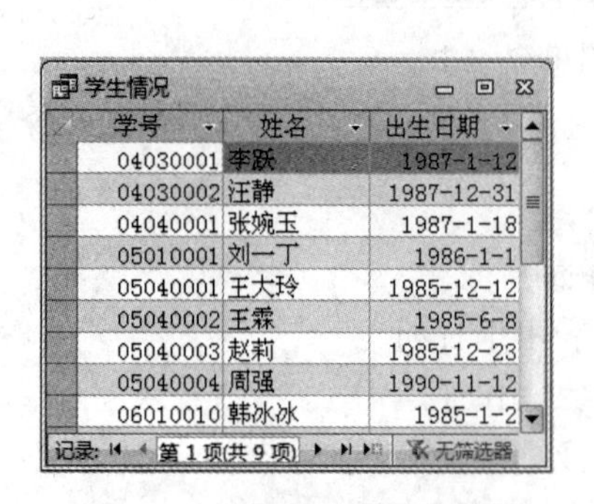

学生情况

学号	姓名	出生日期
04030001	李跃	1987-1-12
04030002	汪静	1987-12-31
04040001	张婉玉	1987-1-18
05010001	刘一丁	1986-1-1
05040001	王大玲	1985-12-12
05040002	王霖	1985-6-8
05040003	赵莉	1985-12-23
05040004	周强	1990-11-12
06010010	韩冰冰	1985-1-2

记录: 第1项(共9项)　无筛选器

图4-17　查询(1)运行结果

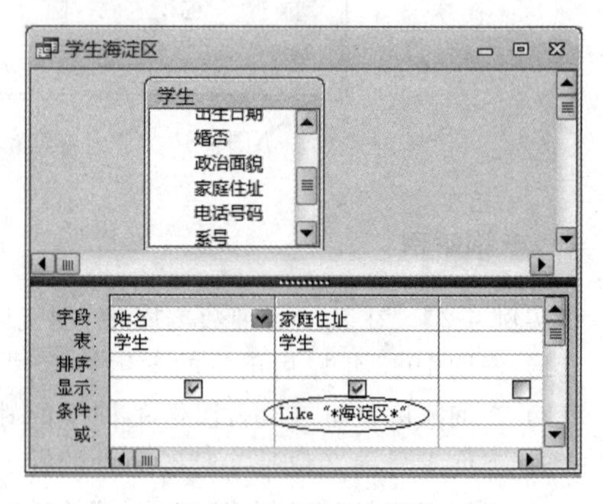

图4-18　查询(2)设置

② 保存查询。运行结果如图4-19所示。

(3) 查询学号前2位是“05”和“06”的同学的姓名和系号。

① 将字段“学号”、“姓名”和“专业”添加到查询定义窗口中，同时将学号字段的“显示”复选按钮取消；对应“系号”字段，在“条件”行输入“like "0[56] * ""，如图4-20所示。

姓名	家庭住址
刘一丁	北京市海淀区
王霖	北京市海淀区
李跃	北京市海淀区

图 4-19　查询(2)运行结果

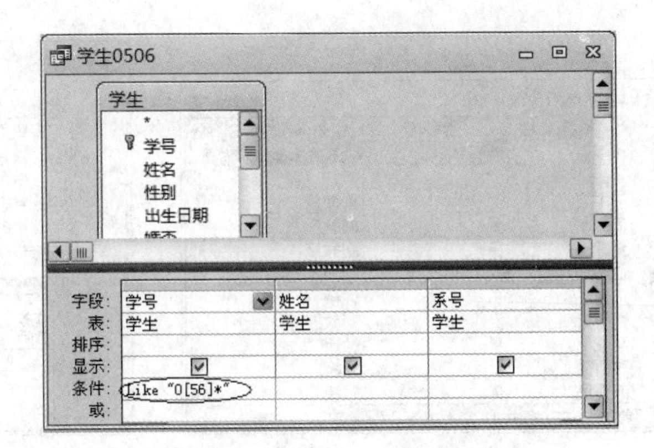

图 4-20　查询(3)设置

② 保存查询。运行结果如图 4-21 所示。

(4) 查询职称是“教授”或“副教授”的教师的姓名、性别和职称。

① 打开数据库“选课管理”，选择“创建”选项卡的“查询”组，单击“查询设计”按钮，打开查询设计器窗口，将“教师”表添加到查询设计视图的数据源窗口中。

② 将字段“姓名”、“性别”和“职称”添加到查询定义窗口中，对应“职称”字段，在“条件”行输入“in("教授","副教授")”，如图 4-22 所示。

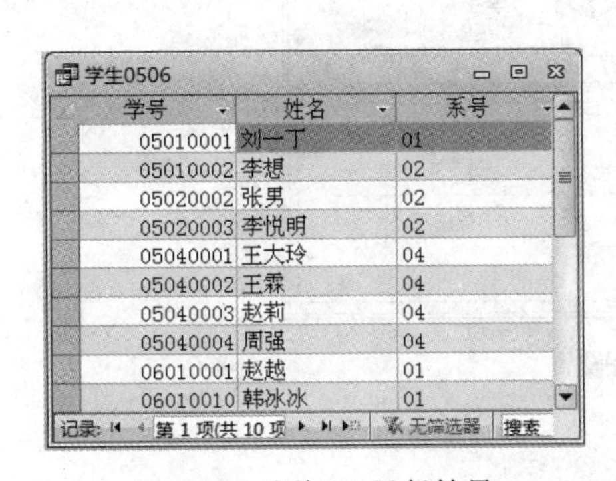

学号	姓名	系号
05010001	刘一丁	01
05010002	李想	02
05020002	张男	02
05020003	李悦明	02
05040001	王大玲	04
05040002	王霖	04
05040003	赵莉	04
05040004	周强	04
06010001	赵越	01
06010010	韩冰冰	01

图 4-21　查询(3)运行结果

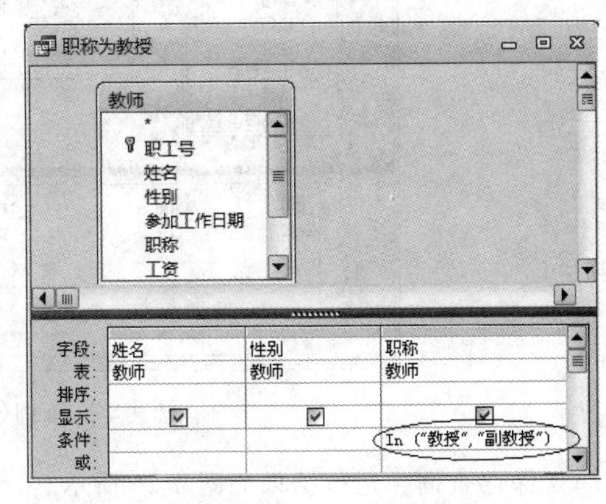

图 4-22　查询(4)设置

③ 保存查询。运行结果如图 4-23 所示。

(5) 查询中级职称及以上的教师的姓名、性别和职称(假设教师的职称为教授、副教授、讲师和助教)。

将字段“姓名”、“性别”和“职称”添加到查询定义窗口中，对应“职称”字段，在“条件”行输入“not "助教"”，如图 4-24 所示。

(6) 查询选修“C 程序设计”课程的学生的学号、姓名和成绩。

① 打开数据库“选课管理”，选择“创建”选项卡的“查询”组，单击“查询设计”按钮，打开查询设计器窗口，将“学生”、“课程”和“选课”表添加到查询设计视图的数据源窗口中。

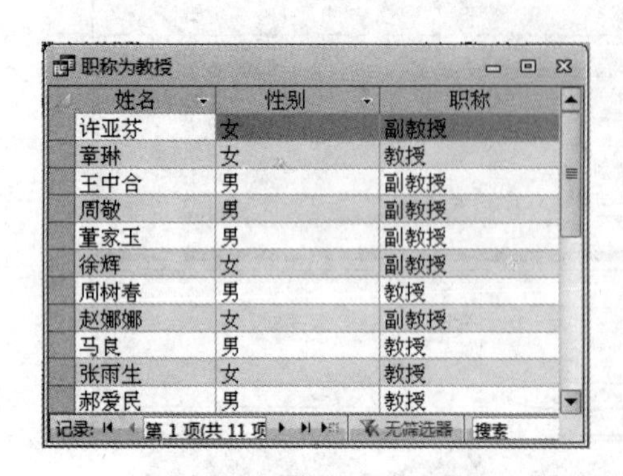

职称为教授

姓名	性别	职称
许亚芬	女	副教授
章琳	女	教授
王中合	男	副教授
周敬	男	副教授
董家玉	男	副教授
徐辉	女	副教授
周树春	男	教授
赵娜娜	女	副教授
马良	男	教授
张雨生	女	教授
郝爱民	男	教授

记录: 第 1 项(共 11 项 无筛选器 搜索

图 4-23　查询(4)运行结果

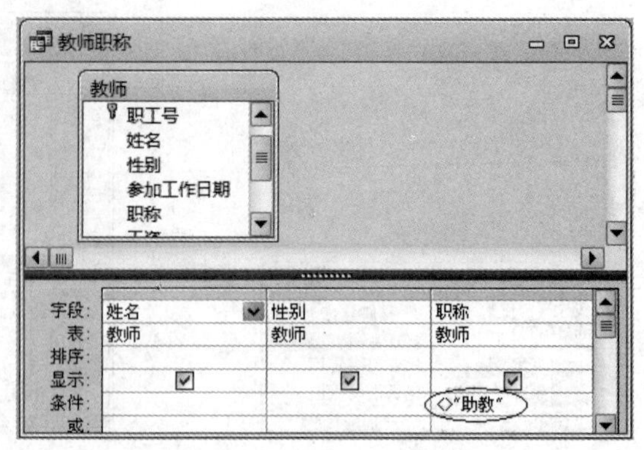

图 4-24　查询(5)设置

② 将学生表中的字段“学号”、“姓名”、课程表中的字段“课程名称”和“选课”表中的字段“成绩”依次添加到查询定义窗口中，同时将“课程名称”字段的“显示”复选按钮取消；对应“课程名称”字段，在“条件”行输入“"C 程序设计"”，如图 4-25 所示。

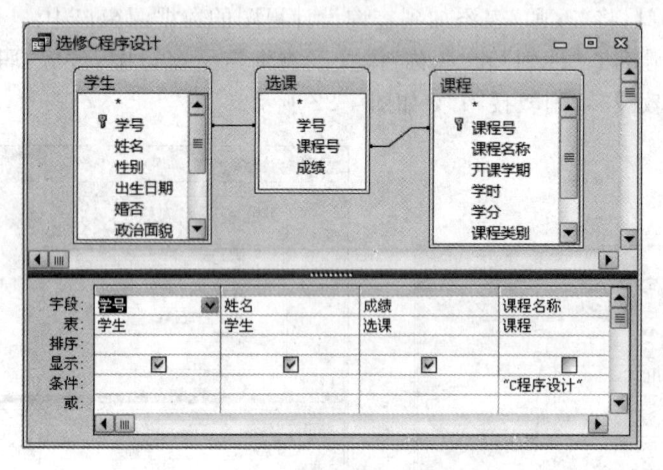

图 4-25　查询(6)设置

③ 保存查询。运行结果如图 4-26 所示。

(7) 查询“高等数学”大于 90 分或“计算机基础”大于 85 分的同学的姓名、课程和成绩。

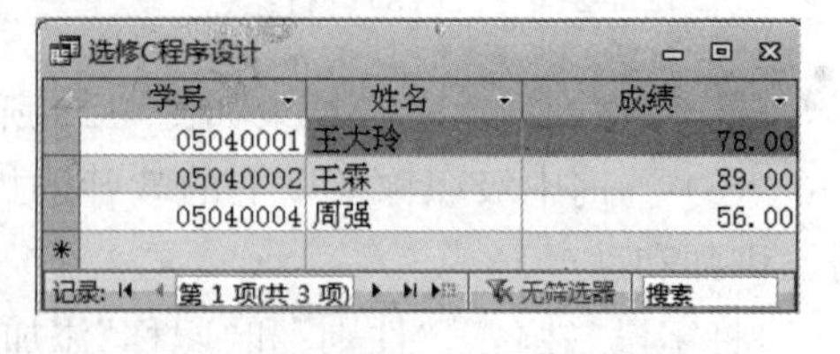

选修C程序设计

学号	姓名	成绩
05040001	王大玲	78.00
05040002	王霖	89.00
05040004	周强	56.00
*		

记录: 第 1 项(共 3 项) 无筛选器 搜索

图 4-26　查询(6)运行结果

① 将学生表中的字段“姓名”、课程表中的字段“课程名称”和“选课”表中的字段“成绩”依次添加到查询定义窗口中；在“条件”行，对应“课程名称”字段，输入“"高等数学"”，对应“成绩”字段，输入“＞90”，在“或”行，输入“"计算机基础"”，对应“成绩”字段，输入“＞85”，如图 4-27 所示。

② 保存查询。运行结果如图 4-28 所示。

(8) 查询未参加考试的同学的学号、姓名和课程名称。

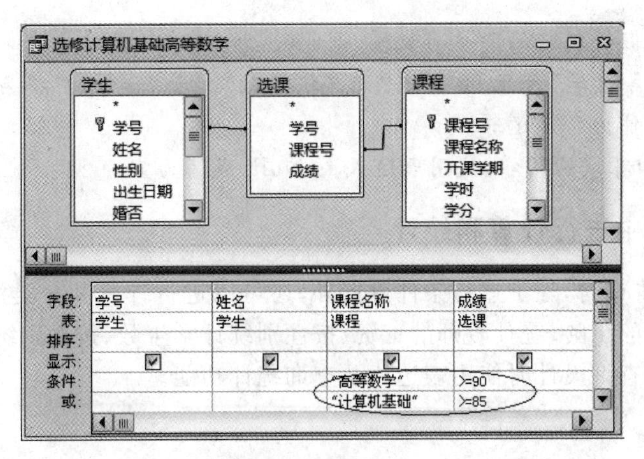

图 4-27　查询(7)设置

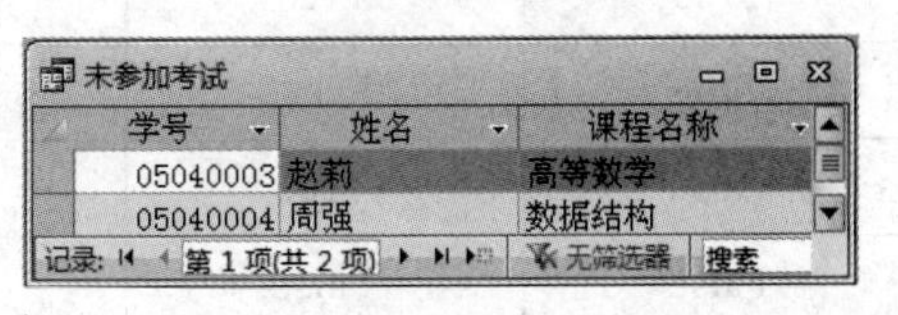

学号	姓名	课程名称	成绩
05040002	王霖	计算机基础	89.00
05010002	李想	高等数学	90.00
05040003	赵莉	计算机基础	86.00

图 4-28　查询(7)运行结果

① 将学生表中的字段"学号"、"姓名"、课程表中的字段"课程名称"和"选课"表中的字段"成绩"依次添加到查询定义窗口中,同时将"成绩"字段的"显示"复选按钮取消;在"条件"行,对应"成绩"字段,输入 Is Null,如图 4-29 所示。

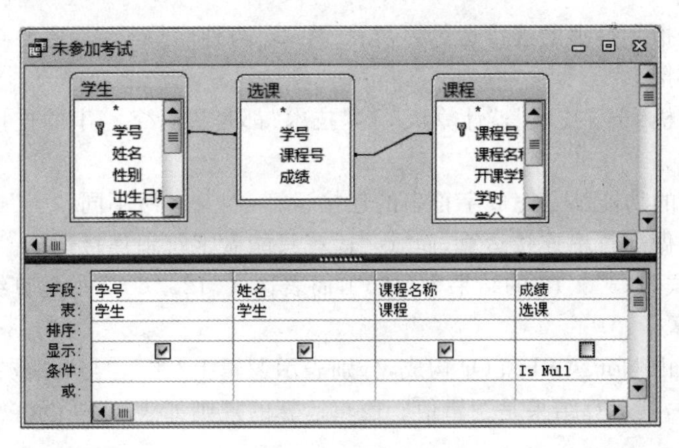

图 4-29　查询(8)设置

② 保存查询。运行结果如图 4-30 所示。

学号	姓名	课程名称
05040003	赵莉	高等数学
05040004	周强	数据结构

图 4-30　查询(8)运行结果

说明:

(1) 日期型常量要使用定界符"#",例如,#1985-1-1# 表示日期型数据 1985-1-1(1985 年 1 月 1 日)。

(2) 中级职称及以上的教师用表达式 not

"助教"表示,这里假设教师的职称为教授、副教授、讲师和助教。

(3) 条件"高等数学"大于 90 分或"计算机基础"大于 85 分,应将条件设置在不同的行,否则表示的条件为"与"运算。

(4) 对未参加考试的同学,使用表达式 Is Null,成绩为空。

4.2.4 在查询中进行计算和统计

在设计选择查询时,除了进行条件设置外,还可以进行计算和分类汇总,如计算学生的年龄、计算教师的工龄、统计教师的工资、按性别统计学生数、按系别统计教师的任务工作量等,这需要在查询设计时使用表达式及查询统计功能。

1. 表达式

用运算符将常量、变量、函数连接起来的式子称为表达式,表达式计算将产生一个结果。可以利用表达式在查询中设置条件(见 4.2.3 节)或定义计算字段。Access 系统提供了算术运算、关系运算、字符运算和逻辑运算等 4 种基本运算表达式。

1) 算术运算

算术运算符包括+、-、*、/4 种,主要用于数值运算。例如,[工资]*12 是一个算术表达式,可以求职工的年薪,其中,[工资]是教师表中工资字段的值。

2) 关系运算

前面已经提到,关系运算符由>、>=、<、<=、=和<>等符号构成,主要用于数据之间的比较,其运算结果为逻辑值,即"真"和"假"。

3) 字符运算

字符运算是指字符串的连接运算,包括+和 & 两种运算符,其主要功能是将两个字符串进行首尾相接。

例如,"计算机"+ "技术","计算机" &"技术"都是进行字符串的连接。运算结果均为"计算机技术"。

"+"和"&"的功能都是完成字符串的连接运算,但又有所不同,"+"运算既可以进行加法运算又可以做字符串连接运算,而"&"运算只能做字符串连接运算。

例如,表达式"123"+12 的结果为"135",而表达式"123"&12 的运算结果为"12312"。

4) 逻辑运算

逻辑运算符由 Not、And 和 Or 构成,分别表示逻辑上"非"、"与"、"或"运算,主要功能是进行逻辑运算,其运算结果是逻辑值。逻辑运算的规则如表 4-4 所示。

表 4-4 逻辑运算规则

A	B	Not A	A And B	A Or B
True	True	False	True	True
True	False	False	False	True
False	True	True	False	True
False	False	True	False	False

2. 计算字段

当需要统计的数据在表中没有相应的字段，或者用于计算的数据值来源于多个字段时，应在查询中使用计算字段。计算字段是指根据一个或多个表中的一个或多个字段使用表达式建立的新字段。创建计算字段的方法是在查询设计视图的查询定义窗口中“字段”行中直接输入计算字段及其计算表达式。

3. 系统函数

函数是一个预先定义的程序模块函数。可以由用户自行定义，也可以由系统预先定义，用户在使用时只需给出相应的参数值就可以自动完成计算。其中，系统定义的函数称为标准函数，用户自己定义的函数称为自定义函数。

Access 系统提供了上百个标准函数，可分为数学函数、字符串处理函数、日期/时间函数、聚合函数等，其中聚合函数可直接用于查询中。函数及功能如表 4-5 所示。

表 4-5 系统函数

函数名称	功　　能
Sum	计算指定字段值的总和。适用于数字、日期/时间、货币型字段
Avg	计算指定字段值的平均值。适用于数字、日期/时间、货币型字段
Min	计算指定字段值的最大值。适用于文本、数字、日期/时间、货币型字段
Max	计算指定字段值的最小值。适用于文本、数字、日期/时间、货币型字段
Count	计算指定字段值的计数。当字段中的值为空(null)时，将不计算在内
Var	计算指定字段值方差值。适用于文本、数字、日期/时间、货币型字段
StDev	计算指定字段值标准差值。适用于文本、数字、日期/时间、货币型字段
First	返回指定字段的第一个值
Last	返回指定字段的最后一个值
Expression	在字段中自定义计算公式，可以套用多个总计函数

在查询过程中，当需要使用某个函数时，并不需要写出函数的完整格式，可以通过 Access 提供的汇总功能使用这些函数。具体步骤如下：

(1) 打开查询设计器窗口，将查询所需要的表添加到查询设计视图的数据源窗口中。

(2) 将查询所需要的字段添加到查询定义窗口中。

(3) 单击工具栏上的“总计”按钮Σ或在快捷菜单(如图 4-31 所示)中选择“总计”，在查询定义窗口中出现“总计”行。

(4) 在“总计”下拉列表框中选择相应的统计函数。

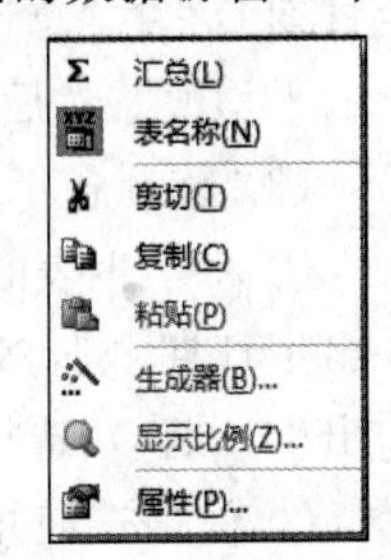

图 4-31 快捷菜单

4. 查询举例

【实例 4-3】 在选课管理数据库中，创建以下查询。

(1) 查询学生的学号、姓名、出生日期并计算年龄。

(2) 统计各系学生的平均年龄。

(3) 统计各年份出生的学生人数。

(4) 统计每位教师的所教课程的总学时。

(5) 统计“计算机系”教师的课程总学时数。

(6) 统计学生的课程总成绩和平均成绩。

操作步骤如下：打开数据库“选课管理”，选择“创建”选项卡的“查询”组，单击“查询设计”按钮，打开“查询设计器”窗口，将查询所需要的表添加到查询设计视图的数据源窗口中。

(1) 查询学生的学号、姓名、出生日期并计算年龄。

将学生表的字段“学号”、“姓名”、“出生日期”添加到查询定义窗口中，然后在空白列中输入“年龄：Year(Date())-Year([出生日期])”，其中，“年龄”是计算字段，Year(Date())-Year([出生日期])是计算年龄的表达式，如图 4-32 所示，保存查询。

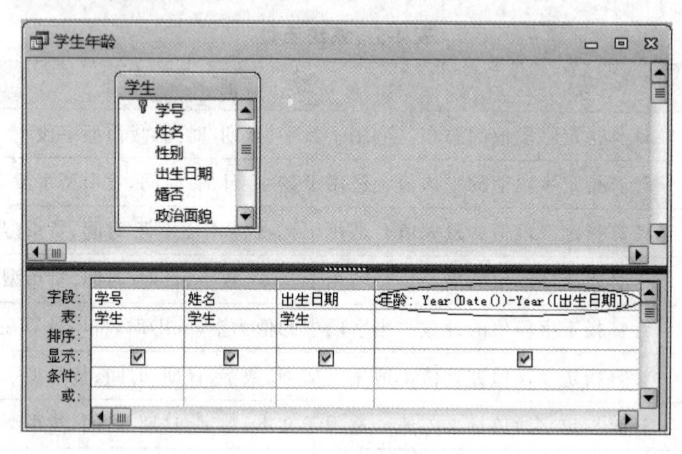

图 4-32　查询(1)设置

(2) 统计各系学生的平均年龄。

将系部表的字段“系名称”添加到查询定义窗口中，并在空白列中输入“平均年龄：Year(Date())-Year([出生日期])”，然后单击工具栏上的“总计”按钮Σ或在快捷菜单(如图 4-31 所示)中选择“总计”，在查询定义窗口中出现“总计”行，如图 4-33 所示。对应“系名称”字段，在“总计”下拉列表框中选择 Group By，对应表达式“Year(Date())-Year([出生日期])”，在“总计”下拉列表框中选择“平均值”，这表明按照“系名称”字段分组统计年龄的平均值。然后保存查询。

(3) 统计各年份出生的学生人数。

① 将学生表的字段“学号”添加到查询定义窗口中，并在空白列中输入“年份：Year([出生日期])”，然后在“总计”行中，对应“学号”字段，选择“计数”，对应表达式“Year([出生日期])”选择 Group By，这表明按照年份分组统计学生的人数，如图 4-34 所示。

② 保存查询并运行，运行结果如图 4-35 所示。

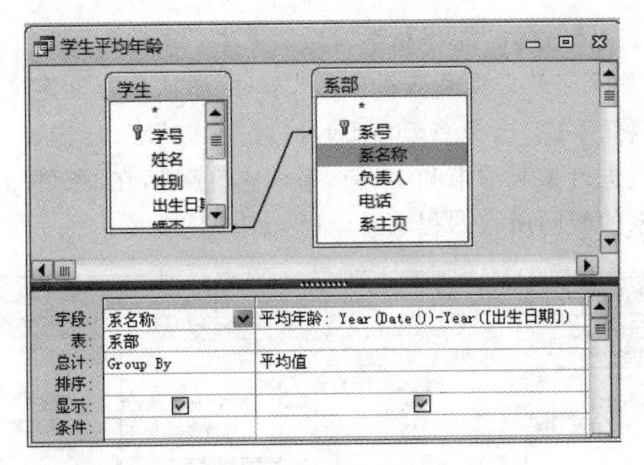

图 4-33　查询(2)设置

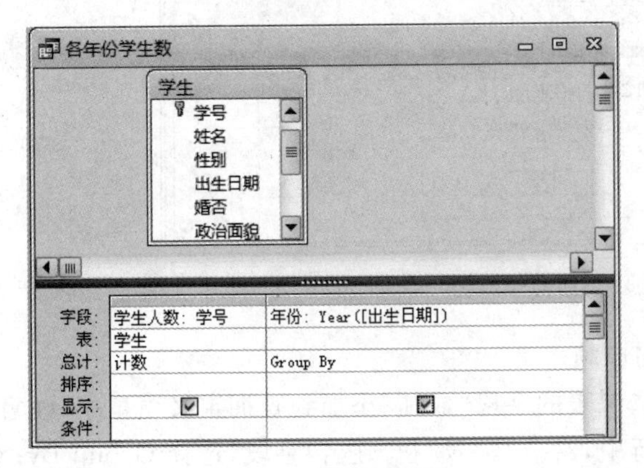

图 4-34　查询(3)设置

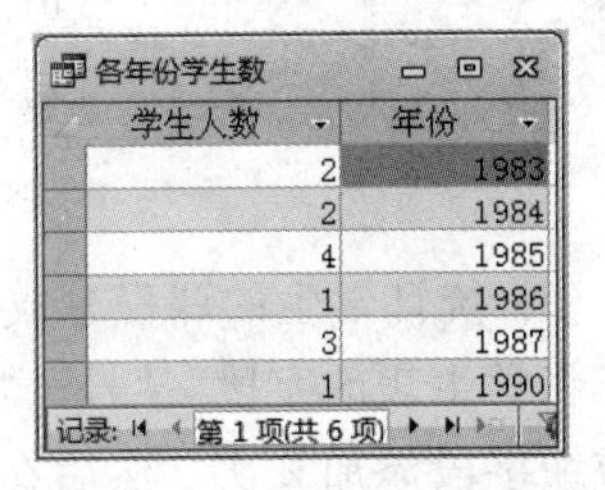

学生人数	年份
2	1983
2	1984
4	1985
1	1986
3	1987
1	1990

记录: 第 1 项(共 6 项)

图 4-35　查询(3)运行结果

(4) 统计每位教师的所教课程的总学时

① 将教师表的字段“姓名”、课程表的字段“学时”添加到查询定义窗口中，然后在“总计”行中，对应“姓名”字段，选择 Group by，对应“学时”字段，选择“合计”，这表明按照教师分组进行学时的求和，即每位教师的所教课程的总学时，如图 4-36 所示。

② 保存查询并运行，运行结果如图 4-37 所示。

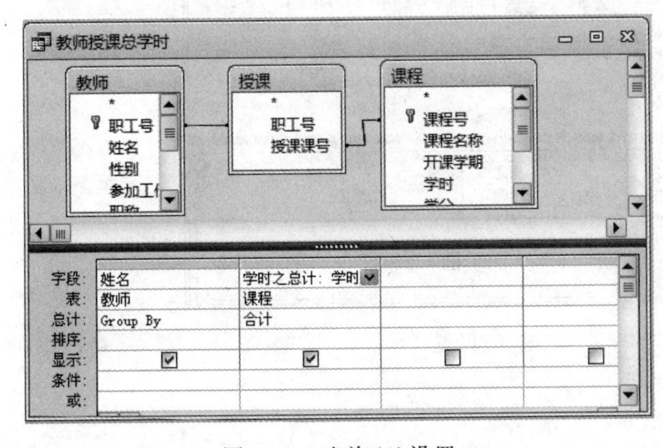

图 4-36　查询(4)设置

教师授课总学时

姓名	学时之总计
董家玉	100
马俊亭	36
马良	128
汪家伟	36
徐辉	64
许亚芬	36
张振	36
周树春	128

记录: 第 1 项(共 8 项)

图 4-37　查询(4)运行结果

(5) 统计“计算机系”教师的课程总学时数。

将系部表的字段“系名称”、课程表的字段“学时”添加到查询定义窗口中，然后在“总计”行中，对应“系名称”字段，选择 Group By，对应“学时”字段，选择“合计”，这表明按照教师所在系名称分组进行学时的求和，对应“系名称”字段，在“条件”行输入条件“计算机系”，即选择计算机系的教师所教课程求总学时，如图 4-38 所示。

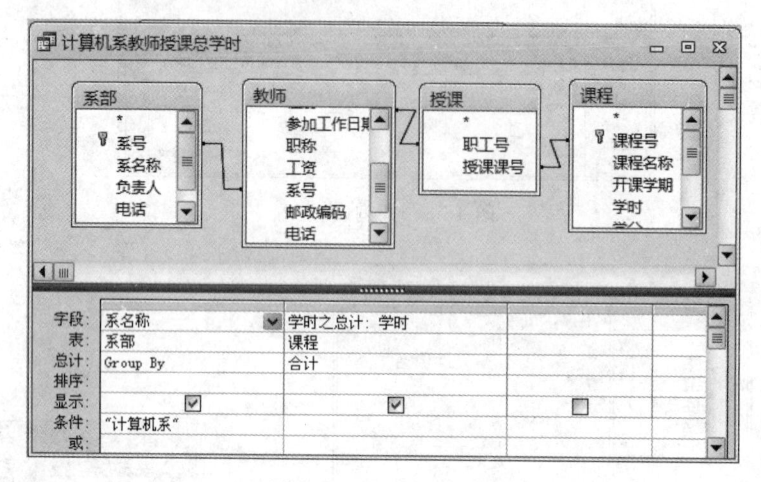

图 4-38　查询(5)设置

(6) 统计学生的课程总成绩和平均成绩

将学生表的字段“学号”、“姓名”、选课表的字段“成绩”添加到查询定义窗口中，注意，将成绩字段添加 2 次。然后在“总计”行中，对应“学号”和“姓名”字段，选择 Group By；对应第 1 个“成绩”字段，选择“合计”并添加标题“总成绩”，对应第 2 个“成绩”字段，选择“平均值”并添加标题“平均成绩”，如图 4-39 所示。

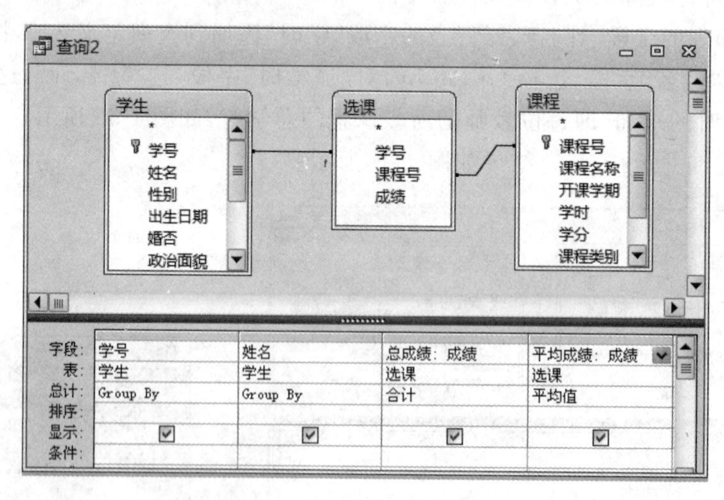

图 4-39　查询(6)设置

说明：

(1) 在查询学生的年龄和学生人数时使用了函数 Year()和 Date()，这是日期/时间型函数，Year()的功能是返回日期/时间型数据的年份，而Date()的功能是返回系统当前的日期。

(2) 在查询统计每位教师的所教课程的总学时数时，涉及3个表：教师表、课程表和授课表，其中，课程表和授课表之间用课程号进行关联，教师表和授课表之间用职工号进行关联。

4.3 交叉表查询

交叉表查询通常以一个字段作为表的行标题，以另一个字段的取值作为列标题，在行和列的交叉点单元格处获得数据的汇总信息，以达到数据统计的目的。例如，查询学生的单科成绩，是以学生姓名作为行标题，而课程名称作为列标题，在行和列的交叉点单元格处显示成绩数据。除此之外，还可以查询教师的授课情况等。交叉表查询既可以通过交叉表查询向导来创建，也可以在设计视图中创建。本节介绍使用设计视图创建交叉表查询。

【实例4-4】 在选课管理数据库中，创建以下交叉表查询。

(1) 查询学生的各门课成绩。

(2) 查询教师的所授课程及学时。

(3) 查询各系男、女教师的人数。

(4) 查询学生单科成绩、平均成绩及总成绩。

操作步骤如下：打开数据库“选课管理”，选择“创建”选项卡的“查询”组，单击“查询设计”按钮，打开“查询设计器”窗口。

(1) 查询学生的各门课成绩。

将学生表、课程表和选课表添加到查询设计视图的数据源窗口中，同时将学生表的字段“学号”、“姓名”、课程表中的“课程名称”以及选课表的字段“成绩”添加到查询定义窗口中。选择“查询工具”选项卡的“查询类型”组，单击“交叉表”按钮，查询定义窗口中将出现“总计”和“交叉表”行，首先，在“交叉表”行，对应“学号”和“姓名”字段选择“行标题”、对应“课程名称”选择“列标题”，对应“成绩”字段，选择“值”，然后，在“总计”行，对应“学号”、“姓名”和“课程名称”字段选择Group By，对应“成绩”字段，选择First，如图4-40所示。

保存查询并运行，运行结果如图4-41所示。

(2) 查询教师的所授课程及学时。

将教师表、课程表和授课表添加到查询设计视图的数据源窗口中，同时将教师表的字段“姓名”、课程表中的“课程名称”以及授课表的字段“学时”添加到查询定义窗口中。在“总计”行，对应“姓名”和“课程名称”字段选择Group By，对应“学时”字段，选择First；在“交叉表”行，对应“姓名”字段选择“行标题”、对应“课程名称”选择“列标题”，对应“学时”字段，选择“值”，如图4-42所示。

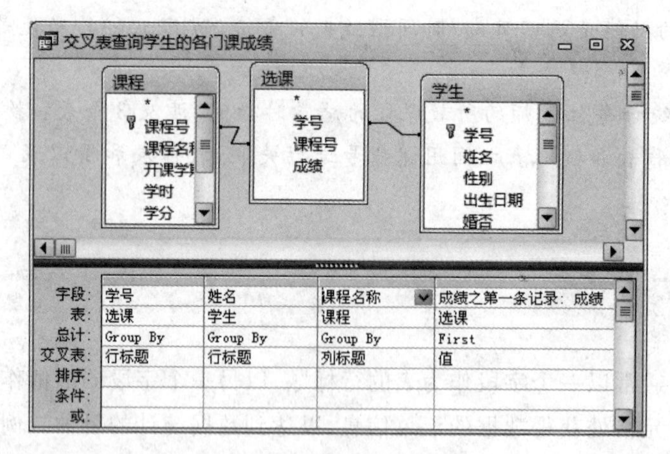

图 4-40 查询(1)设置

交叉表查询学生的各门课成绩

学号	姓名	C程序设计	大学英语	高等数学	计算机基础	离散数学	数据结构
05010001	刘一丁		56	76	70	80	
05010002	李想		90	87	67		
05040001	王大玲	78	76	60	78	85	64
05040002	王霖	89	87	80	89	78	86

记录: 第 1 项(共 4 项) 无筛选器 搜索

图 4-41 查询(1)运行结果

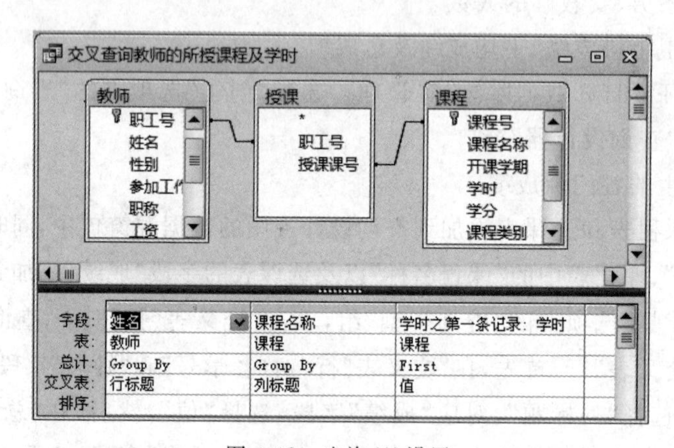

图 4-42 查询(2)设置

(3) 查询各系男、女教师的人数。

将教师表、系部表添加到查询设计视图的数据源窗口中,同时将系部表中的“系名称”、教师表的字段“性别”和“职工号”添加到查询定义窗口中。在“总计”行,对应“系名称”和“性别”字段选择 Group By,对应“职工号”字段,选择“计数”;在“交叉表”行,对应“系名称”字段选择“行标题”、对应“性别”选择“列标题”,对应“职工号”字段,选择“值”,如图 4-43 所示。

保存查询并运行,运行结果如图 4-44 所示。

交叉查询各系男、女教师的人数
教师
姓名
性别
参加工作
职称
工资
系号
邮政编码
系部
*
系号
系名称
负责人
电话
字段: 系名称 性别 职工号之计数: 职工号
表: 系部 教师 教师
总计: Group By Group By 计数
交叉表: 行标题 列标题 值
排序:

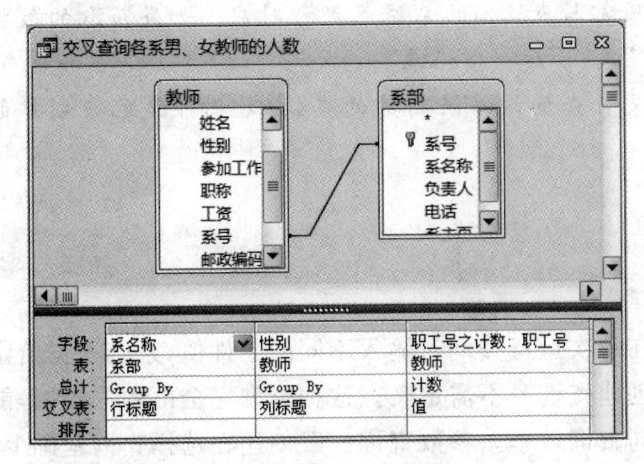

图 4-43　查询(3)设置

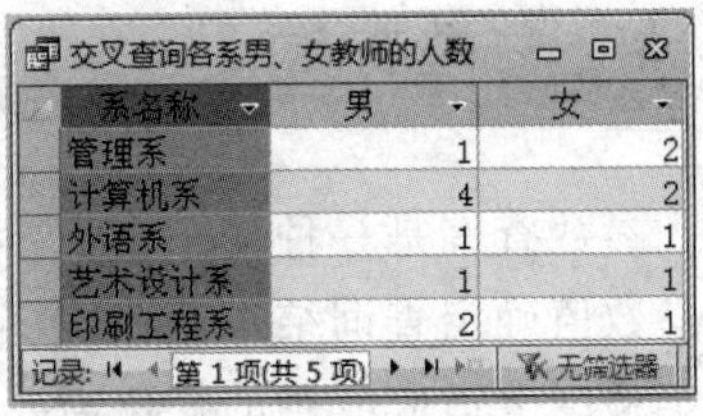

交叉查询各系男、女教师的人数
系名称 男 女
管理系 1 2
计算机系 4 2
外语系 1 1
艺术设计系 1 1
印刷工程系 2 1
记录: 第 1 项(共 5 项) 无筛选器

图 4-44　查询(3)运行结果

(4) 查询学生单科成绩、平均成绩及总成绩。

将已创建的查询“交叉表查询学生的各门课成绩”和“统计学生的课程总成绩和平均成绩”(参见实例 4-3(6))添加到查询设计视图的数据源窗口中，同时将查询“交叉表查询学生的各门课成绩”中的所有字段以及查询“统计学生的课程总成绩和平均成绩”中的“总成绩”和“平均成绩”添加到查询定义窗口中，如图 4-45 所示。

查询学生的单科成绩平均及总成绩
交叉表查询学生的...
学号
姓名
C程序设计
大学英语
高等数学
计算机基础
离散数学
统计学生的课程...
*
学号
姓名
总成绩
平均成绩
字段: 交叉表查询学生的各门课成绩 总成绩 平均成绩
表: 交叉表查询学生的各门课成绩 统计学生的课程总成绩和平均成绩 统计学生的课程总成绩和平均成绩
排序:
显示:
条件:
或:

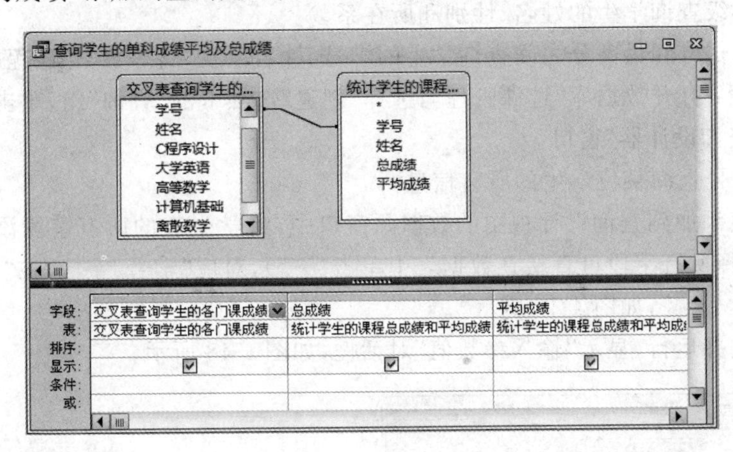

图 4-45　查询(4)设置

保存查询并运行，运行结果如图 4-46 所示。

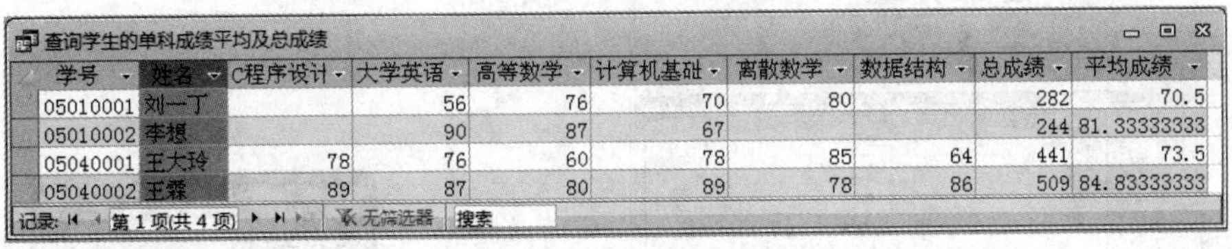

查询学生的单科成绩平均及总成绩
学号 姓名 C程序设计 大学英语 高等数学 计算机基础 离散数学 数据结构 总成绩 平均成绩
05010001 刘一丁 56 76 70 80 282 70.5
05010002 李想 90 87 67 244 81.33333333
05040001 王大玲 78 76 60 78 85 64 441 73.5
05040002 王霖 89 87 80 89 78 86 509 84.83333333
记录: 第 1 项(共 4 项) 无筛选器 搜索

图 4-46　查询(4)运行结果

说明：

(1) 在交叉表查询设计时，如果在“交叉表”行中，设置某个字段的选项为“值”，则在

"总计"行中可以有多种选择，每个选项都与表 4-5 的系统函数相对应。如果获取的数据是单一数据，则可以选择"第一条记录"或"最后一条记录"。

(2) 本案例的查询(4)是利用交叉表查询的结果创建的查询，数据源是已经创建的查询。

4.4 参数查询

参数查询是一种动态查询，可以在每次运行查询时输入不同的条件值，系统根据给定的参数值确定查询结果，而参数值在创建查询时不需定义。这种查询完全由用户控制，能一定程度上适应应用的变化需要，提高查询效率。参数查询一般创建在选择查询基础上，在运行查询时会出现一个或多个对话框，要求输入查询条件。根据查询中参数个数的不同，参数查询可以分为单参数查询和多参数查询。

参数查询是一个特殊的选择查询，具有较大的灵活性，常常作为窗体、报表的数据来源。

【实例 4-5】 在"选课管理"数据库中，创建以下参数查询。

(1) 按学号查询某位学生的所有信息。

(2) 按系名查询学生的选课成绩。

(3) 按年级查询学生的姓名、性别和所在系。

(4) 在最低分和最高分之间查询学生的学号、姓名以及"高等数学"课程成绩。

操作步骤：打开数据库"选课管理"，选择"创建"选项卡的"查询"组，单击"查询设计"按钮，打开"查询设计器"窗口。

(1) 按学号查询某位学生的所有信息

将学生表添加到查询设计视图的数据源窗口中，将学生表的所有字段添加到查询定义窗口中(选择所有字段可直接在数据表中单击"＊")，对应"学号"字段，在"条件"行输入"[输入学生学号:]"，如图 4-47 所示。

保存查询并运行，显示"输入参数值"对话框，如图 4-48 所示。

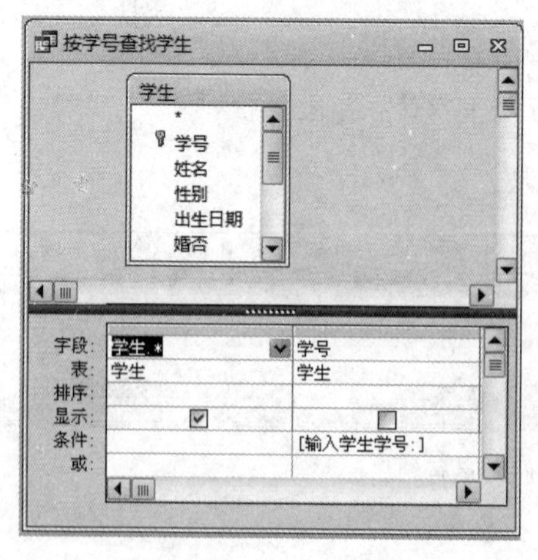

图 4-47　查询(1)设置

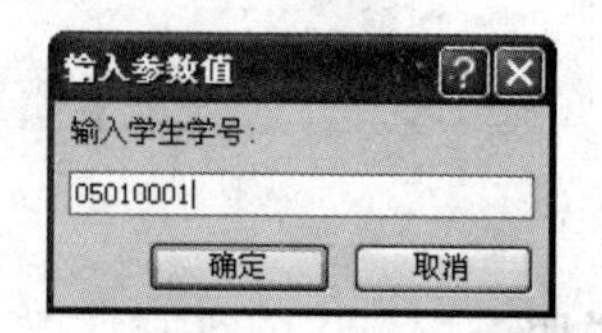

图 4-48　"输入参数值"对话框

输入学号值 05010001，系统将显示值 05010001 的学生信息。

(2) 按系名查询学生的选课成绩。

将学生表、选课表、课程表和系部表添加到查询设计视图的数据源窗口中，将学生表的“学号”、“姓名”字段、课程表的“课程名称”、选课表的“成绩”和系部表的“系名称”添加到查询定义窗口中，对应“系名称”字段，在“条件”行输入“[输入学生系名:]”，如图 4-49 所示。

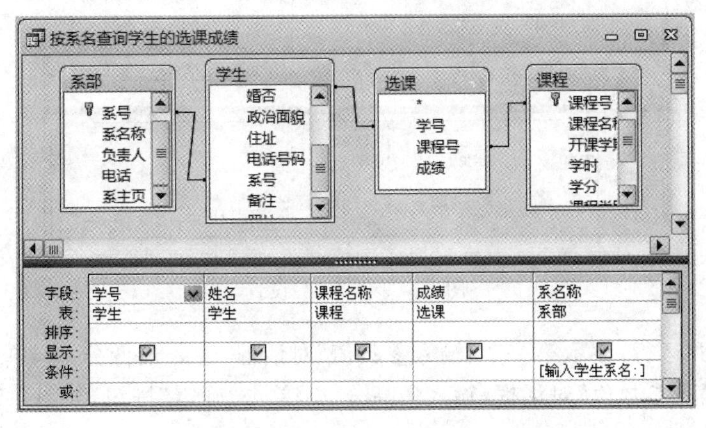

图 4-49　查询(2)设置

(3) 按年级查询学生的学号、姓名、性别和所在系(假设学号的前 2 位表示年级)。

将学生表、系部表添加到查询设计视图的数据源窗口中，将学生表的“学号”、“姓名”、“性别”字段和系部表的“系名称”添加到查询定义窗口中，在空白列中输入“年级: Mid([学号],1,2)”，并在“条件”行输入“[输入年级:]”，如图 4-50 所示。

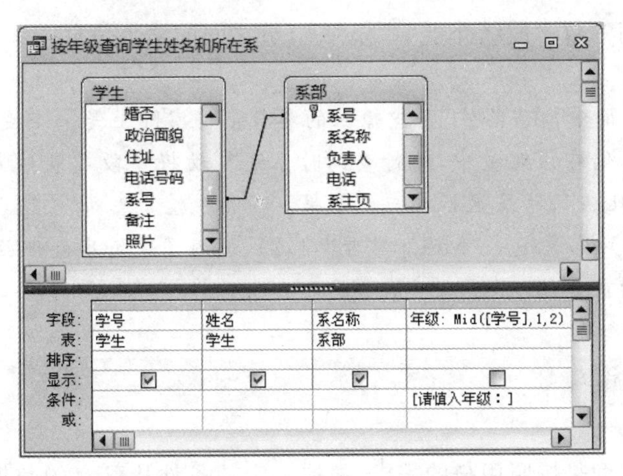

图 4-50　查询(3)设置

(4) 在最低分和最高分之间查询学生的学号、姓名以及“高等数学”课程成绩。

将学生表、选课表、课程表添加到查询设计视图的数据源窗口中，将学生表的“学号”、“姓名”字段、课程表的“课程名称”、选课表的“成绩”添加到查询定义窗口中，对应“课程名称”字段，在“条件”行输入“高等数学”；对应“成绩”字段，在“条件”行输入“Between [最低分]And [最高分]”，如图 4-51 所示。

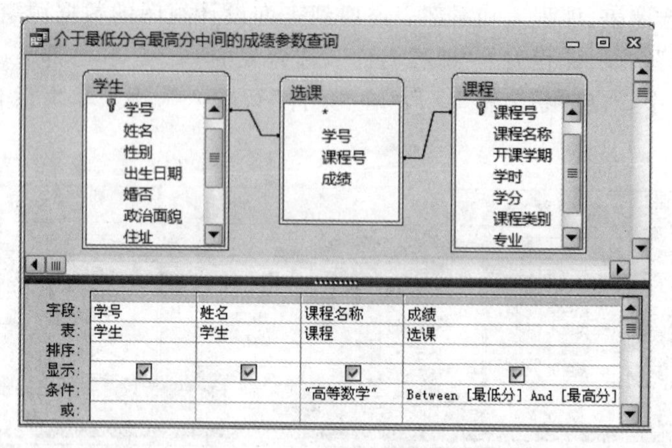

图 4-51　查询(4)设置

保存查询并运行，显示第一个“输入参数值”对话框，输入最低分 70，单击“确定”按钮打开第二个“输入参数值”对话框，输入最高分 90，单击“确定”按钮，如图 4-52 所示。

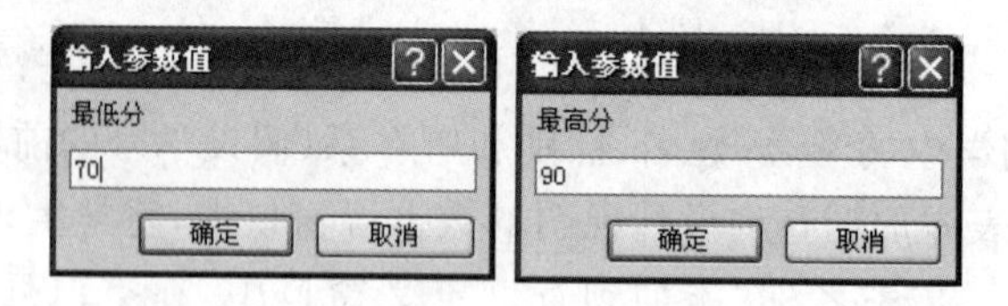

图 4-52　“输入参数值”对话框

系统会显示高等数学成绩介于 70 分和 90 分之间的学生信息。

说明：

(1) 在参数查询中，在“条件”行中输入的参数条件实际上是一个变量，运行查询时用户输入的参数将存储在该变量中，执行查询时系统自动将字段或表达式的值与该变量的值进行比较，根据比较的结果显示相应的结果。

(2) 在查询(4)中，表达式“Mid([学号],1,2)”调用了字符串处理函数 Mid()，它的功能是取学号字段的前 2 位。

4.5　操作查询

前面介绍的查询是按照用户的需求，根据一定的条件从已有的数据源中选择满足特定准则的数据形成一个动态集，将已有的数据源再组织或增加新的统计结果，这种查询方式不改变数据源中原有的数据状态；而操作查询是在选择查询的基础上创建的，可以对表中的记录进行追加、修改、删除和更新。操作查询包括删除查询、更新查询、追加查询和生成表查询。

4.5.1 删除查询

删除查询又称为删除记录的查询，可以从一个或多个数据表中删除记录。使用删除查询，将删除整条记录，而非只删除记录中的字段值。记录一经删除将不能恢复，因此在删除记录前要做好数据备份。删除查询设计完成后，需要运行查询才能将需要删除的记录删除。

【实例 4-6】 在选课管理数据库中，创建以下删除查询。

(1) 删除成绩不及格的学生的选课记录。

(2) 删除 04 级学生的记录。

操作步骤如下：

打开数据库"选课管理"，选择"创建"选项卡的"查询"组，单击"查询设计"按钮，打开"查询设计器"窗口。

(1) 删除成绩不及格的学生的选课记录。

将选课表添加到查询设计视图的数据源窗口中，同时将"成绩"字段添加到查询定义窗口中。选择上下文选项卡"查询工具"的"查询类型"组，单击"删除查询"按钮，则在查询定义窗口中出现删除行，在下拉列表中有两个选项，Where 或 From，选中 Where，然后在"条件"行输入"＜60"，如图 4-53 所示。

保存查询，输入查询名"删除成绩不及格的学生的选课记录"，查询设置完成。运行查询，系统将自动显示删除确认对话框，单击"是"按钮，满足条件的记录将被删除，单击"否"按钮，则不执行删除查询。

(2) 删除 04 级学生的记录。

将学生表添加到查询设计视图的数据源窗口中，在"字段"文本框中输入表达式"Mid([学号],1,2)"。选择上下文选项卡"查询工具"的"查询类型"组，单击"删除查询"按钮，在"删除"行，使用下拉列表选中 Where，然后在"条件"行输入""04""，如图 4-54 所示。

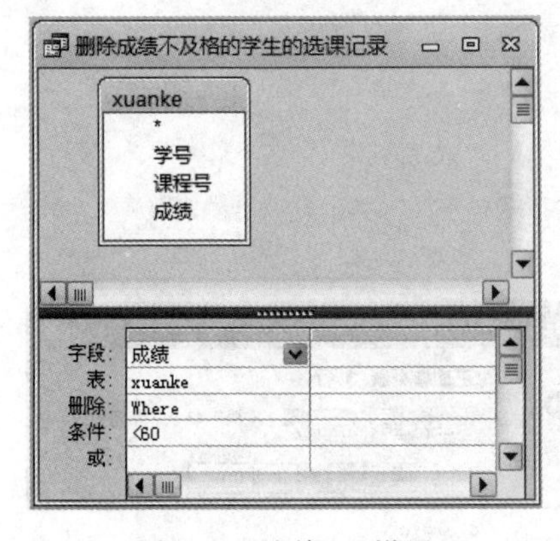

图 4-53 查询(1)设置

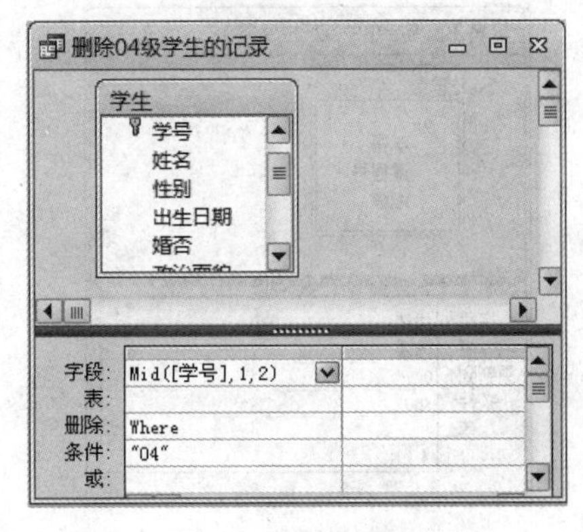

图 4-54 查询(2)设置

说明：

(1) 在删除查询中，在“删除”行的下拉列表框中有两个选项，Where 或 From，其中，Where 的作用是选择满足条件的所有记录，而 From 的作用是选择连续的满足条件的记录，直到遇到不满足条件的记录为止。

(2) 由于表间存在着关系，在进行删除查询时要注意到表间的关系，若关系完整性设置了级联，当删除一对多关系中“一”方的表中的记录时，那么“多”方表中与之相关联的记录也会被删除。

4.5.2 更新查询

在数据库操作中，如果只对表中少量数据进行修改，可以直接在表操作环境下，通过手工进行修改。然而，利用手工编辑手段效率低，容易出错。如果需要成批修改数据，可以使用 Access 提供的更新查询功能来实现。更新查询可以对一个或多个表中符合查询条件的数据进行批量的修改。

【实例 4-7】 在选课管理数据库中，创建以下更新查询。

(1) 将不及格学生的课程成绩置 0。

(2) 将所有必修课程的学时增加 8 学时，学分增加 0.5 学分(假设必修课程的课程编号以字母 B 开头)。

操作步骤如下：打开数据库“选课管理”，选择“创建”选项卡的“查询”组，单击“查询设计”按钮，打开“查询设计器”窗口。

(1) 将不及格学生的课程成绩置 0。

① 将选课表添加到查询设计视图的数据源窗口中，同时将“成绩”字段添加到查询定义窗口中。选择上下文选项卡“查询工具”的“查询类型”组，单击“更新查询”按钮，则在查询定义窗口中出现“更新到”行。在“条件”行输入“<60”，然后在“更新到”行输入“0”，如图 4-55 所示。

② 保存查询，输入查询名“将不及格学生的课程成绩置 0”，查询设置完成。运行查询，系统自动显示更新数据对话框，如图 4-56 所示。

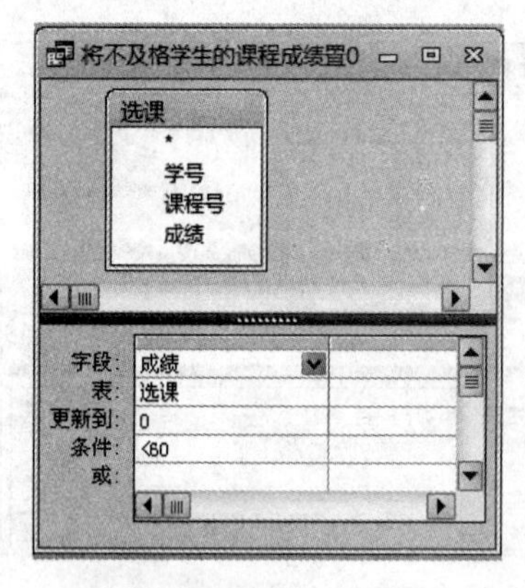

图 4-55 查询(1)设置

图 4-56 更新数据对话框

③ 单击“确定”按钮，满足条件的记录将被自动更新。

(2) 将所有必修课程的学时增加 8 学时，学分增加 0.5 学分。

① 将“课程”表添加到查询设计视图的数据源窗口中，同时将“课程号”、“学时”、“学分”字段添加到查询定义窗口中，然后将“课程号”修改为表达式“Mid([课程号],1,1)”。右单击数据源窗口，选择上下文选项卡“查询工具”的“查询类型”组，单击“更新查询”按钮，则在查询定义窗口中出现“更新到”行。对应表达式“Mid([课程号],1,1)”在“条件”行输入“"B"”，对应“学时”和“学分”字段，在“更新到”行分别输入“[学时]+8”和“[学分]+.5”，如图 4-57 所示。

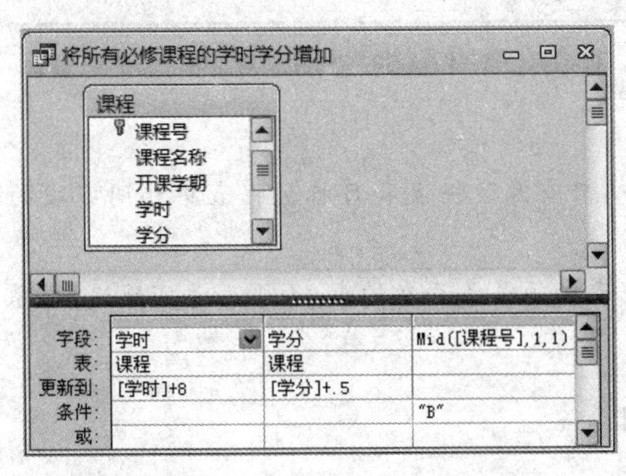

图 4-57　查询(2)设置

② 保存查询，输入查询名“将所有必修课程的学时学分增加”，查询设置完成。

4.5.3　追加查询

追加查询可以从一个或多个表将一组记录追加到一个或多个表的尾部，可以大大提高数据输入的效率。

【实例 4-8】　在教学管理数据库中，新增加一个新生档案表，其结构与学生表相似，创建追加查询，将新生档案表中的数据追加到学生表中。

操作步骤如下：

① 打开数据库“选课管理”，选择“创建”选项卡的“查询”组，单击“查询设计”按钮，打开“查询设计器”窗口。

② 将新生档案表添加到查询设计视图的数据源窗口中，同时将所有字段添加到查询定义窗口中，如图 4-58 所示。

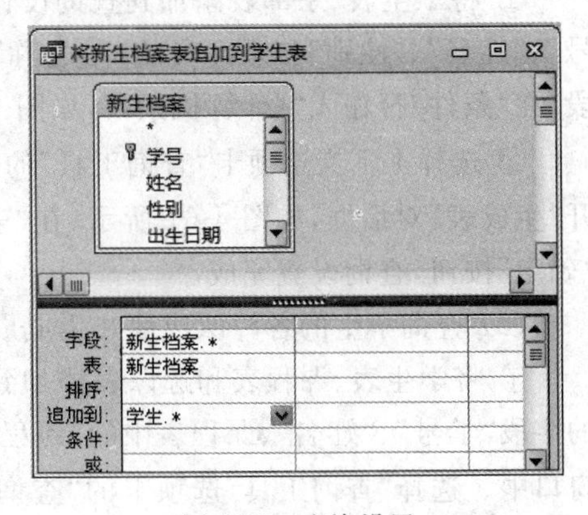

图 4-58　查询设置

③ 选择上下文选项卡“查询工具”的“查询类型”组，单击“追加查询”按钮，则打开“追加”对话框，如图 4-59 所示。

④ 在“表名称”文本框中输入表名或使用下拉列表框选择表的名称，如果被追加的表位于

其他数据库中,则需要选择数据库的选择。

⑤ 保存查询,输入查询名"将新生档案表追加到学生表",查询设置完成。运行查询,新生档案表中的数据将被追加到学生表中。

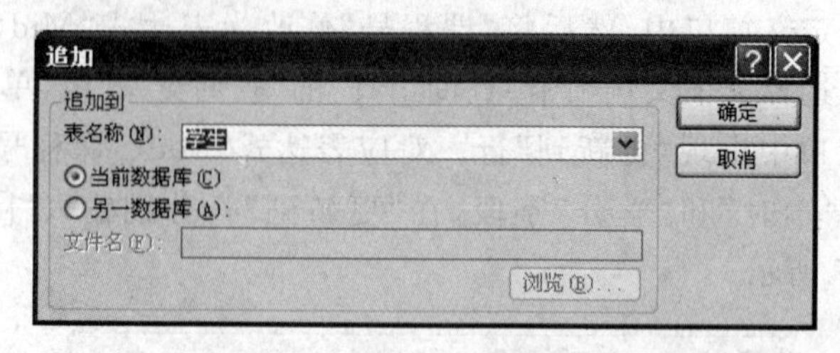

图 4-59 "追加"对话框

说明:

(1) 在追加查询中,只有源数据表和目标数据表中相同字段的值才能被添加到目标数据表中。

(2) 被追加的数据表必须是已存在的表,否则无法实现追加,系统将显示相应的错误信息。

4.5.4 生成表查询

生成表查询可以使查询的运行结果以表的形式存储,生成一个新表,这样就可以利用一个或多个表或已知的查询再创建表,从而实现数据资源的多次利用及重组数据集合。

【实例 4-9】 在"选课管理"数据库中,创建以下生成表查询。

(1) 查询计算机系学生的学号、姓名和性别并生成学生名单表。

(2) 查询学生的各门课成绩并生成成绩表。

操作步骤如下:打开数据库"选课管理",选择"创建"选项卡的"查询"组,单击"查询设计"按钮,打开"查询设计器"窗口。

(1) 查询计算机系学生的学号、姓名和性别并生成学生名单表。

① 将学生表、系部表添加到查询设计视图的数据源窗口中,同时将学生表的字段"学号"、"姓名"、"性别"和系部表的"系名称"添加到查询定义窗口中,同时对应"系名称"字段,在"条件"行输入""计算机系"",如图 4-60 所示。

② 选择上下文选项卡"查询工具"的"查询类型"组,单击"生成表查询"按钮,则打开"生成表"对话框,如图 4-61 所示,在"表名称"文本框中输入"计算机系学生表",单击"确定"按钮,查询设置完成。

(2) 查询学生的各门课成绩并生成成绩表。

① 将学生表、课程表和选课表添加到查询设计视图的数据源窗口中,同时将学生表的字段"学号"、"姓名"、课程表中的"课程名称"以及选课表的字段"成绩"添加到查询定义窗口中。选择"查询工具"选项卡的"查询类型"组,单击"交叉表"按钮,查询定义窗口中将出现"总计"和"交叉表"行。首先,在"交叉表"行,对应"学号"和"姓名"字段选择"行

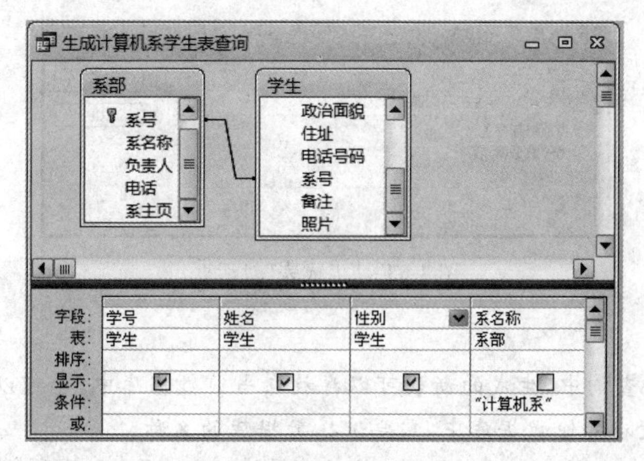

图 4-60 查询(1)设置

图 4-61 "生成表"对话框

标题",对应"课程名称"选择"列标题",对应"成绩"字段,选择"值";然后,在"总计"行,对应"学号"、"姓名"和"课程名称"字段选择 Group By,对应"成绩"字段,选择 First,如图 4-62 所示。

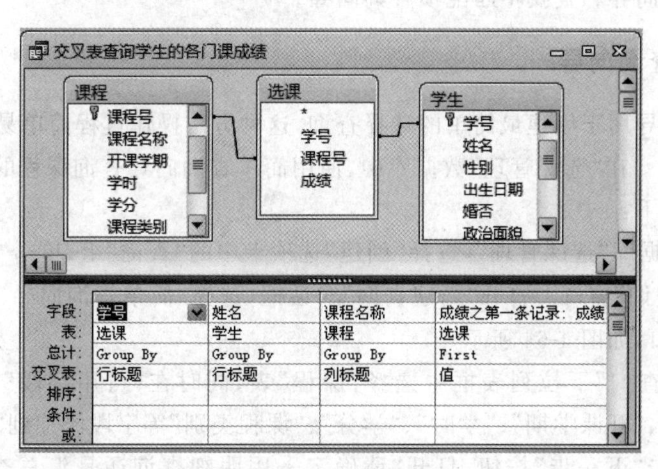

图 4-62 查询(2)设置

② 选择上下文选项卡"查询工具"的"查询类型"组,单击"生成表查询"按钮,则打开"生成表"对话框,如图 4-63 所示,在"表名称"文本框中输入"学生各门课成绩交叉表",单击"确定"按钮,查询设置完成,保存查询。

图 4-63 “生成表”对话框

说明：

(1) 在生成表查询中，生成的新表可以存放在当前数据库中，也可以存放在另一个数据库中。如果存放在其他数据库中，需要选择数据库的名称。

(2) 在实例 4-9(2)中，由于涉及交叉表查询和生成表查询两种查询方式，首先要进行交叉表查询设置，然后再进行生成表查询设置。

4.6 使用向导创建查询

前面介绍了利用查询设计视图创建查询，用查询设计视图可以按照用户的需求设置查询条件，选择需要的字段和表达式，还可以利用查询对源数据表进行操作，这种方法对使用者的要求较高。如果使用查询向导创建查询，就可以按照 Access 系统提供的查询向导，按照系统的引导，完成查询的创建。这种方法容易学习和掌握，因此，使用向导创建查询也是用户应掌握的一种方法。

在 Access 中，共提供了四种类型的查询向导，包括简单查询向导、交叉表查询向导、查找重复项查询向导和查找不匹配项查询向导。

4.6.1 简单查询向导

简单查询向导用于创建最简单的选择查询，这种方法操作过程简单易用。

【实例 4-10】 在“选课管理”数据库中，使用简单查询向导查询课程的基本信息。

操作步骤如下：

(1) 打开数据库“选课管理”，选择“创建”选项卡中的“查询”组，单击“查询向导”按钮，打开“新建查询”窗口。打开“新建查询”对话框，选择“简单查询向导”选项。打开“简单查询向导”窗口，如图 4-64 所示。

(2) 在“表/查询”下拉列表框中选择“课程”表，同时在“可用字段”列表框中将“课号”、“课程名称”、“开课学期”、“学时”、“学分”、“课程类别”等字段添加到“选定的字段”列表框中，然后单击“下一步”按钮，打开“请确定采用明细查询还是汇总查询”对话框，如图 4-65 所示。

(3) 选择单选按钮“汇总”，同时单击“汇总选项”按钮，打开“汇总选项”对话框，如图 4-66 所示。

(4) 利用复选按钮，可选择求“汇总”、“平均”、“最大”或“最小”值，然后单击“确定”按

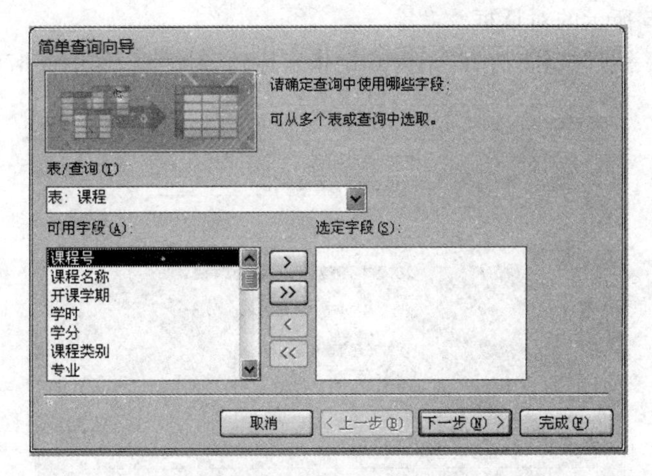

图 4-64 “简单查询向导”窗口

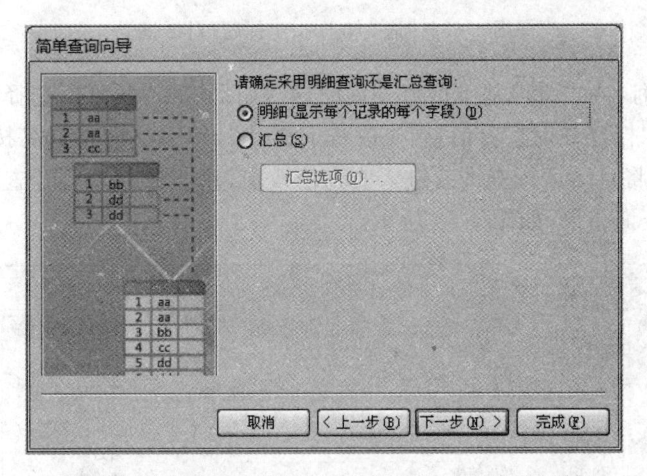

图 4-65 “请确定采用明细查询还是汇总查询”对话框

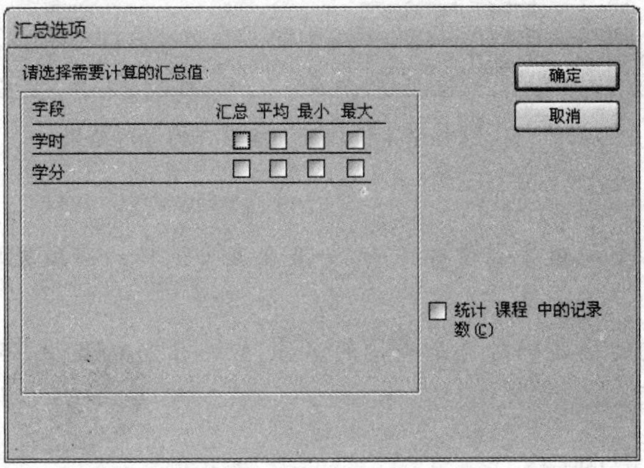

图 4-66 “汇总选项”对话框

钮，返回如图 4-65 所示的对话框。

（5）单击“下一步”按钮，打开“请为查询指定标题”对话框，如图 4-67 所示。

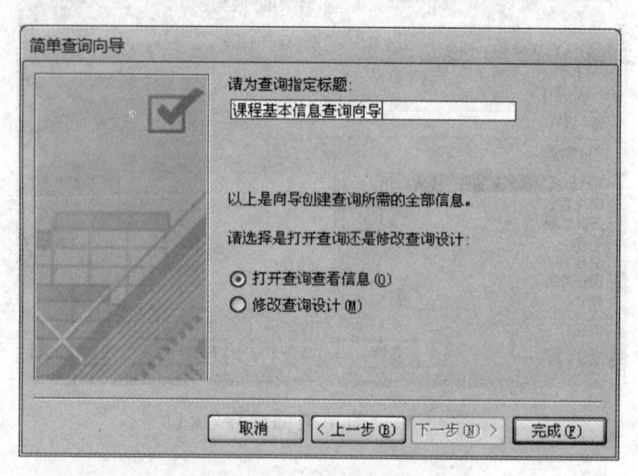

图 4-67 “请为查询指定标题”对话框

（6）输入查询名称“课程基本信息查询向导”，如果需要，还可以选择查询创建完成后的查询使用方式“打开查询查看信息/修改查询设计”，然后单击“完成”按钮，查询设置完成。Access 系统将自动运行查询或进入查询修改窗口。若选择“打开查询查看信息”，则运行查询，显示查询结果，如图 4-68 所示。

课程基本信息查询向导

课程号	课程名称	开课学期	学时	学分	课程类别
B010101	大学英语	一	72	4	必修
B020101	高等数学	一	80	4	必修
B030101	现代企业管理	二	36	2	公选
B040101	电路基础	一	80	4	必修
B040201	计算机基础	一	36	2	公选
B040202	C程序设计	二	64	4	必修
B040203	离散数学	三	64	4	必修
B040204	数据结构	三	72	4	必修
B040205	计算机组成原理	二	64	6	必修
B040206	操作系统	三	64	4	必修
B040207	VB程序设计	四	40	0	限选
B040208	数据库系统概论	五	64	4	限选
B040209	计算机网络	四	64	4	必修
B040218	毕业设计	六		10	实践

记录: 第 1 项(共 18 项) 无筛选器 搜索

图 4-68 课程基本信息查询向导查询运行结果

说明：

（1）在使用简单查询向导创建查询时，如果在表中选择的字段无数字型的，则跳过步骤(2)～步骤(4)。

（2）为查询指定的标题同时也是查询的名称，应给出新[illegible]不能与已有的查询同名。否则将不能保存。

4.6.2 交叉表查询向导

交叉表查询向导用于创建交叉表查询查询，它的显示数据来源于某个字段的值或统计值。

【实例 4-11】 在“选课管理”数据库中，使用交叉表查询向导创建查询按系别统计教师不同职称的人数。

操作步骤如下：

(1) 打开数据库“选课管理”，选择“创建”选项卡中的“查询”组，单击“查询向导”按钮，打开“新建查询”窗口，选择“交叉表查询向导”选项。打开“交叉表查询向导”窗口，如图 4-69 所示。

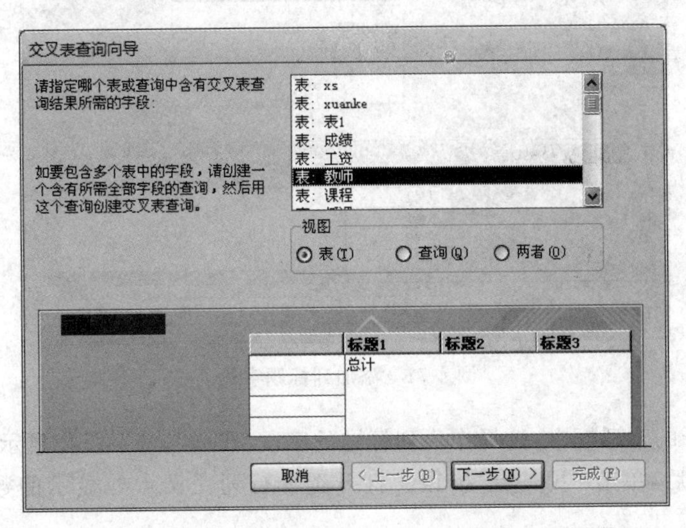

图 4-69 “交叉表查询向导”窗口

(2) 在“交叉表查询向导”窗口中，选中单选按钮“表”，并在“含有交叉表查询信息的表或查询”列表框中选择“教师”表，然后，单击“下一步”按钮。打开添加行标题字段对话框，如图 4-70 所示。

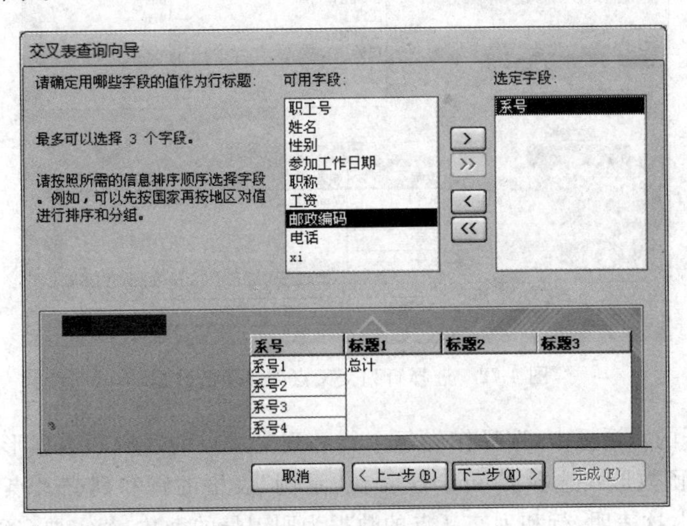

图 4-70 添加行标题字段

(3) 选择作为行标题的字段“系号”，该字段将显示在“选定字段”列表框中，同时“示例”表格中行标题中已经添加了“系号”。然后，单击“下一步”按钮。打开添加列标题字段对话框，如图 4-71 所示。

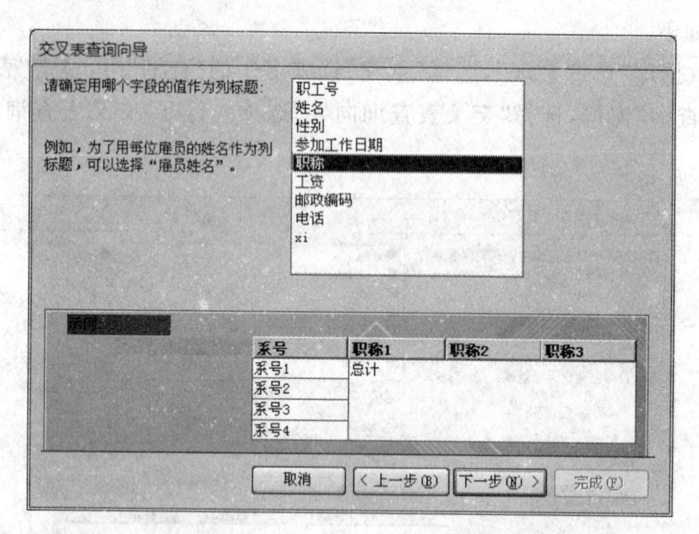

图 4-71　添加列标题字段

(4) 在打开的对话框中，选择作为列标题的字段“职称”，该字段将显示在“示例”表格的列标题中，然后，单击“下一步”按钮。打开选择行列交叉点处显示的数据对话框，如图 4-72 所示。

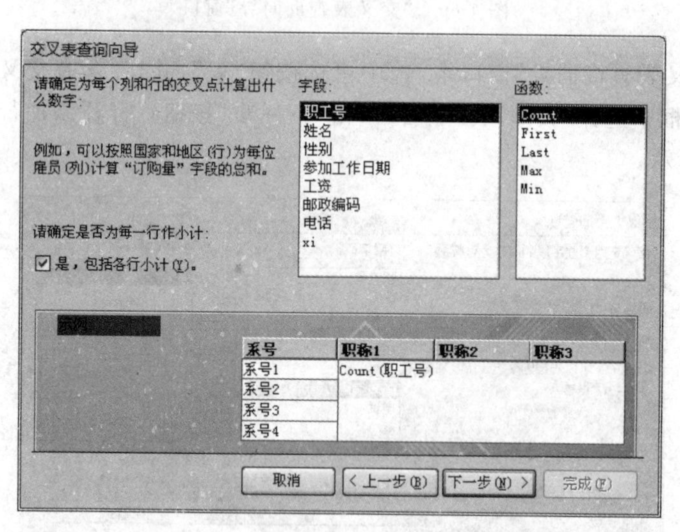

图 4-72　选择行列交叉点处显示的数据

(5) 在打开的对话框中，选择作为每个行和列交叉点的字段和数据形式，其中，字段选择“职工号”，函数形式选择 Count，这时在“示例”表格的行和列交叉点的信息更改为“Count 职工号”，这表明，行和列交叉点的数据为职工号的个数，若需要，还可以选择“是/否包括各行小计”，然后，单击“下一步”按钮。打开“请指定查询的名称”对话框，如

图 4-73 所示。

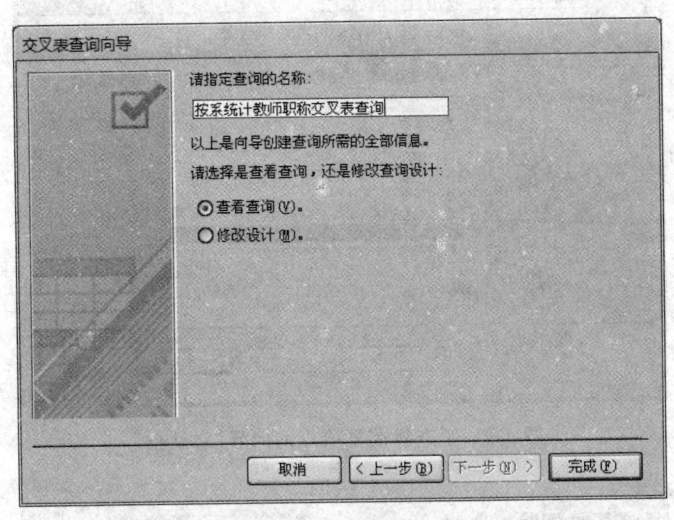

图 4-73　确定查询的名称

(6) 在“请指定查询的名称”对话框中，输入查询名称“按系统计教师职称交叉表查询”，然后，单击“完成”按钮，查询设置完成，显示查询运行结果，如图 4-74 所示。

按系统计教师职称交叉表查询

系号	总计 职工号	副教授	讲师	教授	助教
印刷工程系	3	1	1	1	
计算机系	6	3		2	1
管理系	3		1	1	1
外语系	2	1	1		
艺术设计系	3	1	1	1	

记录: 第 1 项(共 5 项)　无筛选器　搜索

图 4-74　按系别统计教师各职称的人数查询运行结果

4.6.3　查找重复项查询向导

利用查找重复项查询向导可以查询表中是否出现重复的记录，或者确定记录在表中是否共享相同的值，或对表中具有相同字段的值的记录进行统计等。例如，学生表中是否有相同的记录，统计职称相同的人数等。

【实例 4-12】 在“选课管理”数据库中，使用“查找重复项查询”向导查询是否存在同一个学生选课名称相同的记录。

操作步骤如下：

(1) 打开数据库“选课管理”，选择“创建”选项卡的“查询”组，单击“查询向导”按钮，打开“新建查询”窗口。选择“查找重复项查询向导”选项。打开“查找重复项查询向导”对话框，如图 4-75 所示。

(2) 在打开的对话框中，选择确定用以搜寻重复字段值的表或查询。在列表框中选择“选课”表以及“视图”选项组中的单选按钮“表”，然后，单击“下一步”按钮，打开“请确定可能包含重复信息的字段”对话框，如图 4-76 所示。

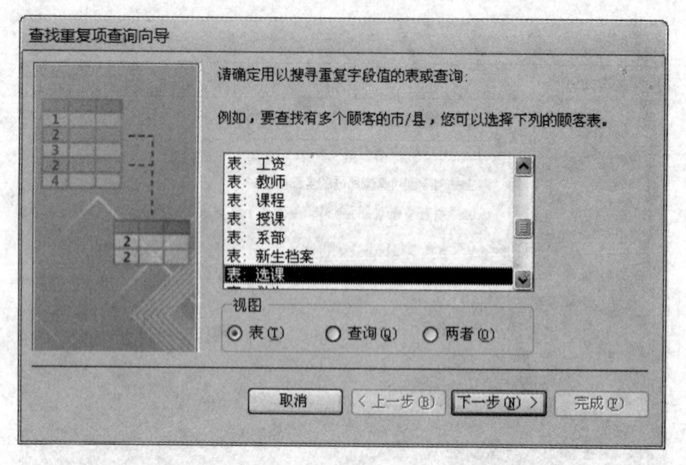

图 4-75 “查找重复项查询向导”对话框

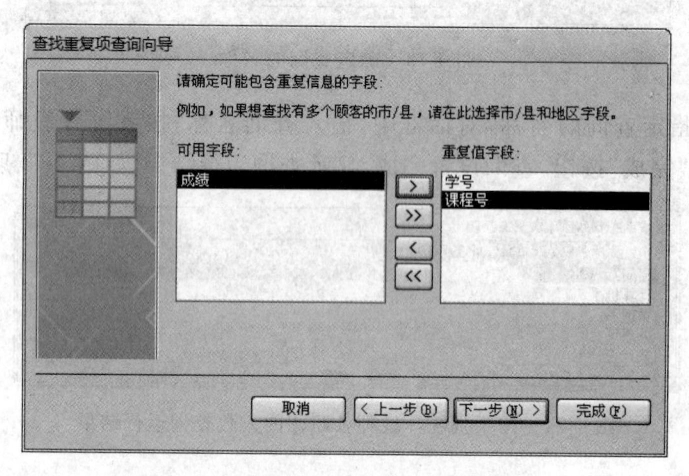

图 4-76 选择可能包含重复信息的字段

(3) 在打开的对话框中，选择可能包含重复信息的字段:“学号”和“课程号”，该字段将显示在“重复字段”列表框中，单击“下一步”按钮，打开“请确定查询是否显示除带有重复值的字段之外的其他字段”对话框，如图 4-77 所示。

(4) 在打开的对话框中，选择“成绩”字段，该字段将显示在“另外的查询字段”列表框中，单击“下一步”按钮，打开“请指定查询的名称”对话框，如图 4-78 所示。

(5) 在“请指定查询的名称”对话框中，输入查询名称“选课相同记录重复项查询向导”，单击“完成”按钮，查询设置完成，显示查询运行结果，如图 4-79 所示。

4.6.4 查找不匹配项查询向导

具有“一对多”关系的表中，在“一”方的表中的每一条记录，在“多”方可以有多条记录与之对应，但也可以没有任何记录与之对应，使用查找不匹配项查询向导可以查询在一个表中查找与另一个表没有相关记录的记录。例如，查找没有授课任务的教师，可以使用查找不匹配项查询向导在教师表中查找那些在授课表中没有出现的记录。

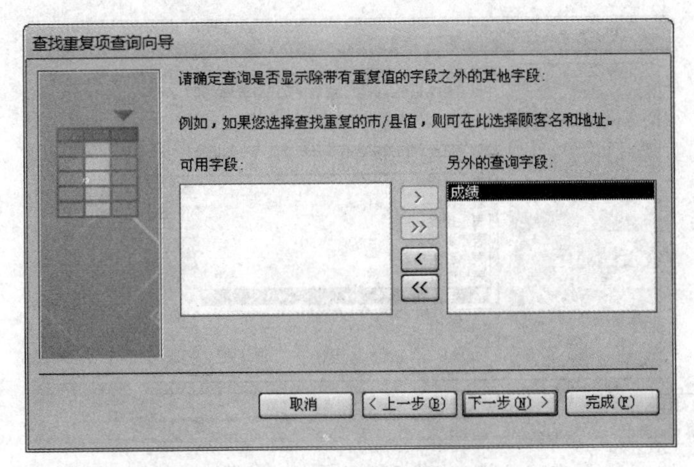

图 4-77　选择除带有重复字段之外的其他字段

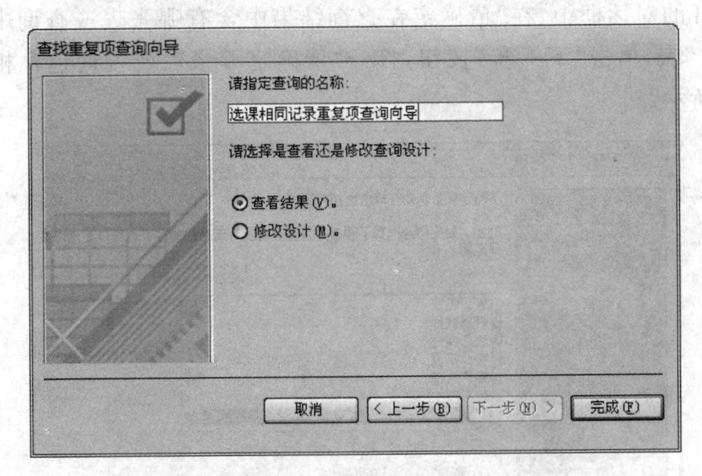

选课相同记录重复项查询向导

学号	课程号	成绩
05010001	B010101	80.00
05010001	B010101	56.00
05040004	B040203	67.00
05040004	B040203	88.00

记录: 第 5 项(共 5 项)　无筛选器　搜索

图 4-79　重复选课学生查询运行结果

【实例 4-13】　在选课管理数据库中，使用“查找不匹配项查询”向导创建查询没有选课的学生记录。

操作步骤如下：

(1) 打开数据库“选课管理”，选择“创建”选项卡的“查询”组，单击“查询向导”按钮，打开“新建查询”窗口。选择“查找不匹配项查询向导”选项，打开“查找不匹配项查询向导”对话框，如图 4-80 所示。

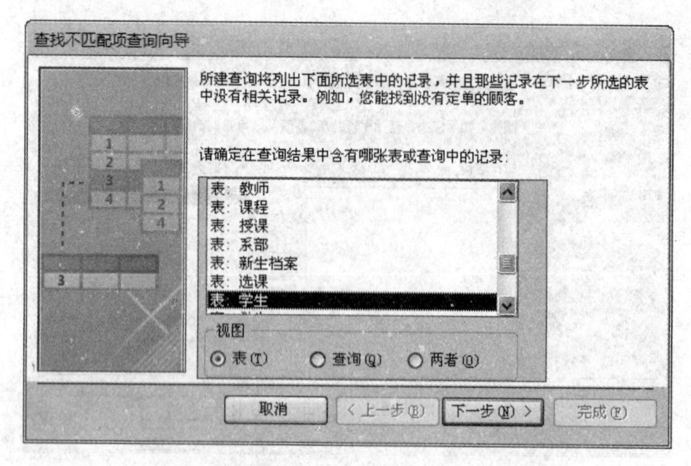

图 4-80 “查找不匹配项查询向导”对话框

(2) 在打开的对话框中,在“请确定在查询结果中含有哪张表或查询中的记录”列表框中选择“学生”表,单击“下一步”按钮,打开“请确定哪张表或查询包含相关记录”对话框,如图 4-81 所示。

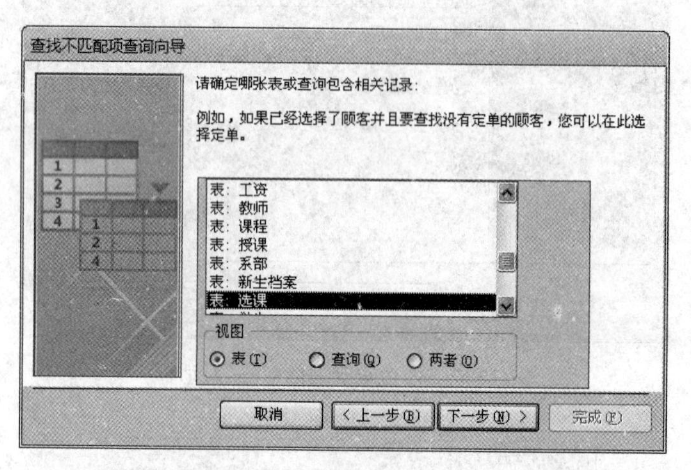

图 4-81 “请确定哪些表或查询包含机关记录”对话框

(3) 在该对话框中,选择列表框中的相关表或查询“选课”表,单击“下一步”按钮,打开“请确定在两张表中都有的信息”对话框,如图 4-82 所示。

(4) 在打开的对话框中,选择两个表的公共字段“学号”,然后,单击“下一步”按钮,打开“请选择查询结果中所需的字段”对话框,如图 4-83 所示。

(5) 在打开的对话框中,选择查询结果中所需字段“学号”和“姓名”,将在选定字段列表框中,显示“学号”和“姓名”,单击“下一步”按钮,打开“请指定查询名称”对话框,如图 4-84 所示。

(6) 在打开的对话框中,输入查询名称“没有选课的学生”,单击“完成”按钮,查询设置完成。运行查询,显示结果如图 4-85 所示。

上面的运行结果说明,显示的记录是没有选课记录的学生。

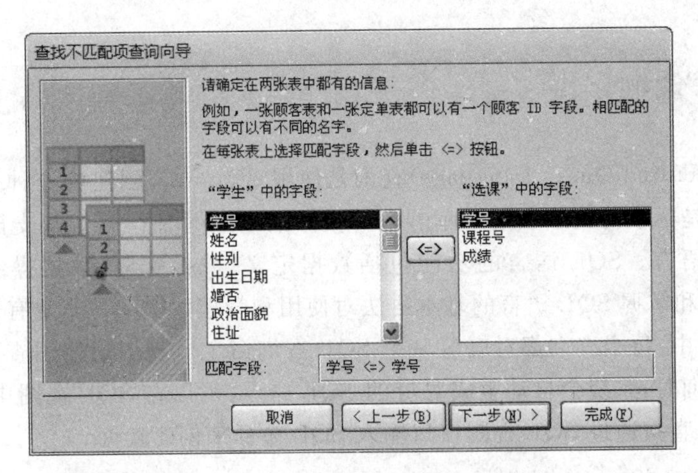

图 4-82　选择两个表中都有的字段信息

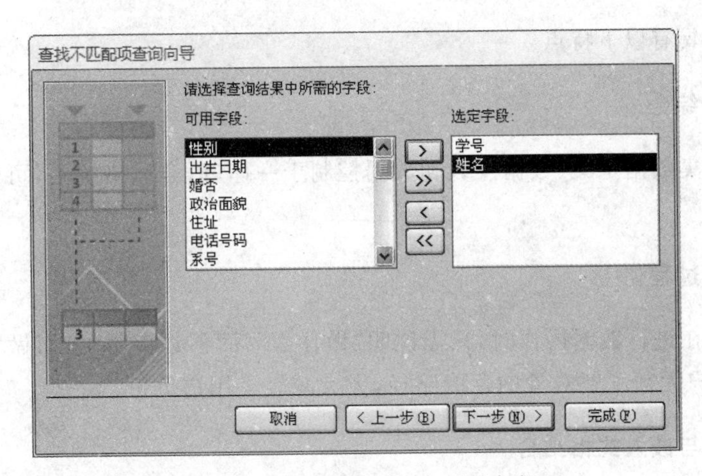

图 4-83　选择查询结果中所需字段

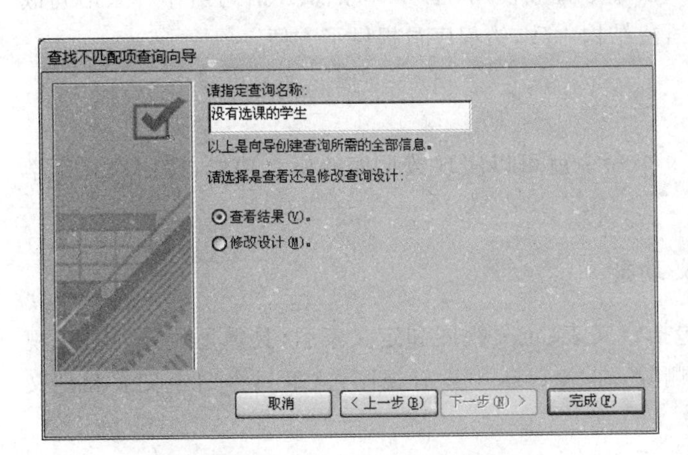

图 4-84　"请指定查询名称"对话框

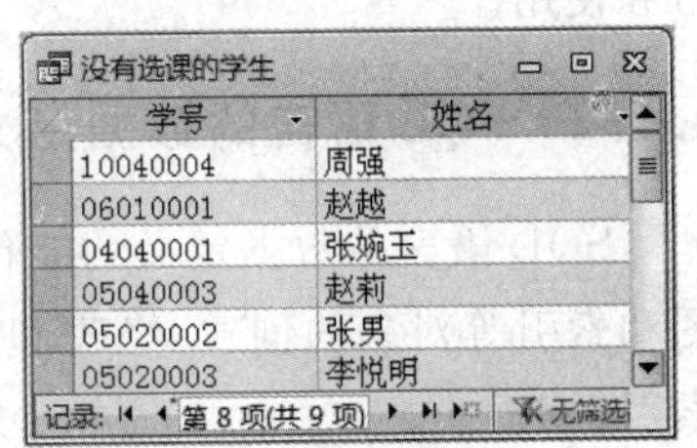

图 4-85　没有选课的学生查询运行结果

4.7 SQL 查询

SQL(Structured Query Language)查询是使用 SQL 语言创建的一种查询。SQL 结构化查询语言是标准的关系型数据库语言，一般关系数据库管理系统都支持使用 SQL 作为数据库系统语言。SQL 语言的功能包括数据定义、数据查询、数据操纵和数据控制 4 个部分，了解和掌握 SQL 语言的基本语法对使用和管理数据库是非常有意义的。

在 Access 中，每个查询都对应着一个 SQL 查询命令。当用户使用查询向导或查询设计器创建查询时，系统会自动生成对应的 SQL 命令，可以在 SQL 视图中查看，除此之外，用户还可以直接通过 SQL 视图窗口输入 SQL 命令来创建查询。

4.7.1 SQL 语言的特点

SQL 语言具有以下特点。

1. 高度的综合

SQL 语言集数据定义、数据操纵和数据控制于一体，语言风格统一，可以实现数据库的全部操作。

2. 高度非过程化

SQL 语言在进行数据操作时，只需说明“做什么”，而不必指明“怎么做”，其他工作由系统完成。用户无须了解对象的存取路径，大大减轻了用户负担。

3. 交互式与嵌入式相结合

用户可以将 SQL 语句当作一条命令直接使用，也可以将 SQL 语句当作一条语句嵌入到高级语言程序中，两种方式语法结构一致，为程序员提供了方便。

4. 语言简洁，易学易用

SQL 语言结构简洁，只用了 9 个命令就可以实现数据库的所有功能，使用户易于学习和使用。

4.7.2 SQL 语言的数据定义功能

SQL 语言的数据定义功能包括定义表、定义视图和定义索引，具体地说，是指表、视图和索引等对象的创建、修改和删除，在 Access 中没有视图，这里只介绍定义表和定义索引。

1. 定义基本表

定义基本表使用 CREATE TABLE 命令，其语法格式如下：

```
CREATE TABLE <表名>
     ( [<列名 1>]<数据类型 1>[<列级完整性性约束 1>]
     [,[<列名 2>]<数据类型 2>[<列级完整性性约束 2>]][,…])
     [,[<列名 n>]<数据类型 n>[<列级完整性性约束 n>]]
     [<表级完整性性约束 n>]
```

该语句的功能是，创建一个以＜表名＞为名的，以指定的列属性定义的表结构。其中，

- ＜表名＞是所定义的基本表的名称，它可以由一个或多个属性(列)组成。
- ＜列级完整性性约束 n＞和＜表级完整性性约束 n＞用来定义与该表有关的完整性约束条件，这些完整性约束条件将被保存在数据库中，当用户对表中数据进行操作时，系统将自动检查该操作是否违背这些完整性约束条件。

2. 修改基本表

修改基本表使用 ALTER TABLE 命令，其语法格式为：

```
ALTER TABLE <表名>
     [ADD <新列名><数据类型 1>[<完整性性约束>]] [,…]
     [DROP <完整性约束>]
     [ALTER <列名><数据类型>]
```

该语句的功能是，修改以＜表名＞为名的表结构。其中，

- ADD 子句用于增加新列和新的完整性约束条件。
- DROP 子句用于删除指定的列和完整性。
- ALTER 子句用于修改原有的列的定义，包括列名、列宽和列的数据类型。

3. 删除表

删除表使用 DROP TABLE 命令，其语法格式为：

```
DROP TABLE <表名>
```

该语句的功能是删除以＜表名＞为名的表。

4. 创建索引

创建索引使用 CREATE INDEX 命令，其语法格式为：

```
CREATE [UNIQUE] INDEX <索引名>
ON <表名>(<列名 1>[ASC|DESC])[,<列名 2>[ASC|DESC],…]
```

该语句的功能是，为指定的表创建索引。其中，[ASC|DESC]是指索引值的排列顺序，UNIQUE 表示唯一索引。

5. 删除索引

创建索引使用 DROP INDEX 命令，其语法格式为：

```
DROP INDEX <索引名>
```

该语句的功能是，删除指定的索引。

6. SQL 数据定义实例

【实例 4-14】 使用 SQL 语言完成下列操作。

(1) 创建一个表：student，它由学号、姓名、性别、年龄和专业 5 个属性列组成，其中学号和姓名属性不能为空，并且唯一。

(2) 在 student 表中增加一个"入学时间"列，其数据类型为日期型。

(3) 删除 student 表中姓名唯一的约束。

(4) 分别按照姓名字段为 student 表创建索引，索引名为 xmsy。

(5) 删除姓名索引。

SQL 命令如下：

```
(1) CREATE TABLE student (学号 char(10) NOT NULL UNIQUE,姓名 char(12) NOT NULL
UNIQUE,性别 char(2),年龄 int,专业 char(15))
(2) ALTER TABLE student ADD 入学时间 date
(3) ALTER TABLE student DROP UNIQUE(姓名)
(4) CREATE INDEX xmsy ON student(学号)
(5) DROP INDEX xmsy
```

说明：

(1) NOT NULL 用于设置字段的值非空，UNIQUE 用于设置字段的值唯一。

(2) char 用于说明字符型数据，int 用于说明整型数据，date 用于说明日期型数据。

4.7.3 SQL 语言的数据操纵功能

SQL 的数据操纵包括表中数据更新、数据插入和数据删除等相关操作。

1. 数据更新

数据更新使用 UPDATE 命令，其语法格式为：

```
UPDATE <表名> SET<列名>=<表达式>[,<列名>=<表达式>…] [ WHERE<条件>]
```

该语句的功能是，用表达式的值更新指定表中指定列的值。其中，

- ＜列名＞=＜表达式＞用表达式的值更新指定列的值。
- where 子句用于设置筛选条件，选择满足指定条件的记录进行数据更新。

2. 数据插入

数据插入使用 INSERT 命令，其语法格式为：

```
INSERT INTO <表名>[(列名 1 [,列名 2,…])]VALUES [(常量 1 [,常量 2,… ])]
```

该语句的功能是，将一个新记录插入到指定的表中。其中，

- INTO 子句中的(列名 1 [,列名 2,…])指表中插入新值的列,如果省略该选项,则新插入记录的每一列必须在 VALUES 子句中有值对应。
- VALUES 子句中的(常量 1 [,常量 2,…])指表中插入新列的值,各常量的数据类型必须与 INTO 子句中所对应列的数据类型相同,且个数也要匹配。

3. 数据删除

数据删除使用 DELETE 命令,其语法格式为:

```
DELETE FROM <表名>WHERE <条件>
```

该语句的功能是,删除指定表中满足条件的记录。如果省略 where 子句,则删除表中的所有数据。

4. SQL 数据操纵实例

【实例 4-15】 使用 SQL 语言完成下列操作。

(1) 在 student 表中插入一条新记录("08010001","赵丹","男",26,"计算机应用")。

(2) 将所有学生的年龄增加 1。

(3) 删除学号为"04010001"的记录。

SQL 命令如下:

```
(1) INSERT INTO student(学号,姓名,性别,年龄,专业)VALUES ("08010001","赵丹","男",
26,"计算机应用")
(2) UPDATE  student SET 年龄=年龄+1
(3) DELETE FROM student WHERE 学号="04010001"
```

4.7.4 SQL 语言的数据查询功能

数据查询是 SQL 的核心功能,SQL 语言提供了 SELECT 语句用于检索和显示数据库中表的信息,该语句功能强大,使用方式灵活,可用一个语句实现多种方式的查询。

SELECT 语句的格式如下:

```
SELECT [ ALL| DISTINCT ] <目标列表达式 1>[ ,<目标列表达式 2>…]
FROM <表名或查询名列表>
[INNER JOIN<数据源表或查询>ON <条件表达式>]
[WHERE <条件表达式>]
[GROUP BY <分组字段名>[ HAVING <条件表达式>]]
[ORDER BY<排序选项>[ASC|DESC]]
```

该语句的功能是,从指定的表或查询中找出符合条件的记录,按目标列表达式的设定,选出记录中的字段值形成查询结果。其中:

- ALL| DISTINCT 表示记录的范围,ALL 表示所有记录,DISTINCT 表示不包括重复行的记录。
- <目标列表达式>表示查询结果中显示的数据,一般为列名或表达式。

• FROM 子句表示数据源，即查询所涉及的相关表或已有的查询。
• WHERE 子句表示查询条件，用于选择满足条件的的记录。
• GROUP BY 子句对查询结果进行分组。
• HAVING 子句限制分组的条件。
• ORDER BY 子句对查询结果进行排序。

【实例 4-16】 在选课管理数据库中，使用 SQL 语言完成下列查询。

（1）查询所有学生的信息。

（2）查询所有学生的学号、姓名、出生日期并计算年龄。

（3）查询 1985—1990 年间出生的学生的姓名和出生日期

（4）查询所有学生的选课信息，显示学号、姓名，课程名称和成绩。

（5）查询所有选修“C 程序设计”的学生的选课信息，显示学号、姓名和成绩。

（6）统计每个学生的课程总成绩、平均成绩并按成绩降序排序，显示学号、姓名、总成绩和平均成绩。

（7）查询各系学生总人数。

（8）查询选修了课程但没有参加考试的学生的学号、姓名和课程名称。

SQL 命令如下：

```
(1) SELECT * FROM 学生
```

其中，“*”表示所有字段。

```
(2) SELECT 学生.学号,学生.姓名,学生.出生日期, Year(Date())-Year([出生日期]) AS 年
    龄 FROM 学生
```

其中，表达式 Year(Date())-Year([出生日期])用于计算年龄，而 Date()，Year()为 Access 提供的函数，AS 年龄 用于设置年龄的显示标题。

```
(3) SELECT 学生.学号, 学生.姓名, 学生.出生日期 FROM 学生 WHERE YEAR(出生日期)BETWEEN
    1985 AND 1990
```

其中，WHERE 子句用于判断出生日期的年份是否在 1985—1990 之间。

```
(4) SELECT 学生.学号, 学生.姓名, 课程.课程名称, 选课.成绩 FROM 学生,课程,选课 WHERE
    课程.课程号=选课.课程号 AND 选课.学号=学生.学号
```

在该查询中，涉及 3 个表：学生、课程、选课，其中，学生表和选课表之间通过学号进行关联，选课表和课程表之间通过课程号进行关联，WHERE 子句的功能是设置表间的关联。

```
(5) SELECT 学生.学号, 学生.姓名,选课.成绩 FROM 学生, 课程, 选课 WHERE 课程.课程名称=
    "C 程序设计" AND 课程.课程号=选课.课程号 AND 选课.学号=学生.学号
```

该查询与(4)相似，只是多了一个条件：课程名称＝"C 程序设计"。

```
(6) SELECT 学生.学号, 学生.姓名, SUM(选课.成绩) AS 总成绩, AVG(选课.成绩) AS 平均成绩
    FROM 学生,课程, 选课 WHERE 课程.课程号=选课.课程号 AND 选课.学号=学生.学号 GROUP
```

BY 学生.学号, 学生.姓名 ORDER BY SUM(选课.成绩) DESC

其中,字段分别来自于学生表、课程表、选课表,函数 SUM(选课.成绩)用于统计学生的总成绩,Avg(选课.成绩) 用于统计学生的平均成绩,短语 GROUP BY 学生.学号,学生.姓名用于进行分组,短语 ORDER BY SUM(选课.成绩)用于对成绩进行排序。

(7) SELECT 系部.系名称, COUNT(学生.学号) AS 学生人数 FROM 学生,系部 WHERE 学生.系号=系部.系号 GROUP BY 系部.系名称

其中,数据来自于系部表和学生表,系名称是分组字段,COUNT(学生.学号)用于统计学生的人数。

(8) SELECT 学生.学号, 学生.姓名, 课程.课程名称 FROM 学生,课程,选课 WHERE 学生.学号=选课.学号 AND 课程.课程号=选课.课程号 AND 选课.成绩 IS NULL

其中,选课.成绩 IS NULL 用于判断成绩是否为空,当成绩为空时,说明学生选修了该课程,但没有参加考试。

4.7.5 SQL 视图

在 Access 中,所有的查询都可以在 SQL 视图中打开,通过修改 SQL 语句,就可以对现有的查询进行修改以满足用户的要求。

打开 SQL 视图的操作步骤如下:

(1) 选择已经存在的查询,打开其查询设计视图。

(2) 右击查询设计视图,在弹出的快捷菜单中选择"SQL 视图"命令,或单击上下文选项卡"查询工具"中的"视图"按钮,然后选择"SQL 视图"命令,就可以切换到 SQL 视图,如图 4-86 所示。

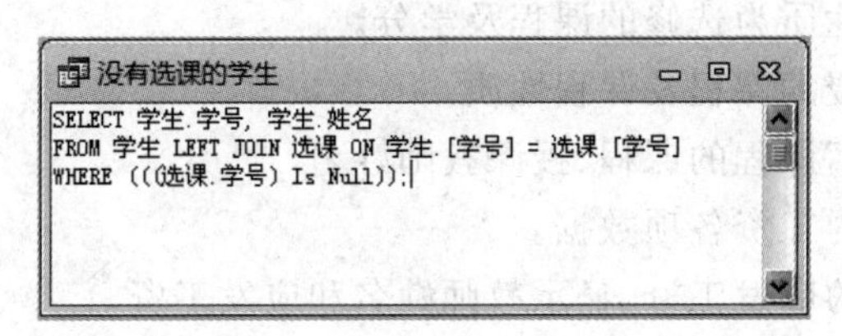

图 4-86 SQL 查询视图

在 SQL 视图窗口中显示于该查询对应的 SQL 语句,用户可以重新编辑或修改 SQL 语句,运行 SQL 语句就可以得到新的查询结果。

思考与练习

1. 思考题

(1) 什么是查询? 查询有哪些功能?

(2) 查询有哪些类型?

(3) 查询和表有何不同?

(4) 如何创建交叉表查询?

(5) 什么是 SQL 查询? 它有哪些特点?

2. 填空题

(1) Access 查询的数据源可以来自________和________。

(2) 操作查询包括更新查询、________、________和________。

(3) 在查询中,如果需要对数值型字段进行求和应使用________函数。

(4) 查询有种________视图方式,分别是________。

(5) 在交叉表查询中,作为列标题的字段只能有________个。

(6) 在 SQL 语句中,FROM 子句表示________,GROUP BY 子句用于________。

(7) 在查询中设计视图中,判断某个字段是否为空,需要在条件行设置的表达式为________。

(8) 查询的"条件"项上,同一行的条件之间是________的关系,不同行的条件是________的关系。

(9) 能够对源数据表的记录进行修改的查询有________。

(10) 在查询设计过程中,如果在"条件"行将姓名字段的设置为"Like " * 国 * "",则查询的记录应满足条件________。

3. 上机操作题

(1) 针对教师管理数据库,使用查询设计视图创建下列选择查询。

① 查询 20 世纪 90 年代参加工作的教师的姓名和参加工作日期。

② 查询所有课程性质为选修的课程及学分。

③ 查询教师所讲授的课程及课程性质。

④ 查询所有"选修"课程的课程、授课教师姓名。

⑤ 查询所有教师的工资各项数据。

⑥ 统计所有教师的应发工资,显示教师姓名和应发工资。

其中,应发工资=基本工资+职务工资+岗位补贴+书报费

(2) 针对教师管理数据库,创建参数查询

① 按系名查询教师的姓名、性别和电话。

② 按职称查询教师的姓名、教授的课程及学时。

③ 按姓名查询教师的工资各项数据。

④ 按课程名称查询教授该课程的教师姓名和职称。

(3) 针对教师管理数据库,创建交叉表查询

① 查询讲授各门课程的教师的职称情况。

② 查询教师的所授课程及学时。

(4) 针对教师管理数据库,创建操作查询

① 查询所有"必修"课程的授课教师姓名、授课课程名称和学时并生成数据表"必修

课授课教师”。

② 查询所有“选修”课的授课教师姓名、课程名称和学时并追加到数据表“必修课授课教师”中。

③ 删除所有姓“张”的教师记录。

④ 将职称为“讲师”的教师的基本工资增加50。

⑤ 使用更新查询计算教师的实发工资(在工资表中增加实发“工资”字段)。其中,实发工资=应发工资－公积金－(应发工资－公积金－2000)×所得税

(5) 创建SQL查询

① 查询所有第“二”学期开设的课程。

② 查询职称为教授的教师所授课程及学时。

③ 查询所有基本工资小于2000元的教师的姓名和单项工资。

(6) 使用向导创建以下查询

① 查询教授课程多余1门的教师姓名。

② 查询没有授课任务的教师。

第5章

窗体

学习目标

通过本章的学习，应该掌握以下内容：

(1) 窗体的基本概念；

(2) 窗体的类型；

(3) 使用向导和设计视图创建窗体的方法；

(4) 常用控件的使用；

(5) 窗体的应用。

5.1 窗体概述

窗体又称为表单，是Access数据库系统的一种重要的数据库对象。窗体是人机对话的重要工具，是用户同数据库系统之间的主要操作接口，它的作用通常包括显示和编辑数据、接受用户输入以及控制应用程序流程等。窗体可以为用户提供一个友好、直观的数据库操作界面，通过窗体可以方便、快捷地查看、浏览和操纵数据。

在Access中，用户可以根据需要设计各种风格的窗体，在窗体中可以安排字段显示的位置，可以为字段建立输入选项，可以验证输入的数据，还可以创建包含其他窗体的窗体。

5.1.1 窗体的主要功能和类型

从外观上看，窗体和普通的Windows窗口之间几乎相同，其结构和组成成分与一般的Windows窗口基本相同。最上方是标题栏和控制按钮；窗体内是各种组件，如文本框、单选按钮、下拉式列表框以及命令按钮等，最下方是状态栏。

1. 窗体的主要功能

1) 控制程序

窗体通过命令按钮执行用户的请求，还可以与函数、宏、过程等相结合，操作、控制程序的运行。

2）操作数据

窗体用来对表或查询进行显示、浏览、输入、修改和打印等操作，这是窗体的主要功能。窗体还可以以不同的风格显示数据库中的数据。

3）显示信息

可以作为控制窗体的调用对象，用数值或图表的形式显示信息。

4）交互信息

通过自定义对话框与用户进行和交互，可以为用户的后续操作提供相应的数据和信息，如提示、警告或要求用户回答等。

2. 窗体的类型

窗体有多种分类方法，根据数据的显示方式窗体分为以下几种类型。

1）单页窗体

单页窗体也称纵栏式窗体，在窗体中每页只显示表或查询的一条记录，记录中的字段纵向排列于窗体之中，每一栏的左侧显示字段名称，右侧显示相应的字段值。纵栏式窗体通常用于浏览和输入数据。

2）多页窗体

多页窗体每页只显示记录的部分信息。可以通过切换按钮，在不同分页中切换。适用于每条记录的字段很多，或对记录中的信息进行分类查看的场合。

3）连续窗体

在连续窗体中，一次可以显示多条记录，它是以数据表的方式显示已经格式化的数据，又称为表格式窗体，当记录数目或字段的数目超过窗体显示范围时，窗体上会出现垂直或水平滚动条，拖曳滚动条可以显示窗体中未显示的记录或字段。

4）弹出式窗体

弹出式窗体用来显示信息或提示用户输入数据。即使其他窗体正处于活动状态，弹出式窗体也会显示在已打开的窗体之上。弹出式窗体分为独占式和非独占式两种。非独占式窗体在打开后，用户仍然可以访问数据库其他对象以及使用菜单命令，而独占式窗体打开后，用户则不能对数据库的其他对象进行访问。

5）主/子窗体

主/子窗体主要用来显示具有一对多关系的表中的数据。主窗体显示“一”方数据表的数据，一般采用纵栏式窗体；子窗体显示“多”方数据表的数据，通常采用数据表式或表格式窗体。主窗体和子窗体的数据表之间通过公共字段相关联，当主窗体中的记录指针发生变化时，子窗体中的记录会随之发生变化。

6）图表窗体

图表窗体是将数据经过一定的处理，以图表形式直观显示出来，它可以清晰地展示数据的变化状态以及发展趋势。图表窗体可以单独使用，也可以作为子窗体嵌入其他窗体中。

5.1.2 窗体的视图

为了能够从不同的角度查看窗体的数据源和显示方式，Access 为窗体提供了多种视图。在 Access 2010 中，窗体有 6 种视图，分别是设计视图、窗体视图、布局视图、数据表视图、数据透视表视图和数据透视图视图。

1. 设计视图

窗体的设计视图用于窗体的创建和修改，用户可以根据需要向窗体中添加对象、设置对象的属性，窗体设计完成后可以保存并运行。

2. 窗体视图

窗体视图是窗体运行时的显示方式，根据窗体的功能可以浏览数据库的数据，也可以对数据库中的数据进行添加、修改、删除和统计等操作。

3. 布局视图

布局视图是 Access 2010 新增加的一种视图，是用于修改窗体最直观的视图。在布局视图中，可以调整窗体设计，可以根据实际数据调整对象的尺寸和位置，可以向窗体添加新对象，设置对象的属性。布局视图实际上是处在运行状态的窗体，因此用户看到的数据与窗体视图中的显示外观非常相似。

4. 数据表视图

数据表视图以表格的形式显示数据，数据表视图与数据表窗口从外观上基本相同，可以对表中的数据进行编辑和修改。

5. 数据透视表视图

数据透视表视图主要用于数据的分析和统计。通过指定行字段、列字段和总计字段来形成新的显示数据记录，从而以不同的方法来分析数据。

6. 数据透视图视图

数据透视图视图是将数据的分析和汇总结果以图形化的方式直观显示出来，其作用是进行数据的分析和统计。

5.1.3 "窗体设计工具"选项卡

创建窗体时，会自动打开"窗体设计工具"上下文选项卡，在该选项卡中包括 3 个子选项卡，分别为"设计"、"排列"和"格式"。

1. "设计"选项卡

"设计"选项卡如图 5-1 所示，主要用于设计窗体，使用其提供的控件可以向窗体中添加各种对象,设置窗体的主题、页眉和页脚以及切换窗体视图等。

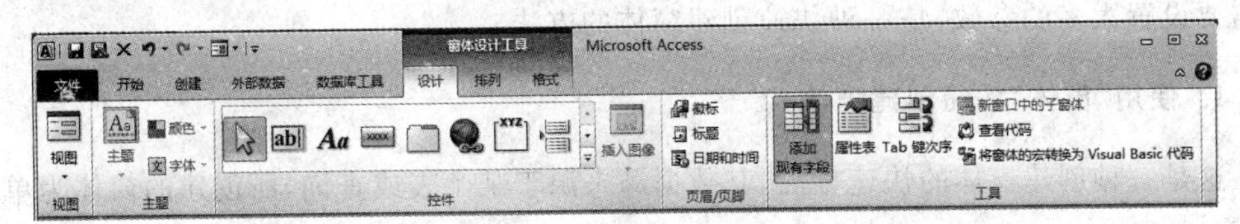

图 5-1 “设计”选项卡

2. “排列”选项卡

“排列”选项卡如图 5-2 所示,主要用于设置窗体的布局,包括创建表的布局、插入对象、合并和拆分对象、移动对象、设置对象的位置和外观等。

图 5-2 “排列”选项卡

3. “格式”选项卡

“格式”选项卡如图 5-3 所示,主要用于设置窗体中对象的格式,包括选定对象,设置对象的字体、背景、颜色,设置数字格式等。

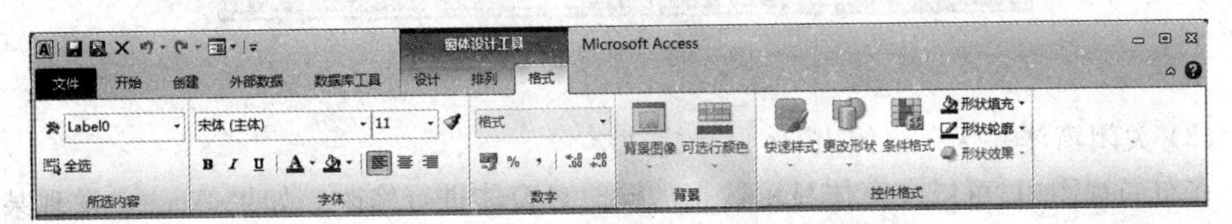

图 5-3 “格式”选项卡

5.2 创建窗体

在 Access 中,提供了 3 种创建窗体的方法,自动创建窗体、利用窗体向导创建窗体和使用设计视图创建窗体。自动创建窗体和利用窗体向导创建窗体都是根据系统的引导完成创建窗体的过程,使用设计视图创建窗体则根据用户的需要自行设计窗体,这需要用户掌握面向对象程序设计的相关知识。本节主要介绍自动创建窗体和利用窗体向导创建窗体的方法。

5.2.1 自动创建窗体

自动创建窗体基于单个表或查询创建窗体,可以将表或查询作为窗体的数据源,当选定数据源后，窗体将包含来自该数据源的所有字段和记录。自动创建窗体操作步骤简单，不需要设置太多的参数，是一种快速创建窗体的方法。

1. 使用“窗体”按钮创建窗体

这是一种创建窗体的快速方法，其数据源来源于某个表或查询，所创建的窗体为单页窗体。

【实例 5-1】 在“选课管理”数据库中，使用“窗体”按钮创建“课程”信息窗体。

操作步骤如下：

(1) 打开数据库“选课管理”，在“导航”窗口选定“课程”表。

(2) 在“创建”选项卡中选择“窗体”组，单击“窗体”按钮，系统将自动创建窗体，并以布局视图显示此窗体，如图 5-4 所示。

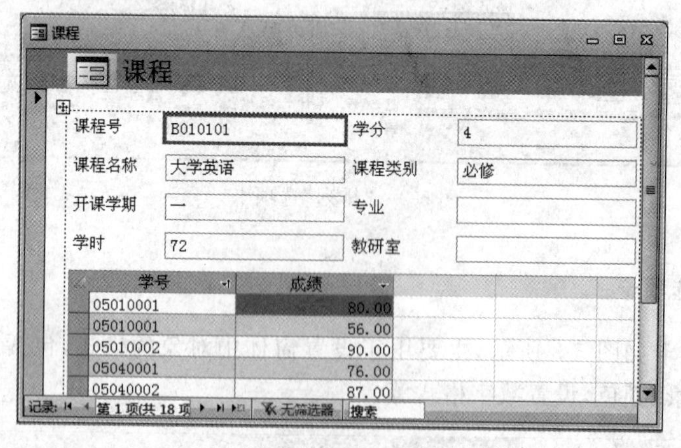

图 5-4 “课程”窗体

(3) 关闭窗体并保存窗体，窗体设计完成。

在布局视图中，可以在窗体显示数据的同时对窗体进行修改。如果 Access 发现某个表与用于创建窗体的表或查询具有一对多的关系，Access 将向基于相关表或查询的窗体添加一个子窗体。例如，本例中，“课程”表和“选课”表之间存在着一对多的关系，因此，在窗体中添加了显示“选课”表信息的子窗体。

2. 创建分割窗体

分割窗体以两种视图方式显示数据，窗体被分隔成上下两部分。上半区域以单记录方式显示数据，用于查看和编辑记录；下半区域以数据表方式显示数据。可以快速定位和浏览记录。两种视图连接到同一数据源，并且始终保持同步。可以在任何一部分中对记录进行切换、编辑和修改

【实例 5-2】 在“选课管理”数据库中，对于“教师”表创建分割窗体。

操作步骤如下：

(1) 打开数据库“选课管理”，在“导航”窗口选定“教师”表。

(2) 在“创建”选项卡中选择“窗体”组，单击“其他窗体”按钮，并在下拉列表框中选择

"分割窗体"按钮,系统将自动创建分割窗体,并以布局视图显示此窗体,如图 5-5 所示。

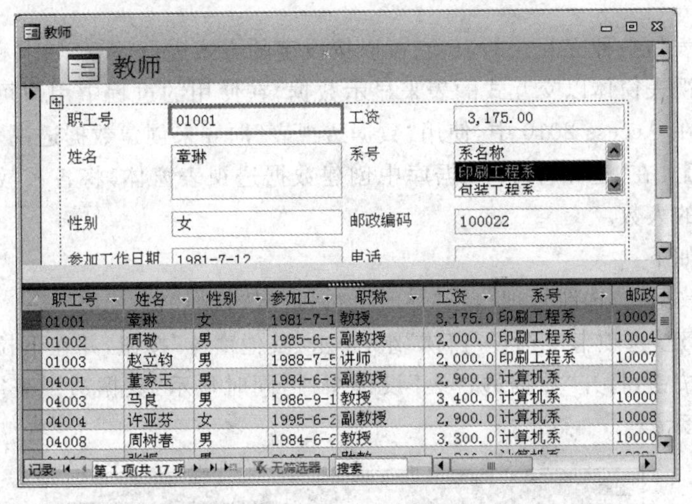

图 5-5 "教师"分割窗体

(3) 关闭窗体并保存窗体,窗体设计完成。

3. 使用"多个项目"创建窗体

"多个项目"窗体是指在窗体中显示多条记录的一种窗体布局形式,记录以数据表的形式显示,是一种连续窗体。

【实例 5-3】 在"选课管理"数据库中,对于"学生"表使用"多个项目"创建窗体。

操作步骤如下:

(1) 打开数据库"选课管理",在"导航"窗口选定"学生"表。

(2) 在"创建"选项卡中选择"窗体"组,单击"其他窗体"按钮,并在下拉列表框中选择"多个项目"按钮,系统将自动创建多个项目窗体,并以布局视图显示此窗体,如图 5-6 所示。

学生

学号	姓名	性别	出生日期	婚否	政治面貌	住址	
04030001	李跃	男	1987-1-12	☐	党员	北京市海淀区	(010)-2345867
04030002	汪静	女	1987-12-31	☐	民主党派	不祥	(021)-0987777
04040001	张婉玉	女	1987-1-18	☐	团员	北京市西城区	(010)81009888
05010001	刘一丁	男	1986-1-1	☐	共青团员	北京市海淀区	(010)-2111111
05010002	李想	女	1983-11-12	☑	无	北京市东城区	(029)-8986756
05020002	张男	女	1983-6-5	☑	团员	北京市大兴区	( )69220000
05020003	李悦明	男	1984-4-13	☐	团员	北京市房山区	( )89002345
05040001	王大玲	女	1985-12-12	☐	党员	北京市大兴区	
05040002	王霖	男	1985-6-8	☐	团员	北京市海淀区	(010)-3456789

记录: 第 1 项(共 13 项 无筛选器 搜索

图 5-6 "学生"多个项目窗体

(3) 保存窗体,窗体设计完成。

5.2.2 创建数据透视表窗体

数据透视表是一种交互式的表，它可以按设定的方式进行计算，如求和、计数、求平均值等。数据透视表窗体以交互式的表来显示数据，在使用的过程中用户可以根据需要改变版面布局。在 Access 2010 中，使用“数据透视表”向导来创建数据透视表窗体。

【实例 5-4】 在“选课管理”数据库中创建数据透视表窗体，将各系教师按职称分别统计男女教师的人数。

操作步骤如下：

（1）打开数据库“选课管理”，在“导航”窗口选定“教师”表。

（2）在“创建”选项卡中选择“窗体”组，单击“其他窗体”按钮，并在下拉列表框中选择“数据透视表”按钮，打开“数据透视表”设计窗口，同时显示“数据透视表字段列表”对话框，如图 5-7 所示。

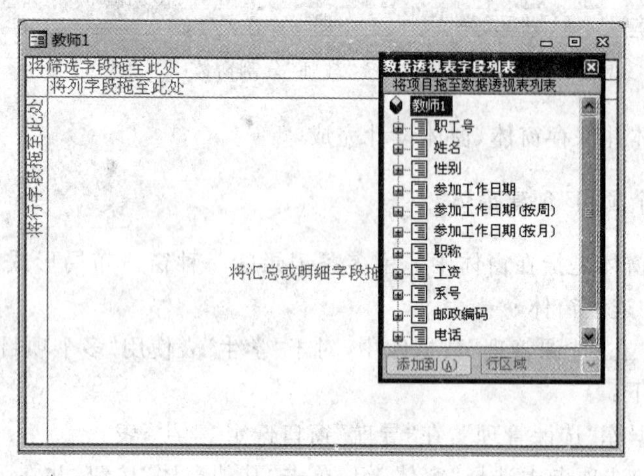

图 5-7 数据透视表设计窗口

（3）用鼠标将数据透视图所用字段拖到指定的区域中，“系号”字段拖到左上角的筛选字段区域，“职称”字段拖到行字段区域，“性别”字段拖到列字段区域，“职工号”拖到汇总区域，如图 5-8 所示。

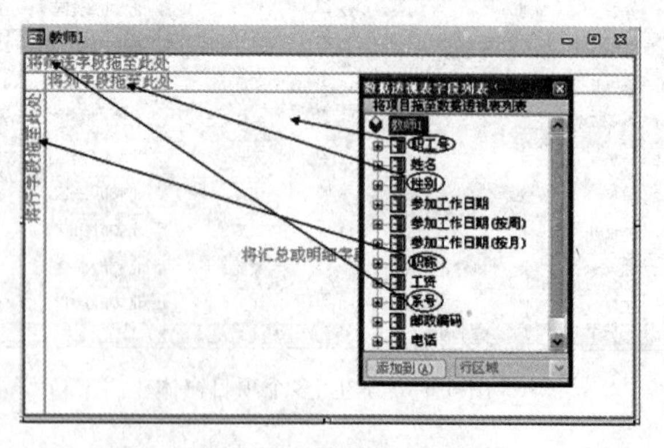

图 5-8 拖动字段到指定区域

(4) 关闭“字段列表”对话框,单击右键。在弹出的菜单中选择“自动计算”→“计数”命令,数据透视表窗体设计完成,显示结果如图 5-9 所示。

教师职称人数统计数据透视表

系号 ▾ 全部

职称	性别：男 职工号 的计数	女 职工号 的计数	总计 职工号 的计数
副教授	3	3	6
讲师	2	2	4
教授	3	2	5
助教	1	1	2
总计	9	8	17

图 5-9　统计教师各职称人数数据透视表

数据透视表的内容可以导出到 Excel,只需单击“数据透视表工具”上下文选项卡中“数据”组的按钮,系统将启动 Excel 并自动生成表格,可以将其保存为 Excel 文件。

5.2.3　创建数据透视图窗体

数据透视图是以图形的方式显示数据汇总和统计结果,可以直观地反映数据分析信息,形象表达数据的变化。在 Access 2010 中,使用“数据透视图”向导来创建数据透视图窗体。

【实例 5-5】 在选课管理数据库中,创建数据透视图窗体,将各系教师按职称分别统计男女教师的人数。

操作步骤如下:

(1) 打开数据库“选课管理”,在“导航”窗口选定“教师”表。

(2) 在“创建”选项卡中选择“窗体”组,单击“其他窗体”按钮,并在下拉列表框中选择“数据透视图”按钮,打开“数据透视图”设计窗口,同时显示“图表字段列表”对话框,如图 5-10 所示。

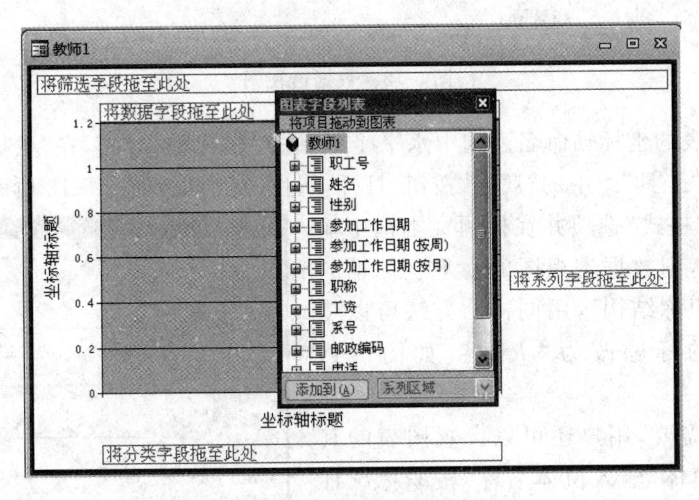

图 5-10　“数据透视图”设计窗口

(3) 在字段列表中,将数据透视图所用字段拖到指定的区域中,“系号”字段拖到左上角的筛选字段区域,“职称”字段拖到分类字段区域,“性别”字段同时拖到系列字段区域和数据字段区域,如图 5-11 所示。

(4) 关闭“图表字段列表”对话框,显示数据透视图,如图 5-12 所示。

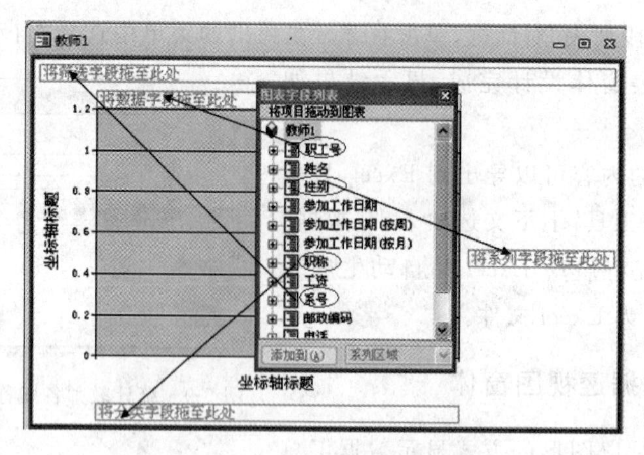

图 5-11　拖动字段到指定区域

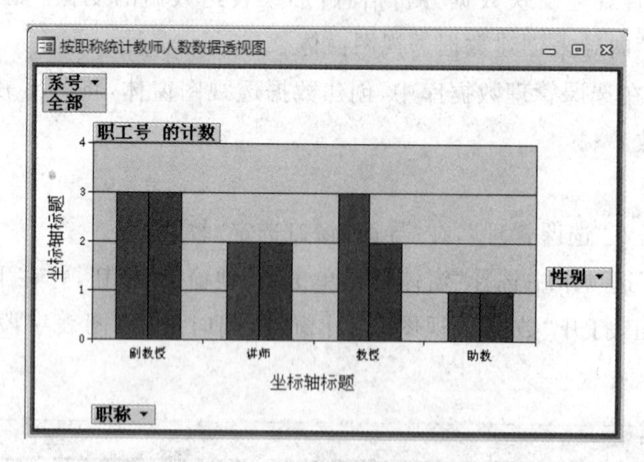

图 5-12　数据透视图

(5) 为图表的坐标轴命名。选中水平坐标轴的"坐标轴标题",在"数据透视图工具"选项卡中单击"工具"组中的"属性"按钮,打开"属性"对话框,如图 5-13 所示。

(6) 单击"格式"选项并在标题文本框中输入"职称结构",则数据透视图的水平坐标轴的标题更改为"职称结构",用同样的方法可以将垂直坐标轴的标题改为"人数",如图 5-14 所示。

(7) 如果需要,用户还可以设置图表的其他属性,保存窗体,输入窗体名称"按职称统计教师人数数据透视图",完成数据透视图窗体设计。

在数据透视表和数据透视图窗体中,使用左上角的筛选按钮可以查看各系职称统计数据。

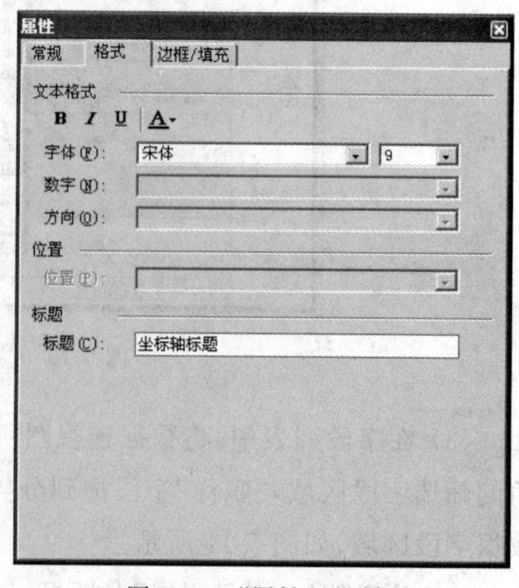

图 5-13　"属性"对话框

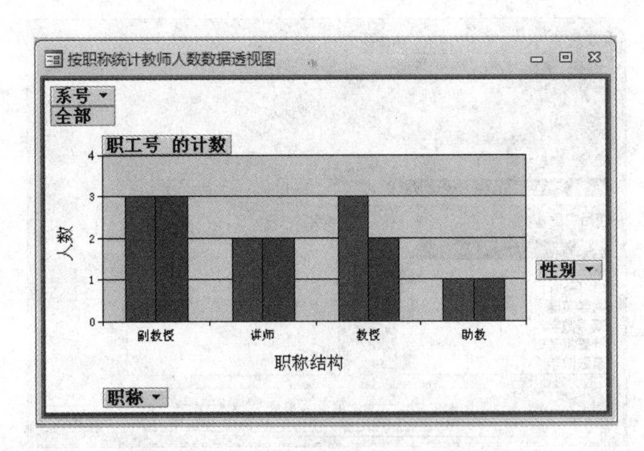

图 5-14　设置坐标轴标题后的结果

5.2.4　使用向导创建窗体

使用向导创建窗体与自动创建窗体有所不同，使用向导创建窗体，需要创建过程中选择数据源，可以进行字段的选择，设置窗体布局等。使用窗体向导可以创建数据浏览和编辑窗体，窗体类型可以是纵栏式、表格式、数据表，其创建的过程基本相同。

【实例 5-6】　使用窗体向导创建浏览学生单科成绩、平均成绩和总成绩的纵栏式窗体。

操作步骤如下：

(1) 打开数据库“选课管理”。

(2) 在“创建”选项卡中选择“窗体”组，单击“窗体向导”按钮，打开“窗体向导”对话框，如图 5-15 所示。

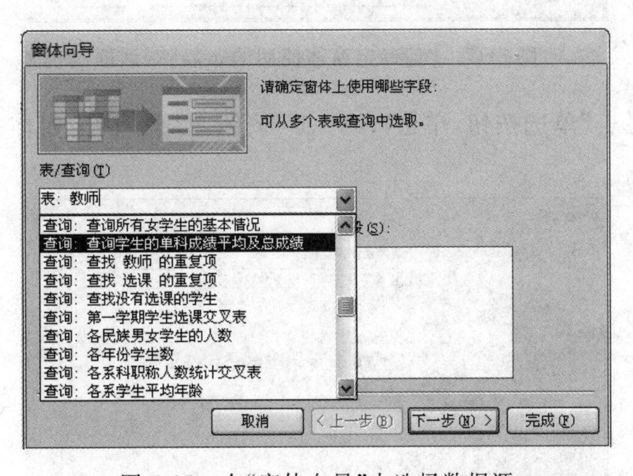

图 5-15　在“窗体向导”中选择数据源

(3) 在“新建窗体”对话框中，在列表框中选择“窗体向导”选项，同时在数据源列表框中选择查询“查询学生的单科成绩平均及总成绩”(参见案例 4-4(4))，然后单击“下一步”按钮，打开“选择字段”对话框，如图 5-17 所示。

(4) 将“可用字段”列表框中的字段添加到“选定字段”列表框中，单击“下一步”按钮，

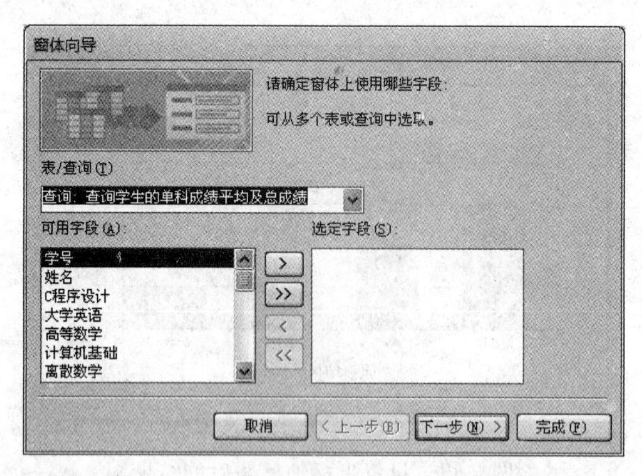

图 5-16 在“窗体向导”对话框中选择字段

打开“请确定窗体使用的布局”对话框,如图 5-17 所示。

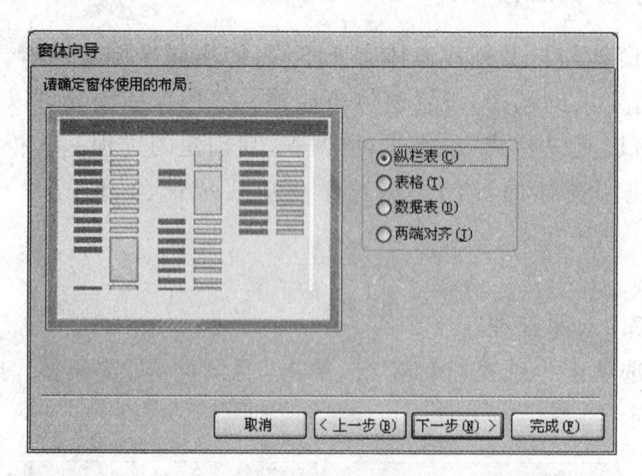

图 5-17 “请确定窗体使用的布局”对话框

(5) 选中“纵栏表”单选按钮,单击“下一步”按钮,打开“请为窗体指定标题”对话框,如图 5-18 所示。

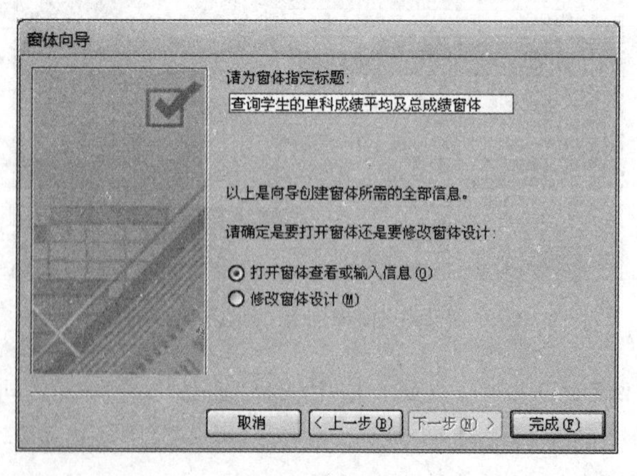

图 5-18 “请为窗体指定标题”对话框

(6) 在标题文本框中输入标题或使用默认标题，至此，使用向导创建窗体完成，然后，使用单选按钮选择窗体创建完成后要系统要执行的操作"打开窗体或修改窗体设计"，选择打开"窗体查看或输入信息"，单击"完成"按钮，系统将自动打开窗体，如图 5-19 所示。

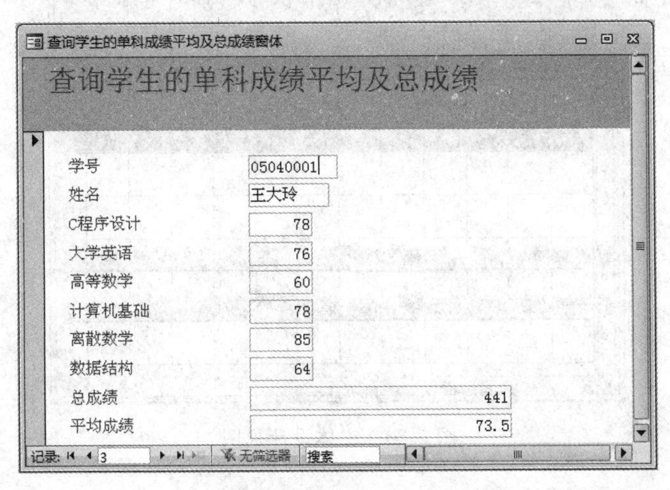

图 5-19　窗体运行界面

5.3　在设计视图中创建窗体

使用窗体向导可以快速创建窗体，但只能创建一些简单窗体，在实际应用中不能满足用户需求，而且某些类型的窗体无法用向导创建。例如，在窗体中添加各种按钮，打开/关闭 Access 数据库对象，实现数据检索等，这些功能只能通过自定义窗体来实现。利用窗体设计器，即窗体的设计视图可以进行自定义窗体的创建。窗体的设计视图不仅可以用来新建一个窗体，还可以对已有的窗体进行修改和编辑。

5.3.1　窗体的设计视图

选择"创建"选项卡中的"窗体"组，单击"窗体设计"按钮，打开窗体的设计视图。窗体设计视图由多个部分组成，每个部分称为一个"节"，默认情况下，设计视图只有主体节，右击窗体，并在快捷菜单中选择"页面页眉/页脚"和"窗体页眉和页脚"，可以展开其他节，如图 5-20 所示。

1. 窗体的节

窗体设计区域用于设计窗体的细节，通常一个窗体由主体、窗体页眉/页脚和页面页眉/页脚等构成。

主体部分是窗体的主要组成部分，其组成元素主要是 Access 所提供的各种控件，用于显示、修改、查看和输入信息等。每个窗体都必须包含主体部分，其他部分是可选的。可以利用工具箱向窗体添加控件。

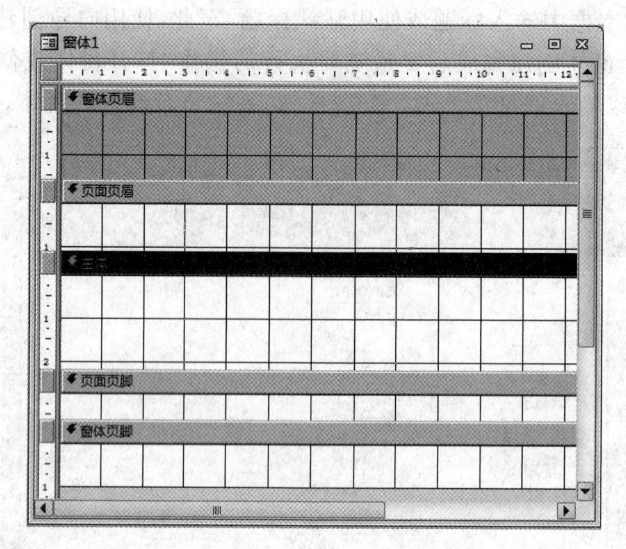

图 5-20 窗体设计视图

窗体页眉/页脚用于设计整个窗体的页眉/页脚的内容与格式，窗体页眉通常用于为窗体添加标题或使用说明等信息。窗体页脚用于放置命令按钮或窗体使用说明。

页面页眉/页脚仅出现在打印窗体中，页面页眉用于设置在每张打印页的顶部所显示的信息；页面页脚通常用于显示日期和页码等信息。

2. 控件

控件是放置在窗体中的图形对象，主要用于输入数据、显示数据、执行操作等。当打开窗体的设计视图时，系统会自动显示“窗体设计工具”上下文选项卡，控件组位于“窗体设计工具”的“设计”选项卡中，如图 5-1 所示。选择相应的控件并在窗体中拖动即可在窗体中添加相应的对象。

3. 为窗体添加数据源

当使用窗体对表的数据进行操作时，需要为窗体添加数据源，数据源可以是一个或多个表或查询。为窗体添加数据源的方法有以下两种。

1）使用“字段列表”窗口添加数据源

在“创建”选项卡中选择“窗体”组，单击“窗体设计”按钮，系统将会创建一个名为“窗体 1”的窗体，并进入“窗体设计”视图。在“窗体设计工具”选项卡的“工具”组中单击“添加现有字段”按钮，打开“字段列表”窗口，单击“显示所有表”按钮，将会在窗口中显示数据库中的所有表，如图 5-21 所示。单击“＋”按钮可以展开所选定表的字段。

2）使用属性窗口添加数据源

使用属性窗口添加数据源的操作步骤如下：

① 在“窗体设计工具”选项卡的“工具”组中单击“属性表”按钮，或者右单击窗体，在快捷菜单中单击“属性”命令，打开“属性表”窗口，如图 5-22 所示。

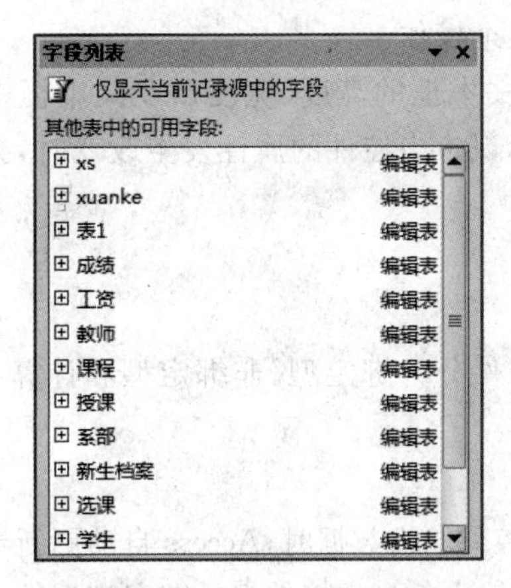

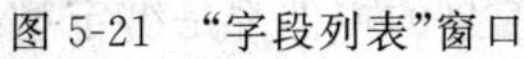
图 5-21 “字段列表”窗口

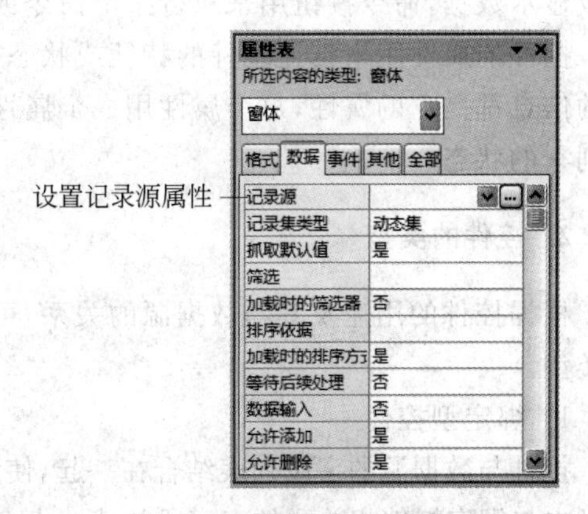

图 5-22 “属性表”对话框

② 在窗体的属性对话框中,单击“数据”选项卡,选择“记录源”属性,使用下拉列表框选择需要的表或查询。如果需要创建新的数据源,可以单击“记录源”属性右侧的按钮 ...,打开查询生成器,如图 5-23 所示。与查询设计类似,用户可以根据需要创建新的数据源。

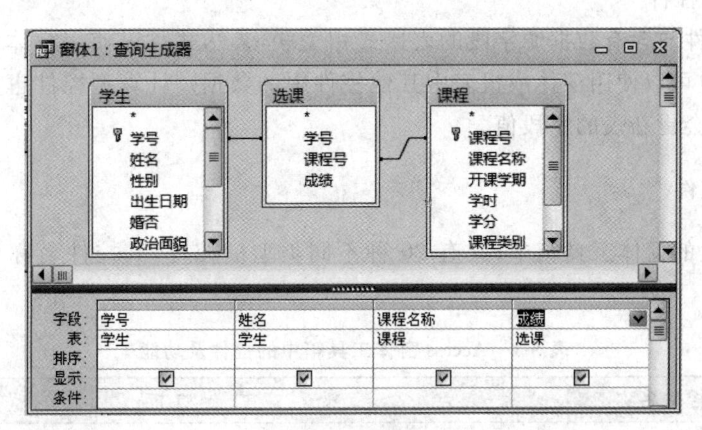

图 5-23 查询生成器窗口

以上两种创建数据源的方法在数据源的选取上有一定的差别。使用“字段列表”添加的数据源只能是表,而使用“属性表”添加的数据源可以是表,也可以是查询。

5.3.2 控件

控件是构成窗体的基本元素,在窗体中,数据的输入、查看、修改以及对数据库中各种对象的操作都是使用控件实现的。在设计窗体之前,首先要掌握控件的基本知识。

1. 控件的定义和属性

Access 中的控件是窗体或报表中的一个图形对象,这些控件与其他 Windows 应用程序中的控件相同,也与高级程序设计语言所编写的控件类似,例如,一个文本框用来输入或显示数据,命令按钮用来执行某个命令或完成某个操作。

控件的属性用来描述控件的特征或状态,例如,文本框的高度、宽度以及文本框中显示的信息都是它的属性,每个属性用一个属性名来标识。当控件的属性发生改变时,会影响到它的状态。

2. 控件的类型

根据控件的用途及其与数据源的关系,可以将控件分为绑定型、非绑定型和计算型 3 种类型。

1) 绑定型控件

控件与数据源的字段列表结合在一起,使用绑定控件输入数据时,Access 自动更新当前记录中与绑定控件相关联的表字段的值。大多数允许输入信息的控件都是绑定型控件。可以和控件绑定的字段类型包括“文本”、“数值”、“日期”、“是/否”、“图片”和“备注性”。

2) 非绑定型控件

控件与表中字段无关联,当使用非绑定控件输入数据时,可以保留输入的值,但是不会更新表中字段的值。非绑定型控件用于显示文本、图像和线条。

3) 计算型控件

计算型控件与含有数据源字段的表达式相关联,表达式可以使用窗体或报表中数据源的字段值,也可以使用窗体或报表中其他控件中的数据。计算型控件也是非绑定型控件,所以,它不会更新表的字段值。

3. 常用控件

在 Access 的窗体工具箱中,共有 20 种不同类型的控件,其控件名称和主要功能如表 5-1 所示。

表 5-1　Access 窗体工具箱中的控件及功能

控件图标	控件名称	主 要 功 能
	选定对象	用于选择控件、移动控件或改变去尺寸
	控件向导	用于打开或关闭“控件向导”
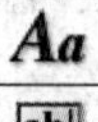	标签	用于显示说明性文本的控件
	文本框	用来显示、输入或编辑数据源数据以及显示计算结果或接受用户输入
	命令按钮	用于执行某些操作
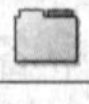	选项卡	用于创建一个多页选项卡窗体或多页选项卡对话框
	超链接	用于创建一个超链接,与一个数据库对象、文件、网页、URL 地址等相关联
	选项组	与复选框、选项按钮或切换按钮配合使用,以显示一组可选值
	插入分页符	用于在窗体或报表上开始新的一页
	组合框	该控件组合了列表框和文本框的功能,既可以在文本框中输入,也可以在列表框中选择输入项,然后将值添加到基础字段中

续表

控件图标	控件名称	主要功能
	图表	用于向窗体中添加图表
	直线	用于在窗体、报表或数据访问页中，突出或分割相关内容
	切换按钮	作为独立绑定到"是/否"字段，或作为未绑定控件与选项组配合使用
	列表框	显示可以滚动的数值列表，供用户选择输入数据
	矩形	显示图形效果，用于组织相关控件或突出重要数据
	复选框	作为独立绑定到"是/否"字段，或作为未绑定控件与选项组配合使用
	未绑定对象框	用于在窗体或报表中显示未绑定 OLE 对象(包括声音、图像、图形等)
	选项按钮	作为独立绑定到"是/否"字段，或作为未绑定控件与选项组配合使用
	子窗体/子报表	用于在窗体或报表中显示来自多个表的数据
	绑定对象框	用于在窗体或报表中显示绑定 OLE 对象(包括声音、图像、图形等)
	图像	用于在窗体或报表中显示静态图片
	分页符	用于在窗体或报表上开始新的一页
	Active 控件	用于向"工具箱"中添加已经在操作系统中注册的 Active 控件

说明：这些控件既可以在窗体中使用，也可以在报表和数据访问页中使用。

5.3.3 向窗体中添加控件

向窗体中添加控件的步骤如下：

(1) 新建窗体或打开已有的窗体。

(2) 在上下文选项卡"窗体设计工具"中选择"设计"选项卡，在"控件"组中包含了所有的控件，单击所需要的控件即可选中。

(3) 单击窗体的空白处将会在窗体中创建一个默认尺寸的对象，或者直接拖曳鼠标在鼠标画出的矩形区域内创建一个对象。还可以将数据源中字段列表中的字段直接拖曳到窗体中，用这种方法，可以创建绑定型文本框和与之关联的标签。

(4) 设置对象的属性。

1. 标签

标签用于在窗体中、报表或数据访问页中显示说明性的文字，如标题、题注。标签不能显示字段或表达式的值，属于非绑定型控件。

标签有两种：独立标签和关联标签。其中，独立标签是与其他控件没有关联的标签，用来添加说明性文字；关联标签是链接到其他控件上的标签，这种标签通常与文本框、组合框和列表框成对出现，文本框、组合框和列表框用于显示数据，而标签用来对显示数据进行说明。

在默认情况下，将文本框、组合框和列表框等控件添加到窗体或报表中时，Access 都会在控件左侧加上关联标签。如果不需要关联标签，可以通过属性窗口进行设置。具体操作方法是，首先在“控件”组中选定控件，然后打开“属性表”窗口，将“自动标签”属性改为“否”。完成设置后，当添加文本框等控件时，不再自动添加关联标签，直到将该控件的“自动标签”属性改为“是”。

向窗体添加“标签”控件的步骤如下：

(1) 单击“工具箱”中的“标签”按钮，光标将会变成一个左上角有个加号的 A 字图标⁺A。

(2) 将鼠标放在标签位置的左上角，然后，拖动鼠标直到选取适当的尺寸，释放鼠标。

(3) 输入标签的内容即标题。

2. 文本框

文本框用来显示、输入或编辑窗体中、报表或数据访问页的数据源中的数据，或显示计算结果。

文本框可以是绑定型也可以是非绑定型。绑定型文本框用来与某个字段相关联，非绑定型文本框用来显示计算结果或接受用户输入的数据。

【实例 5-7】 设计一个窗体用绑定文本框和非绑定文本框显示学生的学号、姓名、性别和年龄。

操作步骤如下：

(1) 打开数据库“选课管理”。

(2) 选择“创建”选项卡的“窗体”组，单击“窗体设计”按钮，打开窗体的设计视图。选择“学生”表作为数据源。

(3) 创建绑定型文本框显示“学号”和“姓名”。具体做法是，打开字段列表窗口，将“学号”和“姓名”字段拖动到窗体的适当的位置，在窗体中产生两组绑定型文本框和关联标签，这两组绑定型文本框分别与“学生”表中的“学号”和“姓名”字段相关联，如图 5-24 所示。

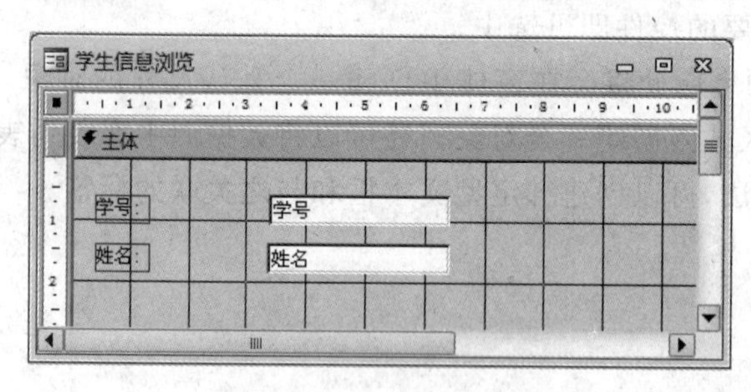

图 5-24　设置绑定型文本框

(4) 创建非绑定型文本框。单击控件向导按钮，使其处于按下状态，然后单击“文本框”控件 ab| ，在窗体内拖动鼠标添加一个文本框，系统将自动打开“文本框向导”对话框，如图 5-25 所示。

(5) 使用该对话框设置文本的字体、字号、字形、对齐方式和行间距等，然后单击“下一步”按钮，打开为文本框指定输入法模式对话框，如图 5-26 所示。

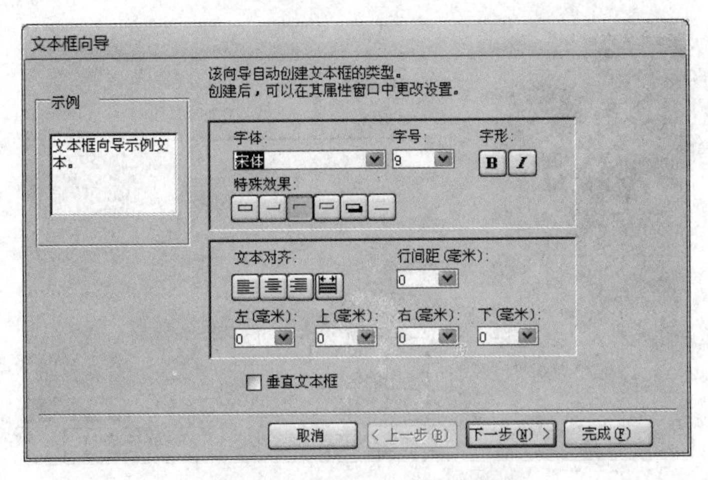

图 5-25 “文本框向导”对话框

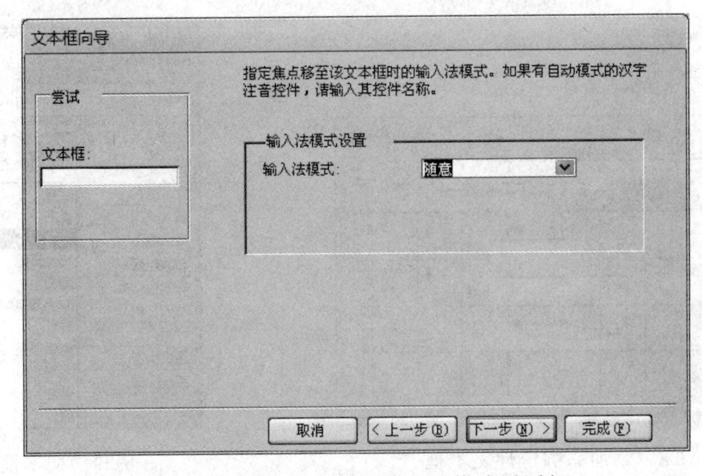

图 5-26 为文本框指定输入法模式对话框

(6) 为获得焦点的文本框指定输入法模式，有3种方式可供选择，分别是随意、输入法开启和输入法关闭，然后单击“下一步”按钮，打开输入文本框名称对话框，如图5-27所示。

(7) 输入文本框的名称“性别”，单击“完成”按钮，返回窗体设计视图，如图5-28所示。

(8) 将未绑定型文本框绑定到字段。右击刚添加的文本框，在快捷菜单中选择“属性”，打开“属性表”对话框，如图5-29所示。使用下拉列表框将文本框的“控件来源”属性设置为“性别”，即可完成文本框与“性别”字段绑定。

(9) 创建计算型文本框。创建一个非绑定文本框，并将文本框的名称设置为“年龄”，然后打开该文本框的“属性表”对话框，并将其“控件来源”属性设置“=Year(Date())-Year([出生日期])”，如图5-30所示。

(10) 将窗体切换到“窗体视图”，查看窗体运行结果，显示结果如图5-31所示。保存窗体，窗体名称为“学生信息浏览”，窗体设计完成。

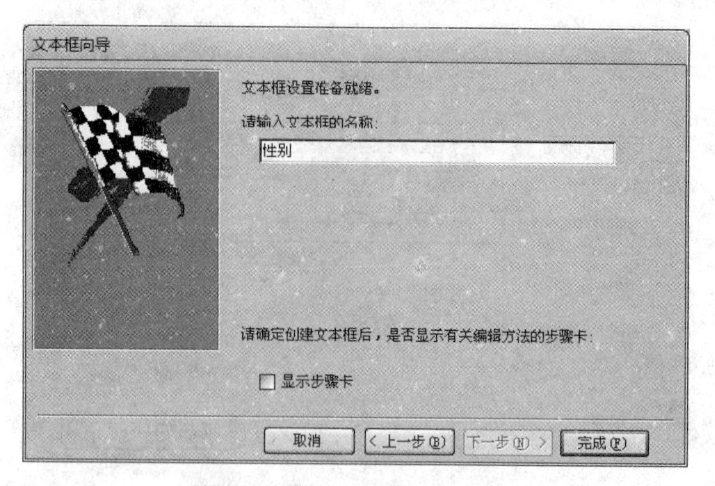

图 5-27 输入文本框名称对话框

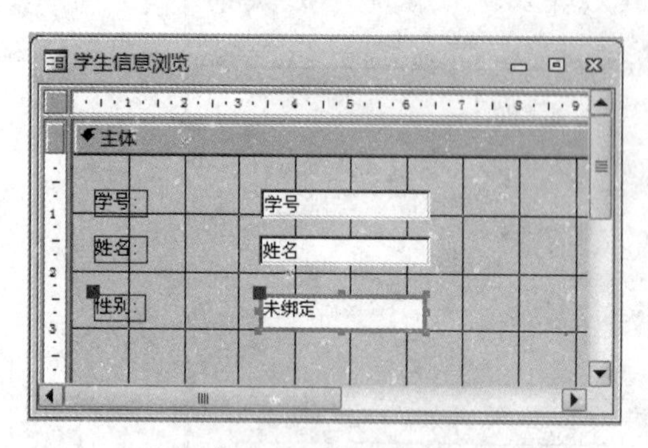

图 5-28 添加非绑定性文本框

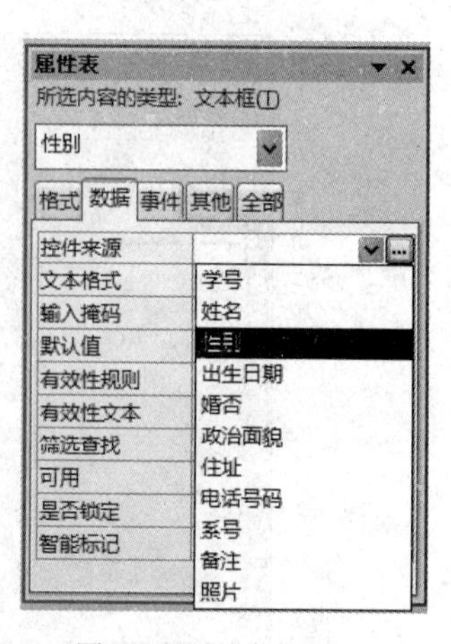

图 5-29 文本框属性

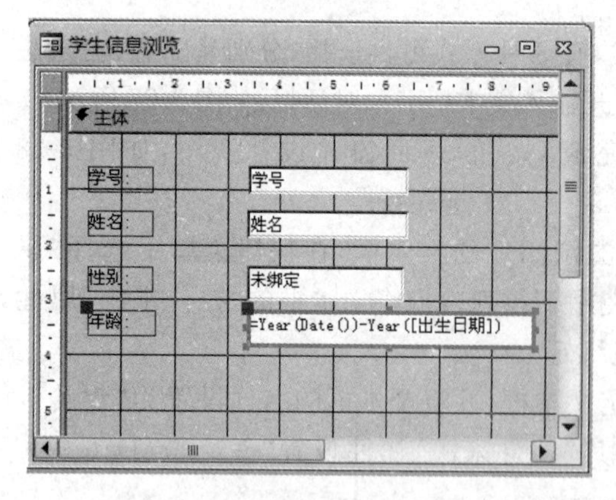

图 5-30 添加计算型控件

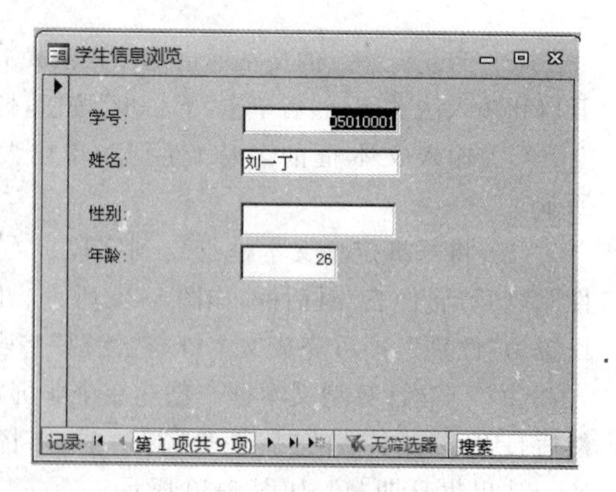

图 5-31 窗体运行结果

3. 组合框和列表框

组合框和列表框是窗体设计中非常重要的控件，使用这两个控件可以使用户从一个列表中选取数据，减少键盘输入，这样可以尽量避免数据输入错误所带来数据不一致。

列表框是列表框和一个附加标签组成，它能够将一些数据以列表形式给出，供用户选择。组合框实际上是文本框和列表框的组合，既可以输入数据，也可以在数据列表中进行选择。

列表框和组合框中选项数据来源可以是数据表、查询，也可以是用户提供的一组数据。列表框和组合框的操作基本相同。

【实例 5-8】 在实例 5-7 创建的窗体中添加组合框显示学生的政治面貌。

操作步骤如下：

(1) 打开实例 5-7 创建的窗体“学生信息浏览”。

(2) 在“控件”组中单击组合框控件，在窗体内拖动鼠标添加一个组合框，系统将自动打开“组合框向导”对话框，如图 5-32 所示。

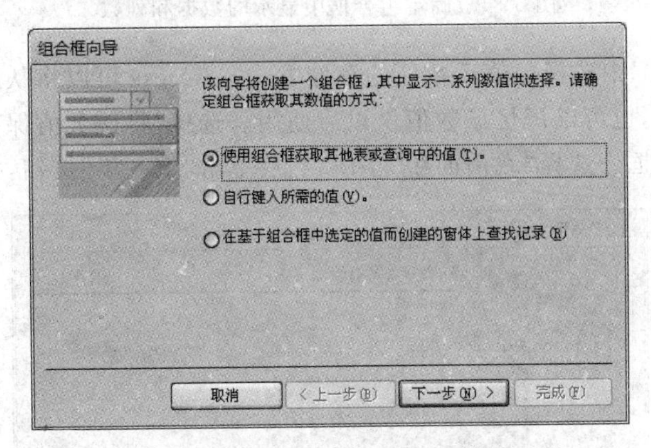

图 5-32 “组合框向导”对话框

(3) 确定组合框获取其数值的方式。获取数值的方式有 3 种，一是使用表或查询中的值，二是自行输入所需的值，三是在基于组合框中选定的值而创建的窗体上查找记录。在本例中，选择“自行键入所需的值”，然后单击“下一步”按钮，如图 5-33 所示。

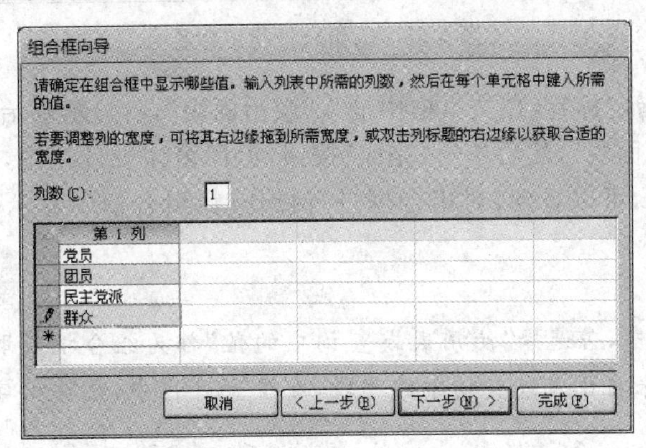

图 5-33 确定组合框显示的值

(4) 确定组合框中显示的数据和列表中所需列数以及输入所需数值。选择列数为1，在列表框中输入“政治面貌”的取值分别为：党员、团员、民主党派、群众，然后单击“下一步”按钮，如图5-34所示。

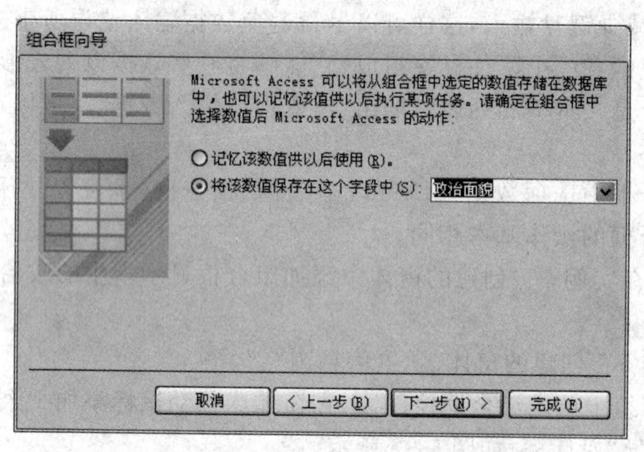

图5-34　确定组合框中显示的数据和列数

(5) 确定组合框中选择数值后数值的存储方式。Access可以将从组合框中选定的数值存储在数据库中，也可以记忆该数值供以后使用。选择“将该数值保存在这个字段中”，同时在下拉式列表框中选择“政治面貌”字段，然后单击“下一步”按钮，如图5-35所示。

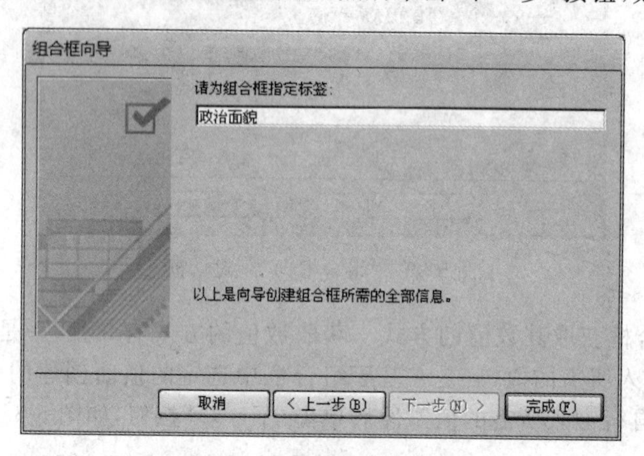

图5-35　为组合框指定标签

(6) 为组合框指定标签，在文本框中输入“政治面貌”，将显示政治面貌的组合框的附加标签指定为“政治面貌”，然后单击“完成”按钮，返回窗体设计视图，组合框控件添加完成，切换到窗体视图，可以看到，对组合框进行操作时，组合框中显示的是前面设置的数值，如图5-36所示。

说明：

(1) 在步骤(3)中，若选择“使用表或查询中的值”作为组合框获取其数值的方式，则组合框中的数值将来自于表或查询中的字段，在设置过程中，允许按字段进行排序，用户可以自行尝试。

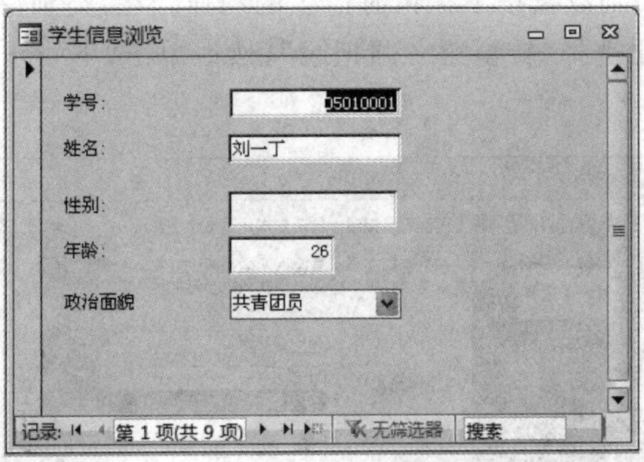

图 5-36　添加组合框后的窗体

(2) 在确定组合框中选择数值后数值的存储方式时，如果选择“将该数值保存在这个字段中”，则组合框是绑定型组合框，若选择“记忆该值供以后使用”，则组合框是非绑定型组合框。

4. 命令按钮

命令按钮是用于接受用户操作命令、控制程序流程的主要控件之一，用户可以通过它进行特定的操作，如打开/关闭窗体、查询表中信息等。

向窗体中添加命令按钮的方式有两种，即使用“命令按钮向导”和自行创建命令按钮。

Access 提供了“命令按钮向导”。用户利用向导创建命令按钮，几乎不用编写任何代码，通过系统引导即可以创建不同类型的命令按钮。Access 提供了 6 种类别的命令按钮，分别是，“记录导航”、“记录操作”、“窗体操作”、“报表操作”、“应用程序”和“杂项”等，本节中介绍用向导创建命令按钮。

【实例 5-9】 在实例 5-8 创建的窗体中添加一组命令按钮用于移动记录。

操作步骤如下：

(1) 打开实例 5-8 创建的窗体“学生信息浏览”。

(2) 在控件组中单击命令按钮控件 xxxx，在窗体空白处拖动鼠标添加一个命令按钮，系统将自动打开“命令按钮向导”对话框，如图 5-37 所示。

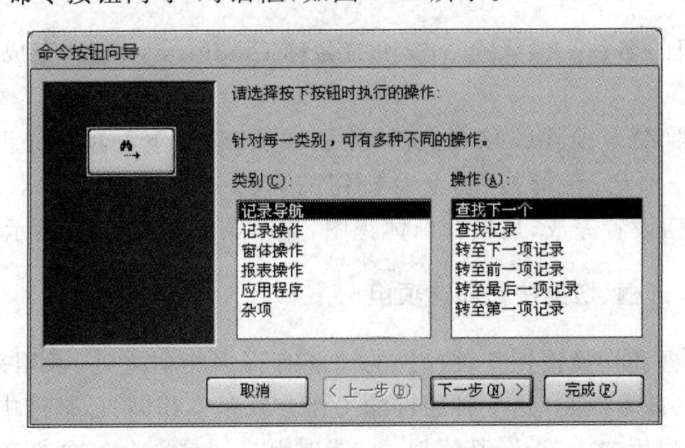

图 5-37　“命令按钮向导”对话框

(3) 选择按钮的类别以及按下按钮时产生的动作。在“类别”列表框中选择“记录导航”，在“操作”列表框中选择“转至第一项记录”，然后单击“下一步”按钮，出现如图 5-38 所示对话框。

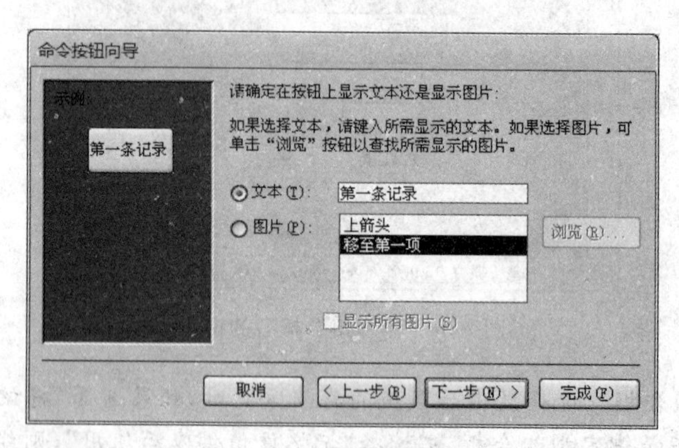

图 5-38　确定命令按钮的显示方式

(4) 确定按钮的显示方式。可以将命令按钮设置为两种形式，文本型按钮或图片型按钮。单击单选框“文本”，将命令按钮设置为文本型按钮，还可以修改命令按钮上显示的文本，单击“下一步”按钮，出现如图 5-39 所示对话框。

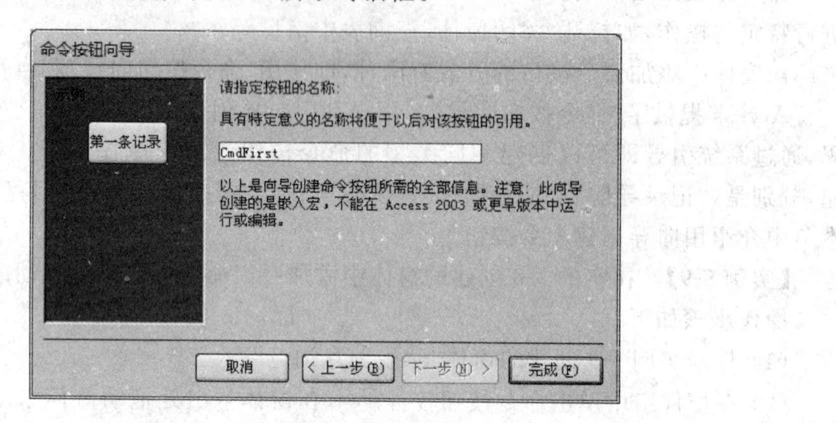

图 5-39　“请指定按钮的名称”对话框

(5) 指定按钮的名称。输入命令按钮的名称 CmdFirst，单击“完成”按钮，命令按钮设置完成。

(6) 重复步骤(2)～步骤(5)。向窗体分别添加“转至下一项记录”、“转至前一项记录”和“转至最后一项记录”等按钮，命令按钮的名称分别为 CmdNext、CmdPrevious 和 CmdLast，命令按钮设置完成，切换到窗体视图，显示结果如图 5-40 所示。

5. 复选框、单选框、切换按钮和选项组

复选框、单选框和切换按钮 3 种控件的功能有许多相似之处，都用来表示两种状态，例如，是/否、开/关或真/假。这 3 种控件的工作方式基本相同，已被选中或呈按下状态表示“是”，其值为－1，反之为“否”，其值为 0。选项组控件是一个包含复选框或单选按钮或

切换按钮的控件,由一个组框架及一组复选框或单选按钮或切换按钮组成。选项组中的控件既可以由选项组控制也可以单独处理。例如,当删除选项组控件时,其中的所有按钮都将被删除,当选中选项组中的按钮时,只对按钮本身进行操作。选项组的框架可以和数据源的字段绑定。可以用选项组实现表中字段的输入或修改。

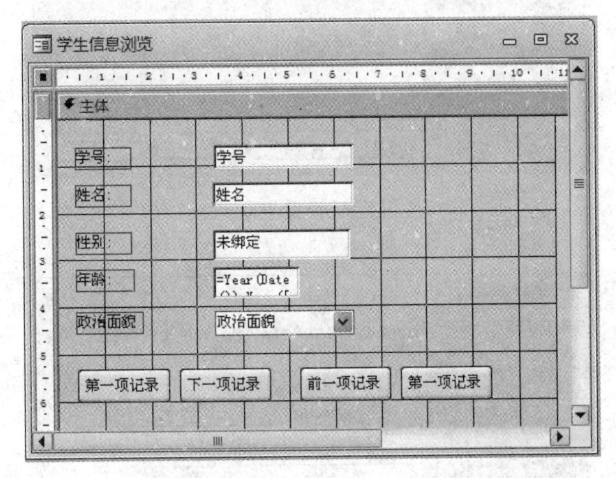

图 5-40　添加一组命令按钮的窗体

【实例 5-10】 在实例 5-9 创建的窗体中添加选项组输入或修改学生的"婚否"字段。

操作步骤如下:

(1) 打开实例 5-9 创建的窗体"学生信息浏览"。

(2) 在"控件"组中单击选项组控件,在窗体拖动鼠标添加一个选项组按钮,系统将自动打开"选项组向导"对话框,如图 5-41 所示。

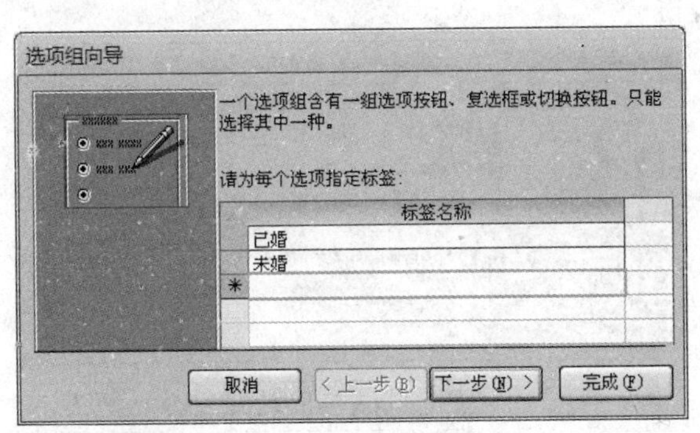

图 5-41　为每个选项指定标签

(3) 为每个选项指定标签,即按钮上的显示文本。在表格中分别输入"已婚"和"未婚",然后单击"下一步"按钮,打开确定默认选项对话框,如图 5-42 所示。

(4) 确定是否设置默认选项。当确定默认选项后,则输入数据时自动显示默认值。选择"是"并在下拉式列表框中选择值"未婚",单击"下一步"按钮,打开"请为每个选项赋值"对话框,如图 5-43 所示。

(5) 为每个选项指定值。系统为每个选项设置了默认值,通常可以直接使用。在本

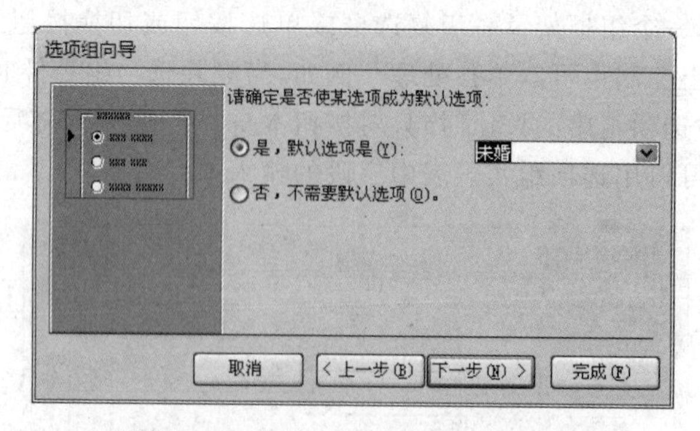

图 5-42　确定是否设置默认选项(1)

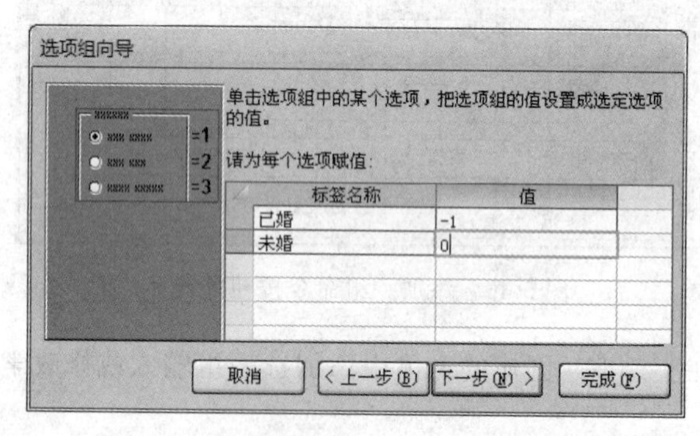

图 5-43　确定是否设置默认选项(2)

案例中，“婚否”字段是逻辑型，取值为－1 和 0，需要将“已婚”和“未婚”的取值分别设置为－1 和 0。单击“下一步”按钮，出现如图 5-44 所示对话框。

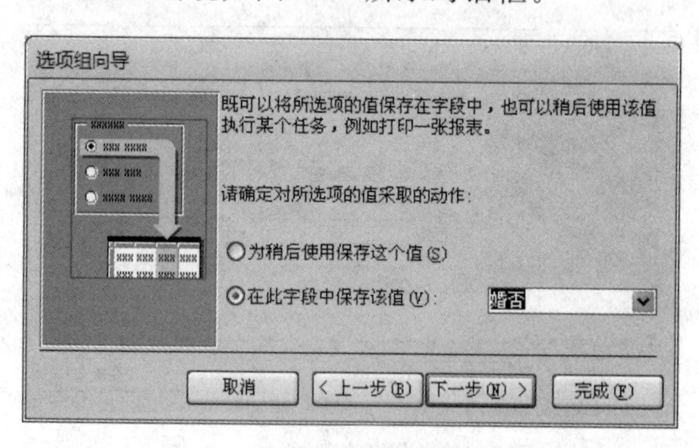

图 5-44　确定是否设置默认选项(3)

(6) 确定每个选项的值保存方式。可以在关联字段中保存，也可以不保存。选择“在此字段中保存该值”，并选择“婚否”字段，然后单击“下一步”按钮，打开“请确定在选项组中使用何种类型的控件”对话框，如图 5-45 所示。

(7) 确定选项组中控件的类型和样式。选项组中的按钮可以是“复选框”、“单选框”和“切换按钮”。按钮的样式可以是“蚀刻”、“阴影”等 5 种，将按钮类型选择为“选项按钮”，样式选择“平面”，然后单击“下一步”按钮，出现如图 5-46 所示对话框。

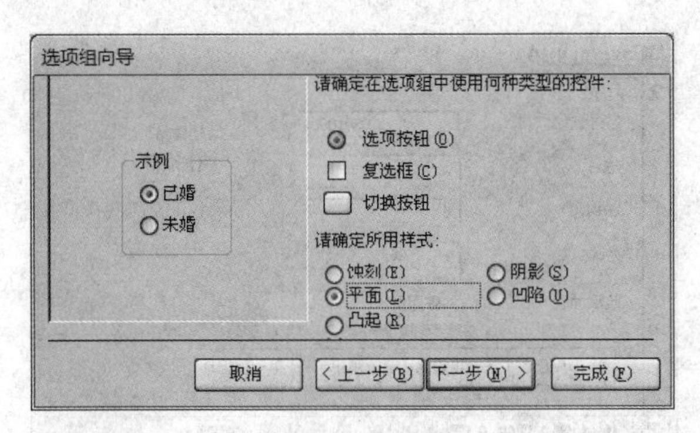

图 5-45　确定选项组中控件的类型和样式

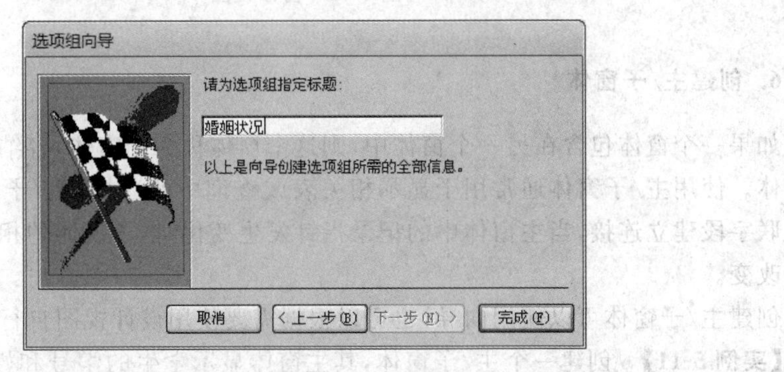

图 5-46　为选项组指定标题

(8) 为选项组指定标题。输入“婚姻状况”,单击“完成”按钮,返回窗体设计视图,如图 5-47 所示。

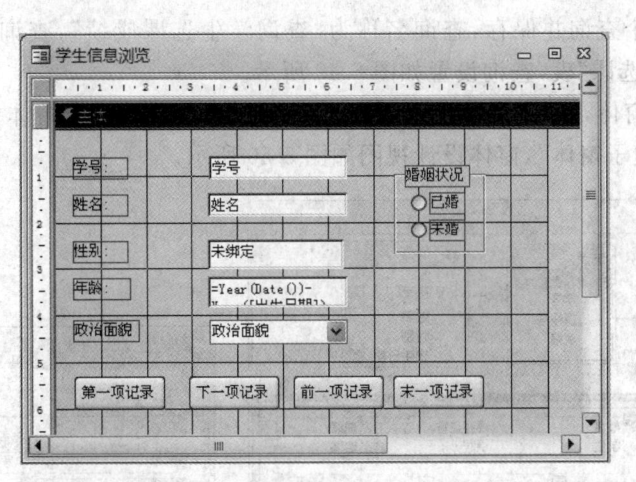

图 5-47　添加选项组的窗体

(9) 切换到窗体视图,显示结果如图 5-48 所示。

说明: 当选项组为绑定型时,为每个选项按钮赋值时,所有的值应与关联字段的值相对应。

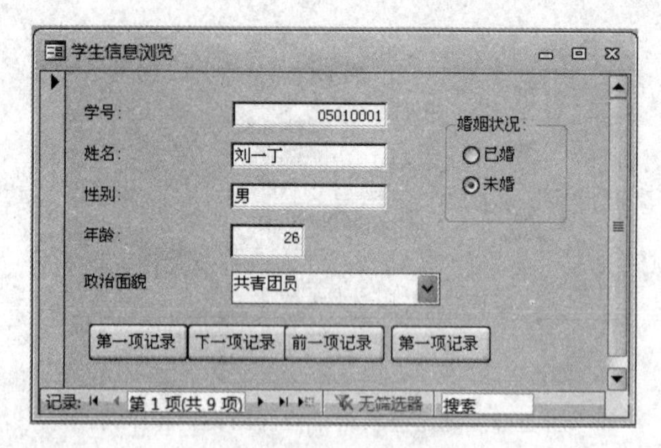

图 5-48　窗体视图

6. 创建主/子窗体

如果一个窗体包含在另一个窗体中,则这个窗体称为子窗体,容纳子窗体的窗体称为主窗体。使用主/子窗体通常用于显示相关表或查询中的数据,主/子窗体中的数据源按照关联字段建立连接,当主窗体中的记录指针发生变化时,子窗体的相关记录的指针也将随之改变。

创建主/子窗体可以使用向导,也可以根据需要使用设计视图自行设计。

【实例 5-11】 创建一个主/子窗体,其主窗体显示学生的学号和姓名,子窗体中显示学生的选课成绩。

操作步骤如下:

(1) 打开数据库"选课管理"。

(2) 创建一个查询并保存,查询名称为"查询学生选课成绩",查询数据源为"学生"表、"课程"表和"选课"表,查询设置如图 5-49 所示。

(3) 创建子窗体,以"查询学生选课成绩"为数据源创建一个新窗体并保存,窗体名称为"学生选课成绩子窗体",窗体设计视图如图 5-50 所示。

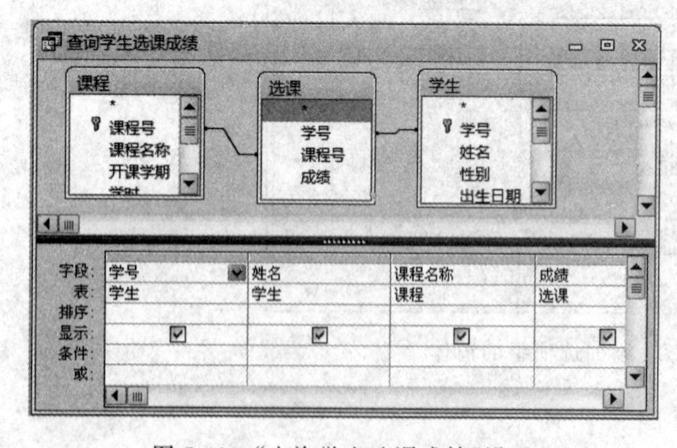

图 5-49　"查询学生选课成绩"设置

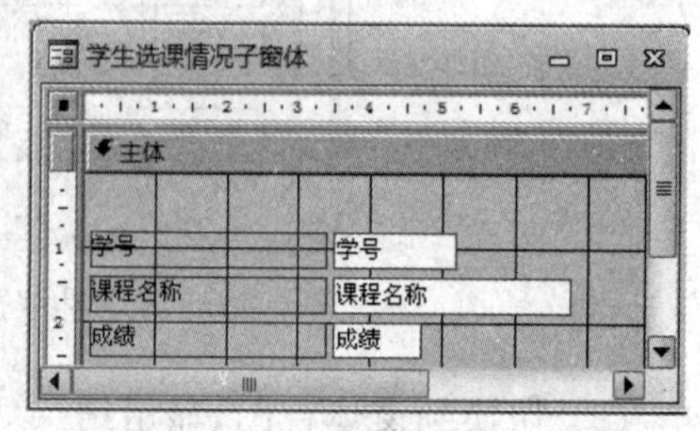

图 5-50　"学生选课情况子窗体"设计视图

(4) 创建一个新窗体，选择“学生”表为数据源，将“学号”、“姓名”字段添加到窗体的主体区域中，然后在窗体页眉中添加标题“学生及选课信息”，如图 5-51 所示。

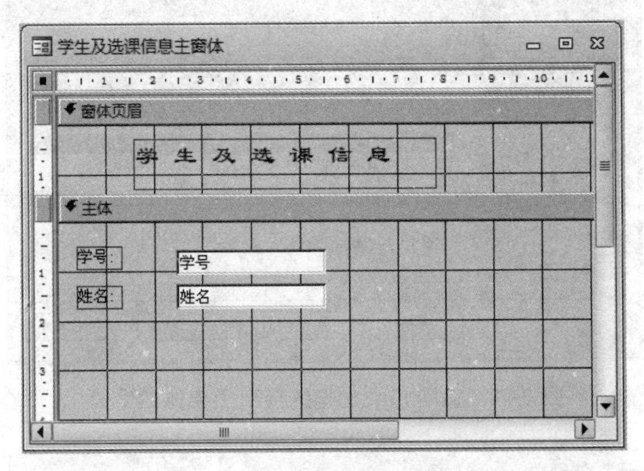

图 5-51　主窗体设计视图

(5) 在“控件”组中选择“子窗体/子报表”控件，在窗体的空白区域添加该控件，同时打开“子窗体向导”对话框，如图 5-52 所示。

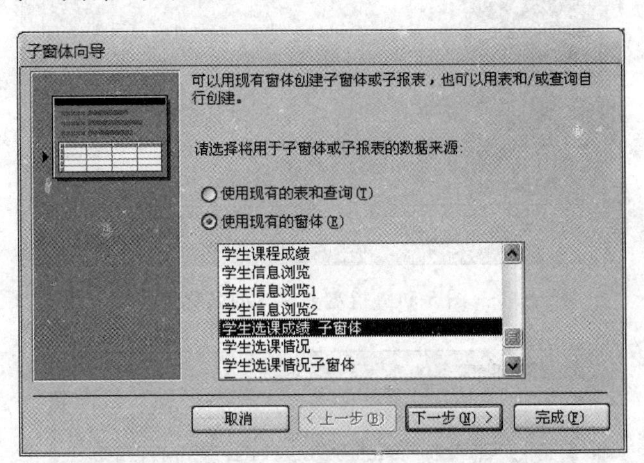

图 5-52　“子窗体向导”对话框

(6) 选择子窗体的数据来源，单击“使用现有的窗体”按钮并在列表框中选择窗体“学生选课成绩子窗体”，然后单击“下一步”按钮，出现如图 5-53 所示对话框。

(7) 确定将主窗体链接到子窗体的字段。系统根据主窗体和子窗体的数据源的字段给出操作提示，选择“对学生中的每条记录用学号显示＜SQL 语句＞”，然后单击“下一步”按钮，出现如图 5-54 所示对话框。

(8) 系统给出了默认的子窗体名称，在本例中使用的是已创建的窗体，子窗体的名称与该窗体相同，输入子窗体的名称，然后单击“完成”按钮，窗体/子窗体设计完成，窗体的设计视图如图 5-55 所示。

(9) 切换到窗体视图，显示学生的信息和选课信息，如图 5-56 所示。

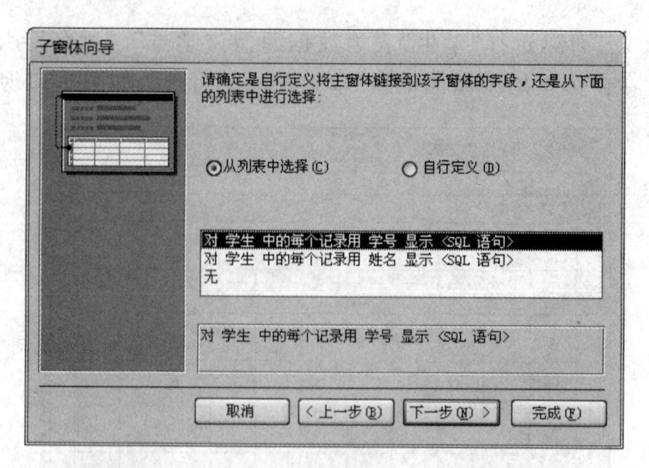

图 5-53　确定将主窗体链接到子窗体的字段

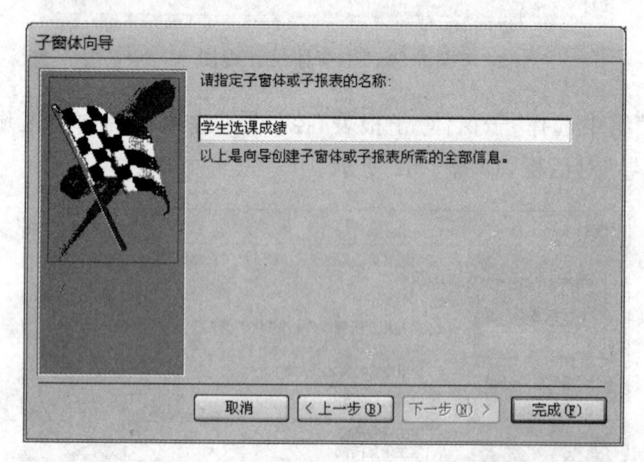

图 5-54　指定子窗体的名称

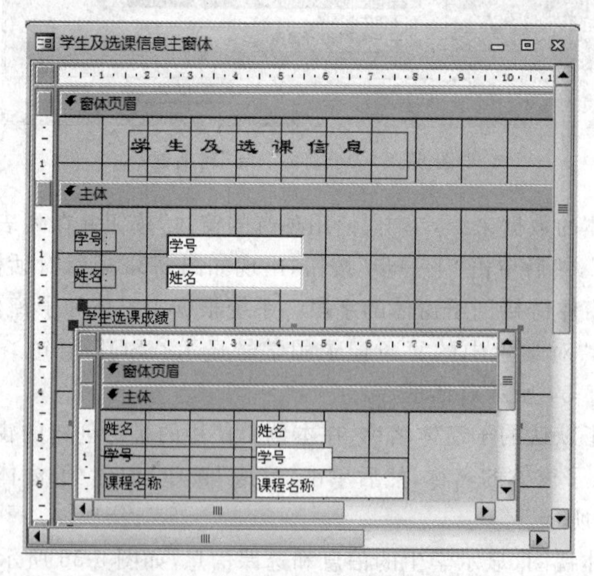

图 5-55　主窗体/子窗体的设计视图

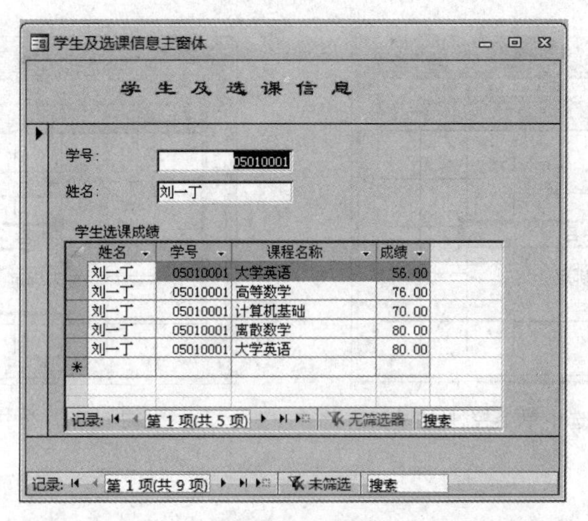

图 5-56　主窗体/子窗体的窗体视图

说明：子窗体的数据源也可以使用表和查询，如果使用表或查询，则需要选择表或查询中的字段，用户可以根据需要选择所要显示的字段。

5.3.4　控件的基本操作

在设计窗体过程中，可以对添加到窗体中的控件进行调整，如改变位置、尺寸，设置控件的属性以及格式等。

1. 设置属性

在向窗体添加控件的过程中，需要输入控件的某些参数，如文本框的数据来源、命令按钮显示的文本，选项组的标题等，这些设置实际上已经对控件的某些属性进行设置，通过“属性表”窗口可以查看或设置控件的属性，如图 5-57 所示。

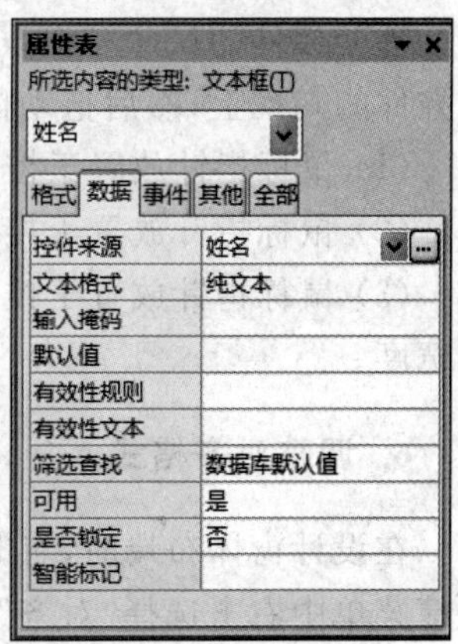

图 5-57　“属性表”窗口

2. 选择控件

对控件进行操作时，首先要选择控件。选择控件的方法是，打开窗体及工具箱，然后选中控件。控件被选中后，周围显示 4～8 个句柄，即在控件的四周有棕色的小方块。用鼠标拖动这些小方块时可以对控件进行调整。

1）选中单个控件

单击控件的任何地方都可以选中控件，并显示控件的句柄，如图 5-58 所示。

2）选中多个控件

选中多个控件有两种方法，一是按住 Shift 键的同时单击所有控件；二是拖动鼠标经过所有需要选中的控件，如图 5-59 所示。

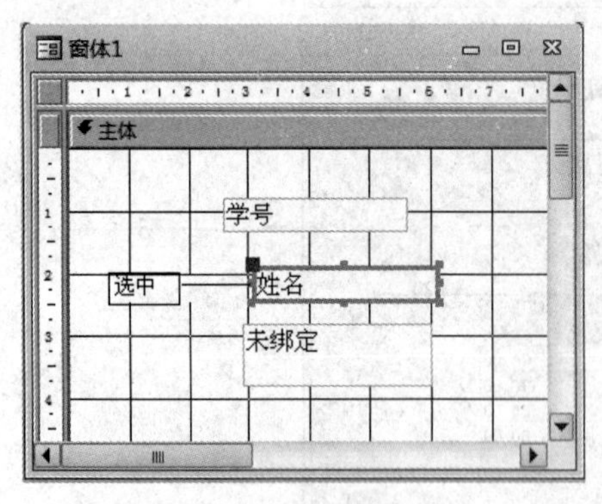

图 5-58　选中单个控件

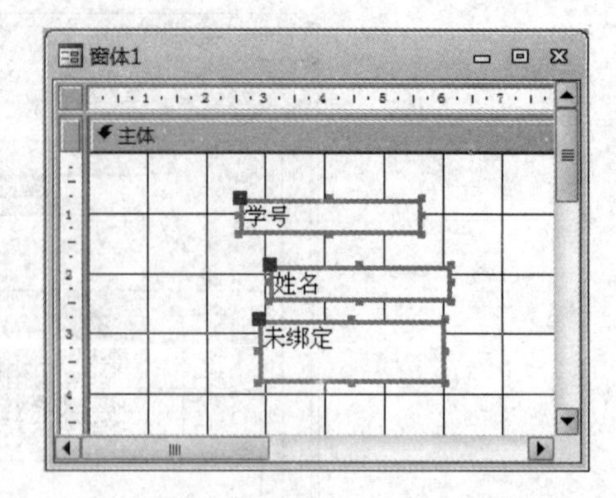

图 5-59　选中多个控件

3. 取消控件

取消控件是指取消控件的选中状态，使其不受控制。操作方法是，单击窗体中不包含任何控件的区域，即可取消对已选中的控件的句柄。

4. 移动控件

移动控件有两种方法。

(1) 当选中控件后，待出现双十字图标，用鼠标将控件拖动到所需位置。

(2) 把鼠标放在控件左上角的移动句柄上，待出现双十字图标，将控件拖动到指定位置。这种方法只能移动单个控件。

5. 改变控件尺寸

改变控件的尺寸是指改变其宽度和高度。操作方法是，首先选中控件，将鼠标指针移到控件的句柄上，然后拖动鼠标，待调整到所需尺寸后释放鼠标。

(1) 鼠标指针放置于控件水平边框的句柄上，可以改变控件的宽度。

(2) 鼠标指针放置于控件垂直边框的句柄上，可以改变控件的高度。

(3) 鼠标指针放置于控件角边框的句柄上(除左上角外)，可以同时改变控件的高度和宽度。

6. 调整对齐格式

在设计窗体布局时，有时需要使多个控件排列整齐。操作方法是，选中所有控件，在快捷菜单中右击选择“对齐”命令，可以将所有选中的控件按靠左、靠右、靠上、靠下等方式对齐，如图 5-60 所示。

7. 调整控件之间的间距

控件之间合理的间距可以美化窗体。调整控件之间的间距的操作方法是，选中所有控件，选择上下文选项卡“窗体设计工具”→“设计”中的“调整大小和排序”组，单击“大小”按钮，使用快捷菜单中的“间距”命令可以调整控件的水平间距垂直间距。

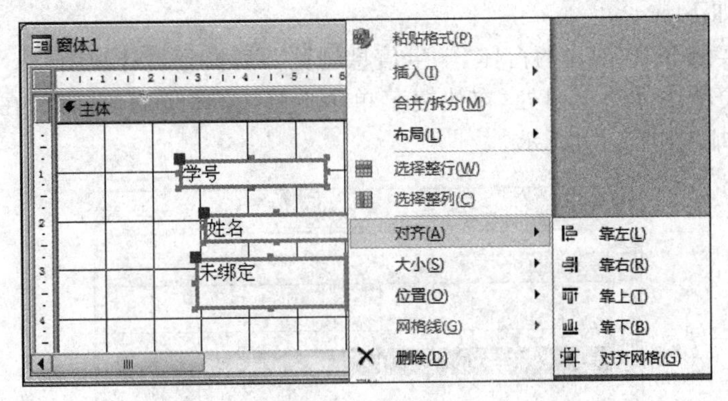

图 5-60 对齐控件

8. 复制控件

利用复制功能可以向窗体中快速添加与已有控件格式同样的控件。操作方法是，选中要复制的控件或控件组，然后使用快捷菜单中的命令“复制”和“粘贴”可完成控件的复制。

9. 删除控件

删除控件可以使用以下方法。

(1) 选中要删除的控件，按 Delete 键，可删除选中的控件。

(2) 选中要删除的控件，使用快捷菜单中的“删除”命令，可删除选中的控件。

5.4 窗体的整体设计与使用

窗体整体布局直接影响窗体的外观，在窗体设计初步完成后，可以对窗体做进一步的修饰，如为窗体添加背景图片、添加窗体的页眉和页脚、为控件添加特殊效果等。

5.4.1 设置窗体的页眉和页脚

在窗体中合理地使用页眉和页脚可以增加窗体的美化效果，更能使窗体的结构和功能清晰，使用起来更方便、更舒适。

窗体的页眉只出现在窗体的顶部，它主要用来显示窗体的标题以及说明，可以在页眉中添加标签和文本框以显示信息。在多记录窗体中，窗体页眉的内容一直保持在屏幕上显示；打印时，窗体页眉显示在第一页的顶部。

窗体页脚的内容出现在窗体的底部，主要用来显示每页的公用内容提示或运行其他任务的命令按钮等。打印时，窗体页脚显示在最后一页的底部。

页面页眉和页脚只在打印窗体时才显示。页面页眉用于在窗体的顶部显示标题、列标题，日期和页码等；页面页脚用于在窗体每页的底部显示页汇总、日期和页码。

【实例 5-12】 在实例 5-10 创建的窗体中添加窗体页眉和页脚。其中，页眉显示窗体标题“学生基本情况”，页脚显示说明信息“分页浏览学生信息”和系统的日期。

操作步骤如下：

(1) 打开实例 5-10 创建的窗体“学生信息浏览”，切换到设计视图。

(2) 右击窗体主体的空白处，在快捷菜单中选择“窗体页眉/页脚”，在窗体中显示窗体的页眉和页脚，如图 5-61 所示。

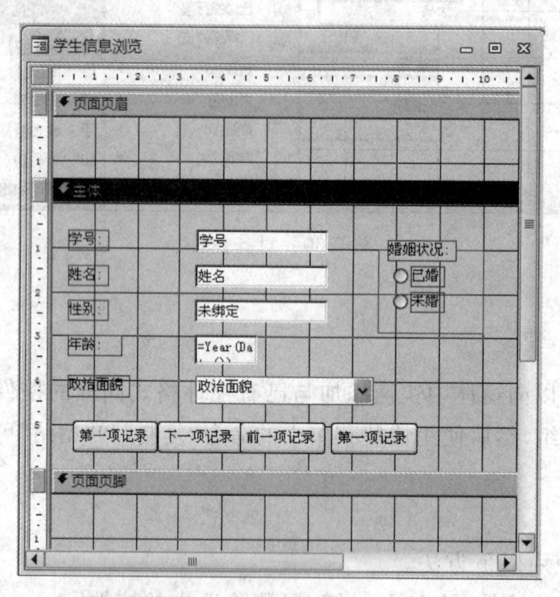

图 5-61 显示页眉/页脚的窗体

(3) 在页眉中添加一个标签，并输入字符串“学生基本情况”，然后选中该标签，使用“属性”窗口设置标签的属性，字号：14；字体：隶书，前景色：蓝色。在页脚中插入一个标签，输入字符串“分页浏览学生信息”，插入一个文本框，将文本框的“控件来源”属性设置为“＝Date()”，如图 5-62 所示。

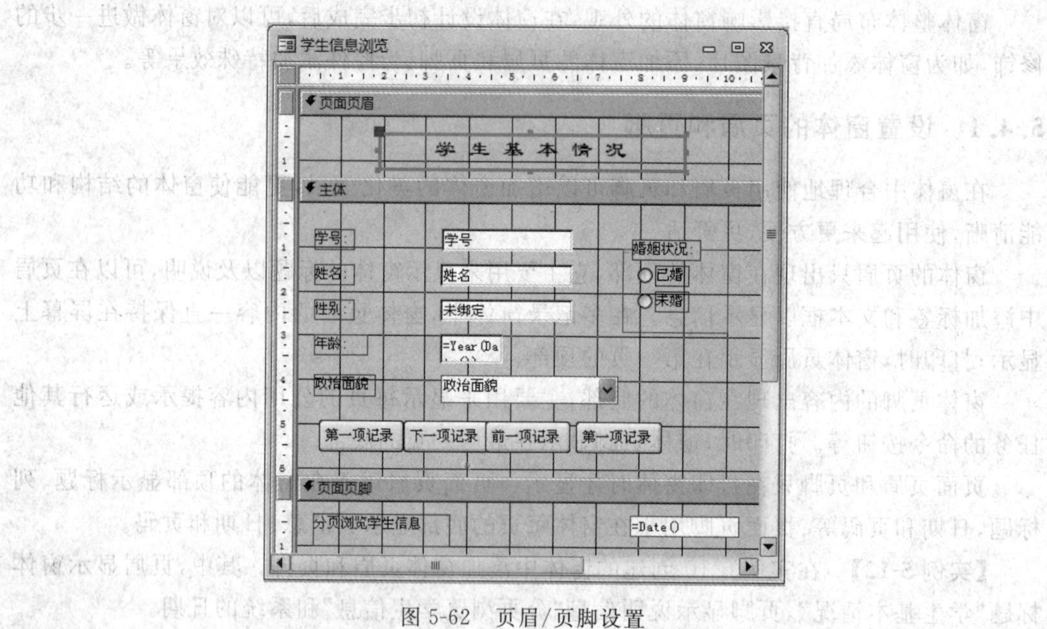

图 5-62 页眉/页脚设置

(4) 切换到窗体视图，如图 5-63 所示，可以看到，窗体中添加了标题、窗体说明以及日期，当窗体翻页时，标题、窗体说明以及日期仍保持在窗体中显示。

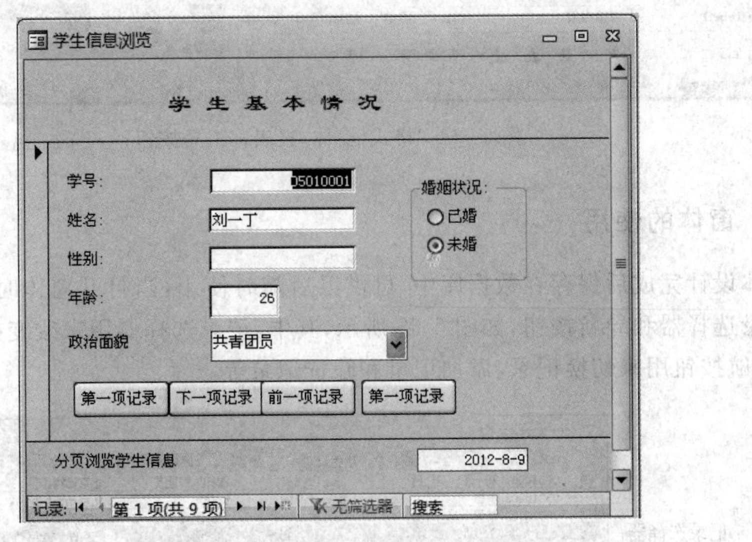

图 5-63　添加页眉/页脚后的窗体视图

5.4.2　窗体外观设计

窗体作为数据库与用户交互式访问的界面，其外观设计除了要为用户提供信息，还应该色彩搭配合理、界面美观大方，使用户赏心悦目，提高工作效率。

1. 设置窗体背景

窗体的背景作为窗体的属性之一，可以用来设置窗体运行时显示的窗体图案及图案显示方式。背景图案可以是 Windows 环境下各种图形格式的文件。

设置窗体背景的步骤如下：

(1) 在数据库中选择所需要的窗体，打开其设计视图。

(2) 打开“属性表”窗格，然后选择“窗体”对象。

(3) 在“属性表”窗格中，选择“格式”选项卡，如果将窗体背景设置为图片，则设置其“图片”属性，可以直接输入图形文件的文件名及完整路径，也可以使用浏览按钮查找文件并添加到该属性中，同时设置“图片类型”、“图片缩放方式”和“图片对齐方式”等属性。

(4) 如果只设置窗体的背景色，则在“属性”对话框中，选择“主体”对象，将其“背景色”属性设置为所需要的颜色。

2. 为控件设置特殊效果

选择“窗体设计工具”中的“格式”选项卡，可以设置控件的特殊效果，如设置字体、填充背景色、字体颜色、边框颜色等，如图 5-64 所示。

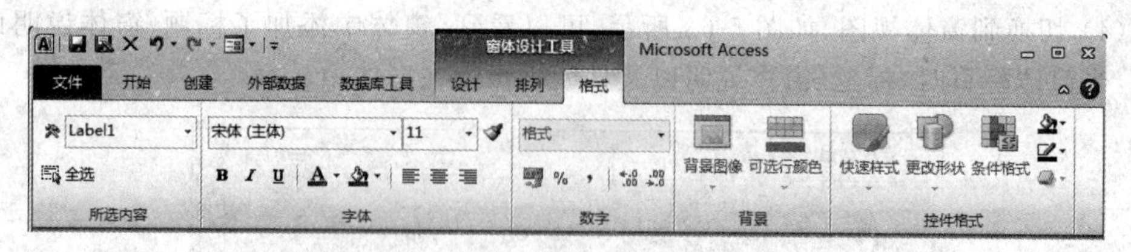

图 5-64 “格式(窗体/报表)”工具按钮

5.4.3 窗体的使用

窗体设计完成后保存在数据库中，可供以后随时使用，当打开窗体时，在窗体中都会出现记录选择器和导航按钮，如图 5-65 所示，其中，记录选择器用来改变或切换当前记录指针；导航按钮用来切换记录、添加记录和筛选记录等。

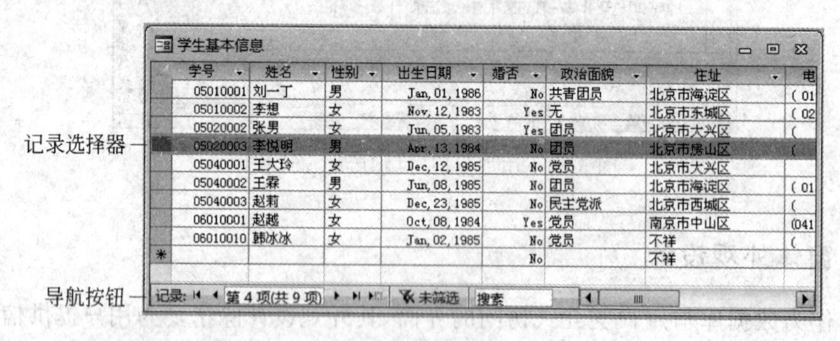

图 5-65 窗体中记录选择器和导航按钮

1. 记录浏览

当窗体为纵栏式窗体时，使用导航按钮可以进行记录的切换，其中，|◀将指针指向第一条记录，◀将指针指向前一条记录，▶将指针指向后一条记录，▶|将指针指向最后一条记录。

当窗体为表格式或数据表窗体时，使用记录选择器的按钮可以直接进行记录的切换。

2. 记录添加

当窗体处于打开状态时，使用记录导航按钮▶*可以进行记录的添加。当单击该按钮时，窗体中出现一个空白记录，在各个字段中填入新的数据可以完成新记录的添加。

3. 记录排序和筛选

在窗体的布局视图、数据表视图和窗体视图中可以对记录进行排序，其操作方法是：单击需要排序的字段，然后在“开始”选项卡中选择“排序和筛选”组，单击“升序”按钮或“降序”按钮即可。

记录的筛选可以在窗体视图或数据表视图中进行，和表的筛选类似，可以按选定内容筛选、按窗体筛选、高级筛选等。

4. 记录删除

当窗体中显示的是表中的数据并且想要删除时，可以使用下面的步骤进行记录删除。

(1) 打开窗体。

(2) 将指针定位于要删除的记录，或用鼠标在记录选择器中拖动选中多条记录，右击鼠标，并在快捷菜单中单击"删除记录"按钮，打开删除确认对话框，如图 5-66 所示。

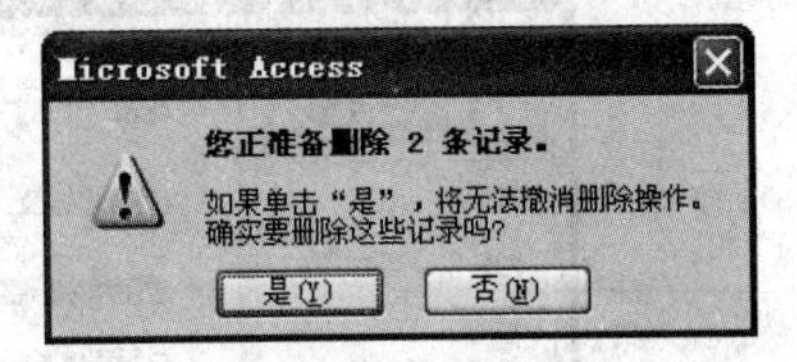

图 5-66 删除确认对话框

(3) 单击"是"按钮，删除选中的记录，单击"否"按钮，取消删除。

说明：当窗体的数据源为查询时，不能在窗体中进行记录的添加和删除。

5.5 设置自动启动窗体

为了让用户在打开数据库时自动进入操作界面，可以设置自动启动窗体。自动启动窗体的作用是在打开数据库文件时直接运行指定的窗体，该窗体一般是数据库应用系统的主控窗体，启动后可以完成数据库应用系统的所有操作。

在 Access 2010 中，设置自动启动窗体的操作步骤如下：

(1) 打开数据库。

(2) 选择"文件"选项卡，单击"选项"命令，打开"Access 选项"对话框，如图 5-67 所示。

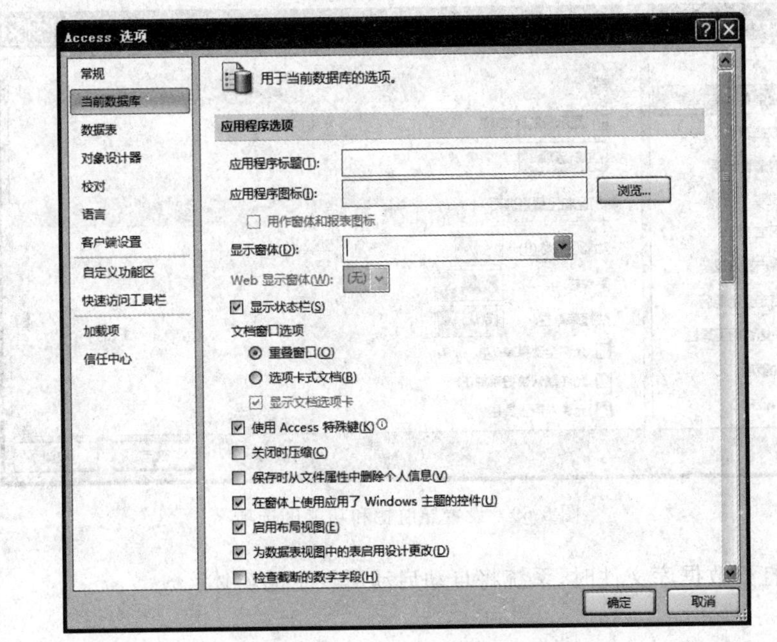

图 5-67 "Access 选项"对话框

(3) 单击“当前数据库”命令，选择“应用程序选项”，在“显示窗体”列表框中要启动的窗体，在“应用程序标题”文本框中输入启动窗口的标题，如图 5-68 所示。

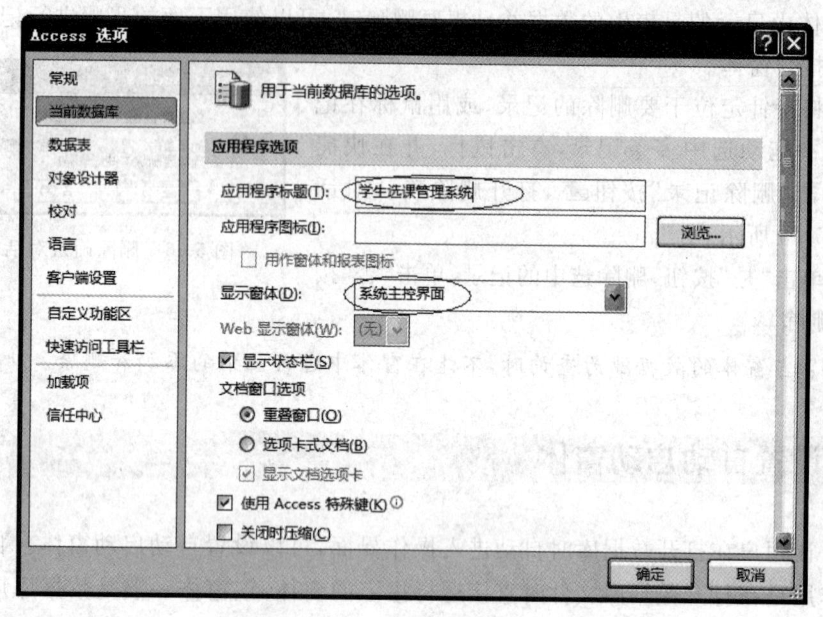

图 5-68 设置“应用程序”选项

(4) 选择“导航”栏，将“显示导航窗格”复选框的勾选去掉；在“功能区和工具栏选项”栏，将“允许全部菜单”、“允许默认快捷菜单”、“允许内置工具栏”的勾选去除，然后单击“确定”按钮，设置完成。

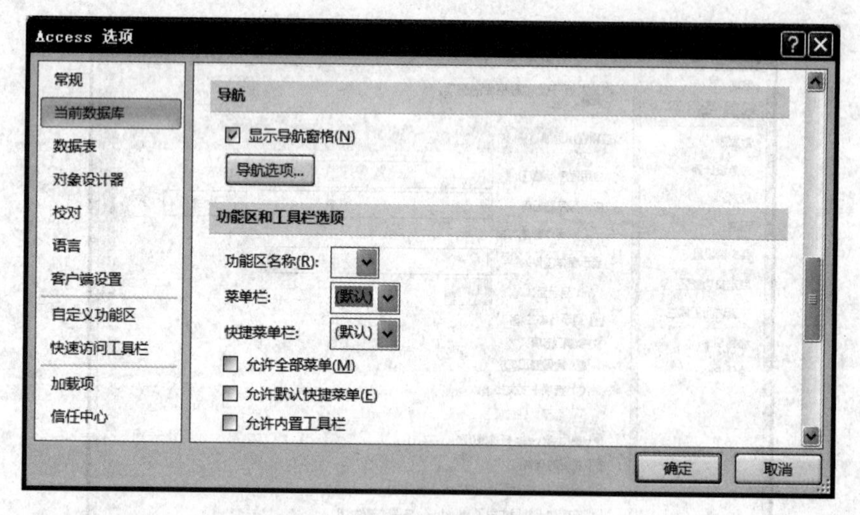

图 5-69 设置导航栏和功能区选项

当重新打开数据库文件时，系统将自动启动所设定的窗体。

思考与练习

1. 思考题

(1) 什么是窗体？窗体有哪些基本类型？

(2) 创建窗体有几种方法？各有什么特点？

(3) 窗体有哪些主要控件？

(4) 组合框和列表框在窗体中使用有何异同？

(5) 使用选项组控件有何优点？

(6) 记录导航器有什么作用？

(7) 如何为窗体添加数据源？

(8) 如何设置控件的属性？

(9) 窗体的页眉和页脚的作用有哪些？

2. 填空题

(1) 窗体对象有3种视图，分别是________、________和________。

(2) 数据透视窗体有________和________。

(3) 在查询中，如果需要对数值型字段进行求和应使用________函数。

(4) 窗体通常由________、________和________组成。

(5) 在每一时刻，纵栏式窗体只能显示________条记录。

(6) 控件的类型可分为________、________和________3种。

(7) 窗体的数据源主要包含________和________。

(8) 组合框控件综合了文本框和列表框的特点，既可以在其中________，也可以在列表中________。

(9) 主/子窗体中，主窗体和子窗体的数据源必须满足条件________。

(10) 当新建并打开窗体设计视图时，窗体中出现的节只有________。

3. 上机操作题

针对"教师管理"数据库，创建以下报表。

(1) 使用"窗体"按钮，创建"教师信息"窗体。

(2) 使用"多个项目"，创建"教师工资"窗体。

(3) 使用窗体设计视图创建一个"教师信息"窗体，在窗体中创建5个命令按钮，其功能分别为，记录指针移到第一条记录、最后一条记录、下一条记录、上一条记录和关闭窗体。

(4) 自行设计一个窗体，显示教师的各项工资及实发工资，并统计各项总和。

(5) 设计一个主/子窗体，主窗体为纵栏式，显示教师基本信息，包括姓名、性别、职称和系号。子窗体为表格式，显示教师的工资信息。要求设置字体、颜色、背景等。

第6章

报表

学习目标

通过本章的学习，应该掌握以下内容：

(1) 报表的基本概念；

(2) 报表的类型；

(3) 使用向导和设计视图创建报表；

(4) 如何编辑报表；

(5) 打印报表。

6.1 报表概述

在数据库应用过程中，经常需要对数据进行打印输出，如打印学生成绩、上报财务报表等。对于一个数据库系统来说，除了数据存储和查询外，还应具备输出打印功能。在Access中，数据库的打印工作通过报表对象可以实现，使用报表可以将数据综合整理并将整理结果按一定的格式打印输出，用户可以轻松地完成复杂的打印工作。

6.1.1 报表的概念

报表是数据库中数据信息和文档信息输出的一种形式，它可以将数据库中的数据信息和文档信息以多种形式通过屏幕显示或打印机打印出来。

在 Access 中，报表是数据库的一个对象，它根据用户需求组织数据表中的数据，并按照特定的格式对其进行显示或打印。报表的数据来源可以是数据表或查询，报表可以对数据进行分组，再按照所要求的顺序对数据分类，然后按分组的次序来显示数据，还可以将数据进行汇总、计算平均值或进行其他统计。

报表是数据库中数据通过显示器或打印机输出的特有形式，其目的是将数据根据用户设计的格式在显示器或打印机上输出。尽管多种多样的报表形式与数据库的窗体、表十分相似，但它的功能与窗体、表有根本不同，它的作用只是用来数据输出。

报表具有以下功能：

(1) 可以对数据进行分组、汇总。

(2) 可以包含子窗体、子报表。

(3) 可以按特殊格式设计版面,

(4) 可以输出图形、图表。

(5) 能打印所有表达式的值。

6.1.2 报表的类型

Access 提供了各种格式的报表,从而使报表可以满足不同的应用需求。报表类型包括纵栏式报表、表格式报表、图表报表和标签报表。

1. 纵栏式报表

纵栏式报表通常以垂直方式排列报表上的控件,在每一页显示一条或多条记录,纵栏式报表显示数据的方式类似于纵栏式窗体,但是报表只是用于查看或打印显示数据,不能用来输入或更改数据。图 6-1 显示的是教师表的纵栏式报表。

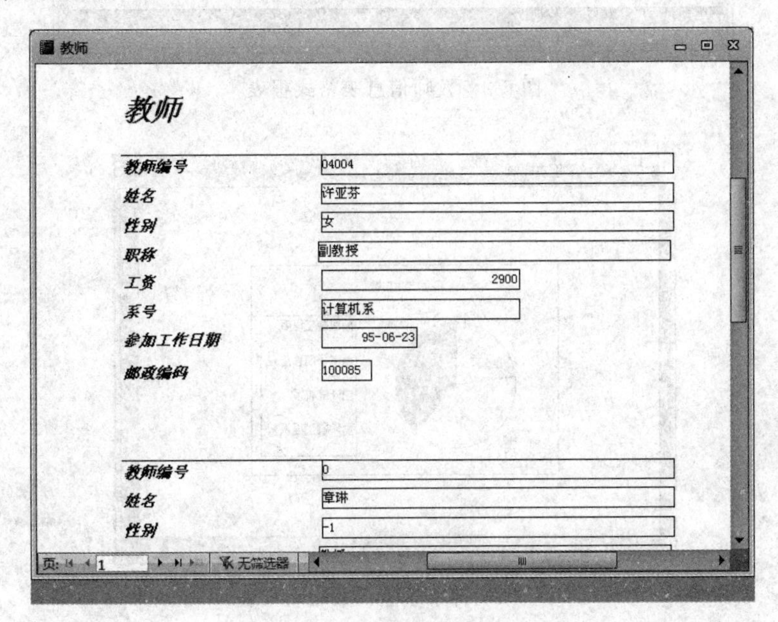

图 6-1 教师纵栏式报表

2. 表格式报表

表格式报表以整齐的行、列形式显示数据,通常一行显示一条记录,一页显示多条记录,如图 6-2 所示。

3. 图表报表

图表报表以图表形式显示信息,可以直观地表示数据的分析和统计信息,图 6-3 是显示各系学生人数的图表报表。

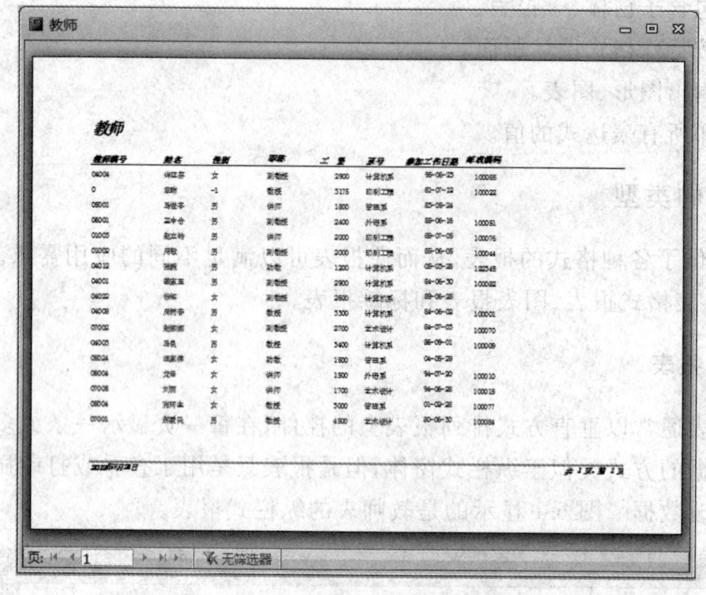

图 6-2　教师信息表格式报表

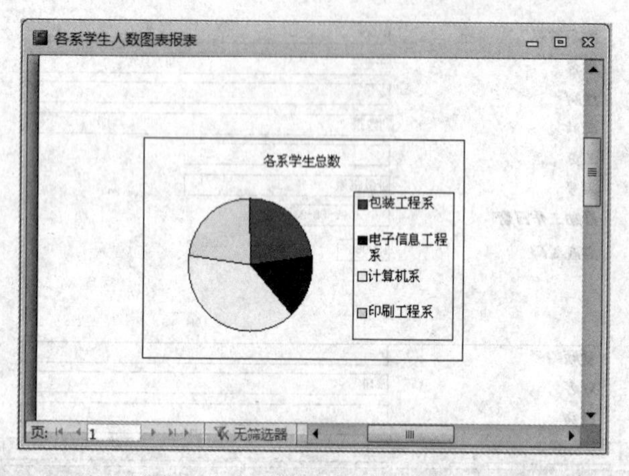

图 6-3　各系学生人数图表报表

4. 标签报表

标签报表以每一条记录为单位组织成邮件标签的格式。可以在一页中建立多个大小、格式一致的卡片，主要用于表示个人信息、邮件地址等短信息，如图 6-4 所示的标签显示学生选课成绩。

6.1.3　报表的组成

报表通常由报表页眉、页脚、页面页眉、页面页脚、组页眉、组页脚及主体 7 部分组成，这些部分称为报表的节，每个节具有其特定的功能。报表各节的分布如图 6-5 所示。

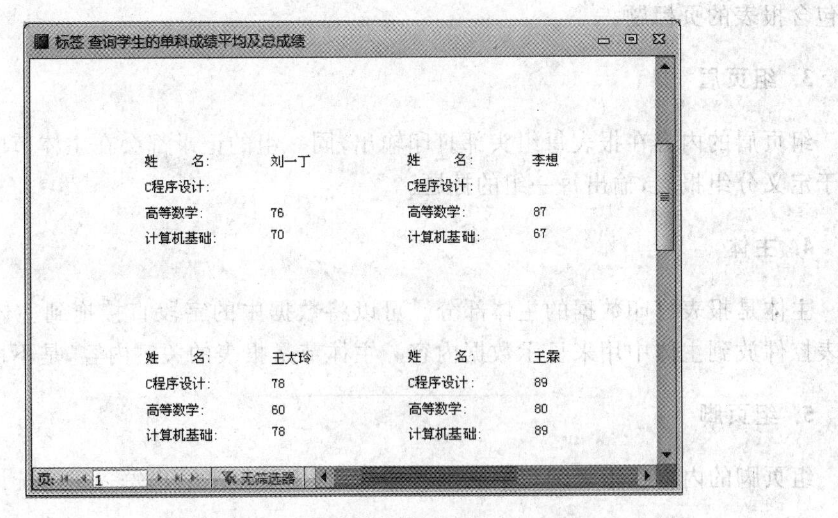

图 6-4　学生单科成绩标签报表

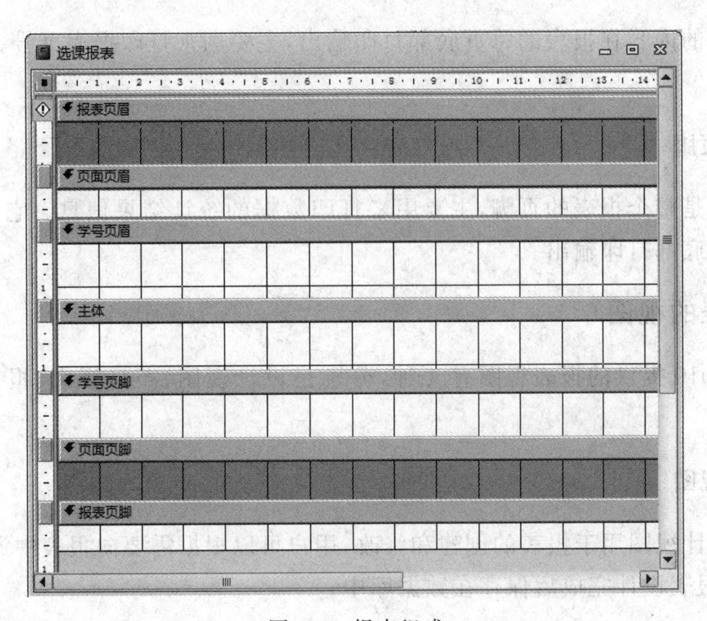

图 6-5　报表组成

1. 报表页眉

报表页眉仅仅在报表的首页打印输出。报表页眉主要用于打印报表的封面、报表的制作时间、制作单位等只需一次输出的内容。通常把报表页眉设置成单独一页,可以包含图形和图片。

2. 页面页眉

页面页眉的内容在报表每页头部打印输出,它主要用于定义报表输出每一列的标题,也包含报表的页标题。

3. 组页眉

组页眉的内容在报表每组头部打印输出，同一组的记录都会在主体节中显示，它主要用于定义分组报表，输出每一组的标题。

4. 主体

主体是报表打印数据的主体部分。可以将数据中的字段直接拖到主体节中，或者将报表控件放到主体中用来显示数据内容。主体节是报表的关键内容，是不可缺少的项目。

5. 组页脚

组页脚的内容在报表的每页底部打印输出，主要用来输出每一组的统计计算标题。

6. 页面页脚

页面页脚的内容在报表的每页底部打印输出，主要用来打印报表页号、制表人和审核人等信息。

7. 报表页脚

报表页脚是整个报表的页脚，主要用来打印数据的统计结果信息。它的内容只在报表的最后一页底部打印输出。

6.1.4 报表的视图

Access 2010 提供的报表视图有 4 种，分别是设计视图、布局视图、报表视图和打印预览。

1. 设计视图

报表的设计视图用于报表的创建和修改，用户可以根据需要向报表中添加对象、设置对象的属性，报表设计完成后保存在数据库中。

2. 布局视图

布局视图是 Access 2010 新增加的一种视图，实际上是处在运行状态的报表。在布局视图中，在显示数据的同时可以调整报表设计，可以根据实际数据调整列宽和位置，可以向报表添加分组级别和汇总选项。报表的布局视图与窗体的布局视图的功能和操作方法十分相似。

3. 报表视图

报表视图是报表的显示视图，用于在显示器中显示报表内容。在报表视图下，可以对报表中记录进行筛选、查找等操作。

4. 打印预览

打印预览视图是报表运行时的显示方式,可以看到报表的打印外观。使用打印预览功能可以按不同的缩放比例对报表进行预览,可以对页面进行设置。

6.2 创建报表

在 Access 2010 中,创建报表的方法与创建窗体类似。Access 提供了 4 种创建报表的方法,分别是自动创建报表、创建空报表、利用报表向导创建报表和使用设计视图创建报表。本节主要介绍自动创建报表、空报表和利用报表向导创建报表的方法。

6.2.1 自动创建报表

利用创建自动报表向导可以创建纵栏式自动报表和表格式自动报表。创建自动报表向导基于单个表或查询创建报表,可以将表或查询作为报表的数据源,当选定数据源后,报表将包含来自该数据源的所有字段和记录。

1. 使用“报表”按钮创建报表

使用“报表”按钮创建报表是一种创建报表的快速方法,其数据源来源于某个表或查询,所创建的窗体为表格式报表。

【实例 6-1】 在“选课管理”数据库中,使用“报表”按钮创建“学生”信息报表。

操作步骤如下:

(1) 打开数据库“选课管理”,在“导航”窗口选定“学生”表。

(2) 在“创建”选项卡中选择“报表”组,单击“报表”按钮,系统将自动创建报表,并以布局视图显示此报表,如图 6-6 所示。

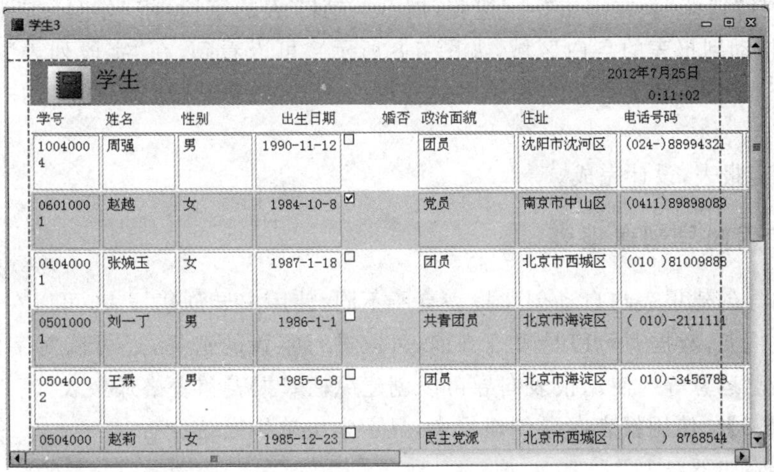

图 6-6 “学生”报表

（3）保存报表，报表设计完成。

6.2.2 创建空报表

创建空报表是指首先创建一个空白报表，然后将选定的数据字段添加到报表中所创建的报表。使用这种方法创建报表，其数据源只能是表。

【实例 6-2】 在“选课管理”数据库中，使用“空报表”创建“选课”信息报表。

操作步骤如下：

（1）打开数据库“选课管理”，在“创建”选项卡中选择“报表”组，单击“空报表”按钮，系统将自动创建一个空报表并以布局视图显示，同时打开“字段列表”窗口，如图 6-7 所示。

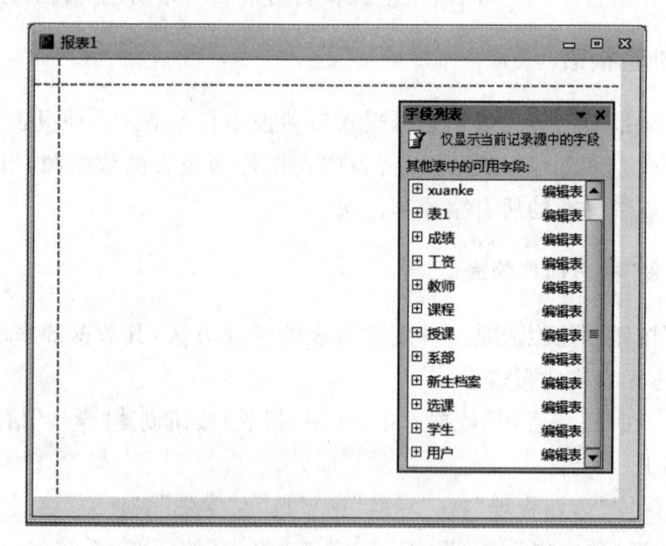

图 6-7 空报表与字段列表

（2）选择“选课”表并单击“+”按钮，展开“选课”表的字段，将“学号”、“课程号”、“成绩”等字段拖动到报表的空白区域，如图 6-8 所示。可以看到，在“字段列表”窗口中除了显示“选课”表之外，还显示与之相关联的表的信息，如果需要可以将关联表中的字段添加到报表中。

（3）保存报表，设计完成。

6.2.3 使用向导创建报表

使用向导创建报表与自动创建报表有所不同，使用向导创建报表，可以在创建报表过程中选择数据源，数据源可以是表或查询，可以进行字段的选择，还可以对字段进行排序以及进行汇总运算等。使用报表向导可以创建纵栏式报表和表格式报表。

【实例 6-3】 使用报表向导创建报表，显示学生单科成绩。

操作步骤如下：

（1）打开数据库“选课管理”。

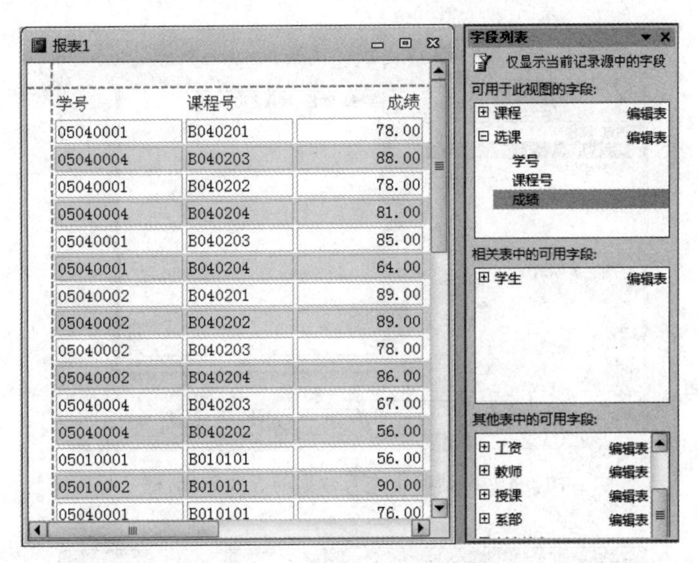

图 6-8　拖动字段到报表中

(2) 在“创建”选项卡中选择“报表”组，单击“报表向导”按钮，打开“报表向导”对话框，如图 6-9 所示。

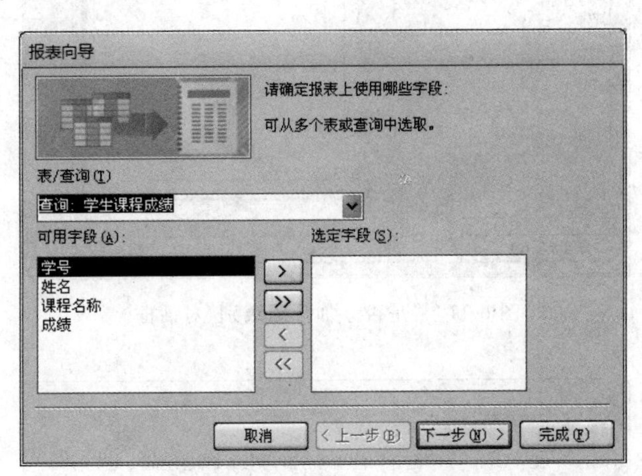

图 6-9　“报表向导”对话框

(3) 在“表/查询”列表框中选择“查询学生课程成绩”(参见实例 4-1(4))，在“可用字段”列表框中选择字段加到“选定字段”列表框中，然后单击“下一步”按钮，打开“请确定查看数据的方式”对话框，如图 6-10 所示。

(4) 确定查看数据的方式。在列表中选择“通过选课”选项，单击“下一步”按钮，打开“是否添加分组级别”对话框，如图 6-11 所示。

(5) 确定报表分组级别。在列表中选择“学号”字段，“学号”字段被添加到窗口右边分组选项中，单击“下一步”按钮，打开“请确定明细信息使用的排序次序和汇总信息”对话框，如图 6-12 所示。

(6) 确定明细信息使用次序和汇总信息。可以选择对记录排序的字段，最多可以选

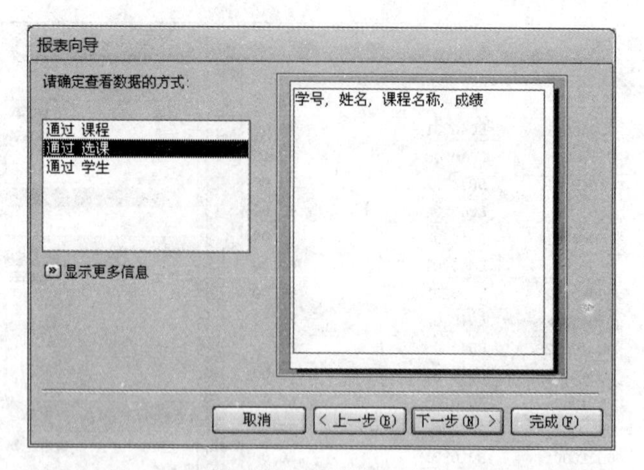

图 6-10 “请确定查看数据的方式”对话框

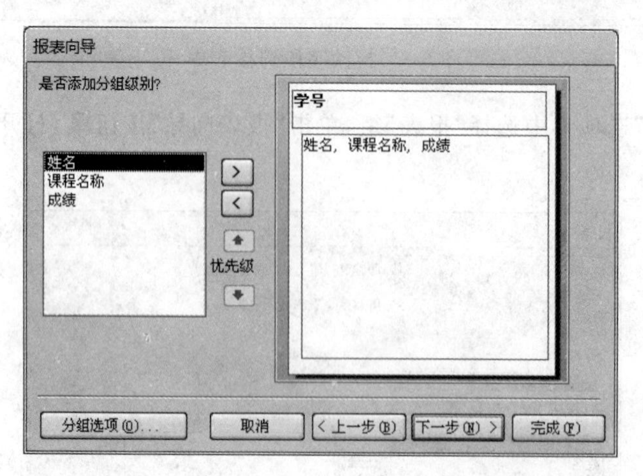

图 6-11 “是否添加分组级别”对话框

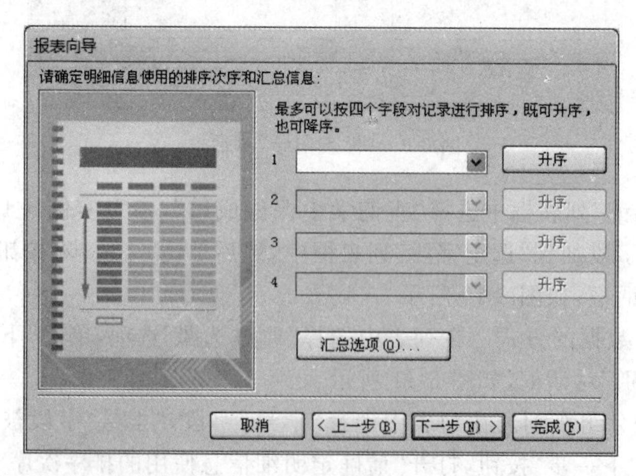

图 6-12 “请确定明细信息使用的排序次序和汇总信息”对话框

择四个排序字段，如果数据源中含有数字型字段，还可以进行汇总。可以跳过该步骤，单击“下一步”按钮，打开“请确定报表的布局方式”对话框，如图 6-13 所示。

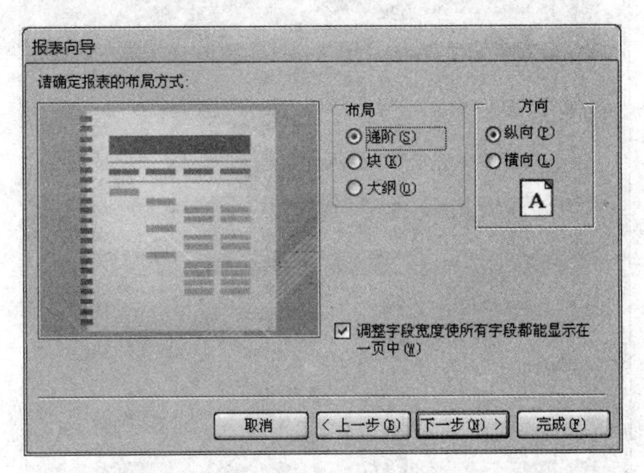

图 6-13 “请确定报表的布局方式”对话框

(7) 确定报表布局方式。使用单选按钮选择报表布局和报表方向，还可以“选择调整字段宽度使所有字段都显示在一页中”复选项，选择报表布局“递阶”和报表方向“纵向”，单击“下一步”按钮，打开“请为报表指定标题”对话框，如图 6-14 所示。

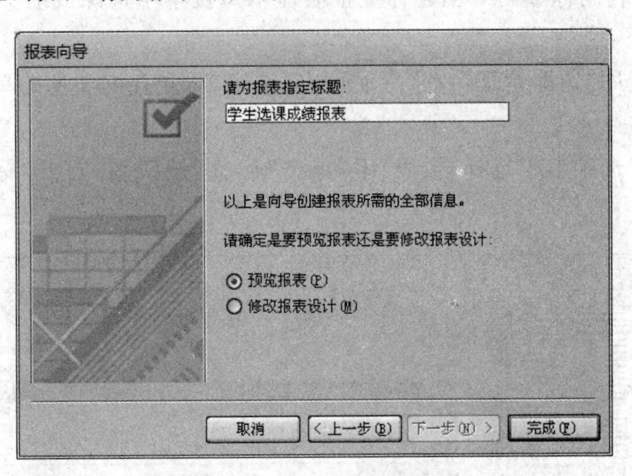

图 6-14 “请为报表指定标题”对话框

(8) 为报表指定标题。在文本框输入报表的标题“学生选课成绩报表”，同时可以选择创建报表后的操作，单击“完成”按钮，报表创建完成，系统自动保存所创建的报表，同时打开报表预览窗口，如图 6-15 所示。

6.2.4 使用标签向导创建标签报表

标签是一种特殊的报表，它是以记录为单位，创建格式完全相同的独立报表，主要应用于制作信封、打印工资条、学生成绩通知单等。Access 提供了标签向导，它可以快速生成标签报表。

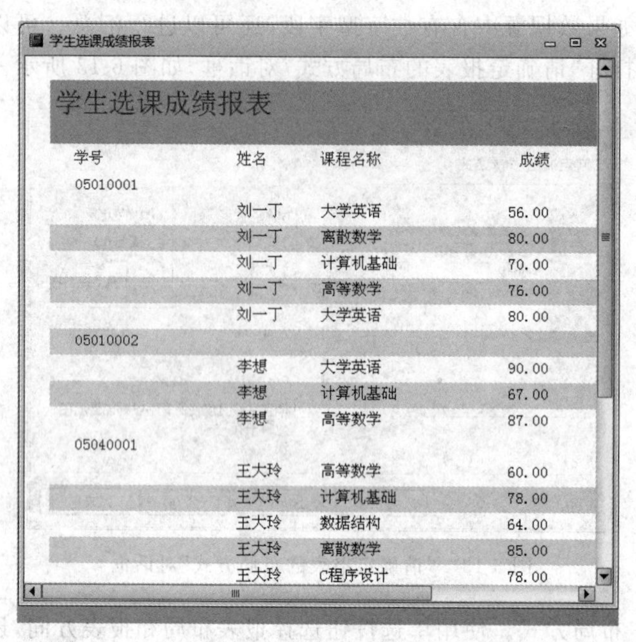

图 6-15 “学生选课成绩报表”界面

【实例 6-4】 利用标签向导创建标签报表显示每位学生选课成绩。

操作步骤如下：

(1) 打开数据库“选课管理”，在“导航”窗口选定查询“查询学生的单科成绩平均及总成绩”(参见实例 4-4(4))。

(2) 在“创建”选项卡中选择“报表”组，单击“标签”按钮，打开“标签向导”对话框，如图 6-16 所示。

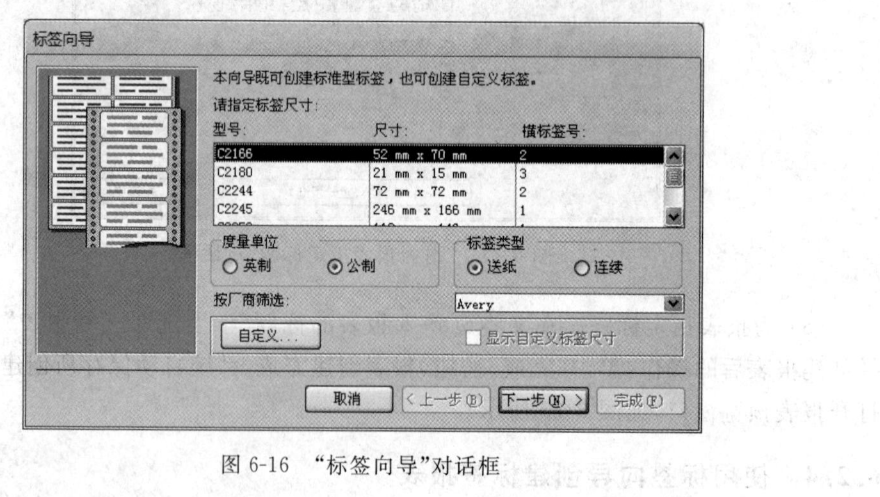

图 6-16 “标签向导”对话框

(3) 为标签指定尺寸。可通过列表框选择系统提供的标签的型号、尺寸以及度量单位，用户也可以自定义标签尺寸，单击“下一步”按钮，打开“请选择文本的字体和颜色”对话框，如图 6-17 所示。

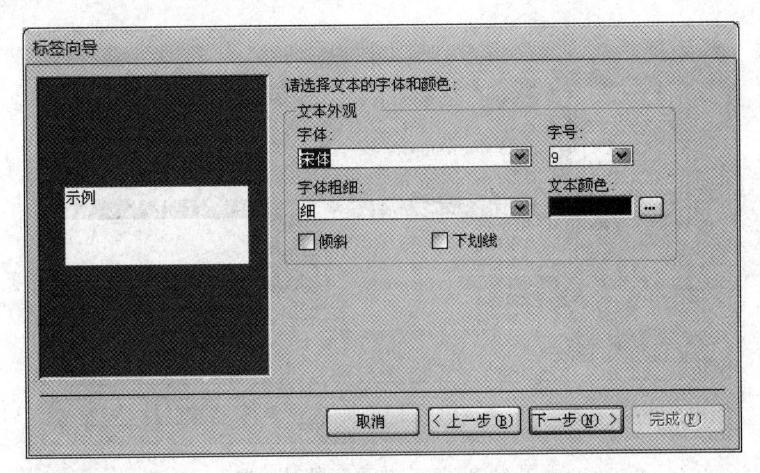

图 6-17 “请选择文本的字体和颜色”对话框

(4) 为标签的文字指定字体、字号、字型和颜色。可以使用“字体”、“字号”等下拉列表框分别指定标签文字的字体、字号、字型和颜色。单击“下一步”按钮，打开“请确定邮件标签的显示内容”对话框，如图 6-18 所示。

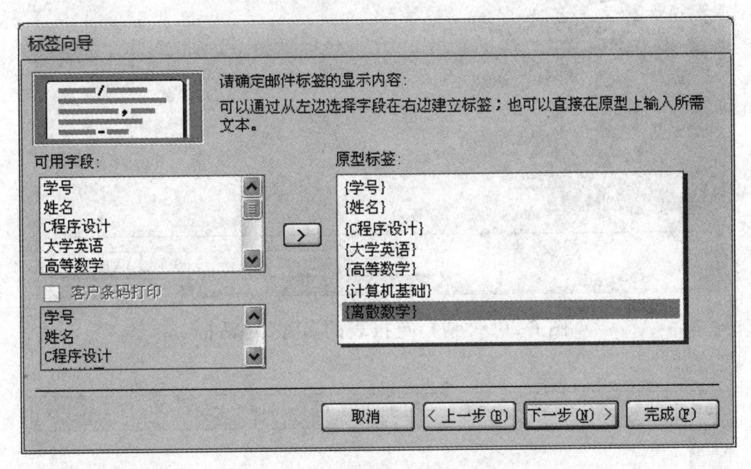

图 6-18 “请确定邮件标签的显示内容”对话框

(5) 确定标签的显示内容。可以将列表框中的字段加到右边的原型标签列表框中，单击“下一步”按钮，打开确定排序字段对话框，如图 6-19 所示。

(6) 确定排序字段。可以将排序字段添加到“排序依据”列表框中，选择排序字段“学号”，单击“下一步”按钮，打开“请指定报表的名称”对话框，如图 6-20 所示。

(7) 输入报表名称“标签查询学生的单科成绩平均及总成绩”，单击“完成”按钮，报表创建完成，系统保存报表并自动打开标签报表预览窗口，如图 6-21 所示。

(8) 切换到报表的设计视图，调整文本框的位置并在每个文本框的左边添加说明标签，如图 6-22 所示。

(9) 保存报表。切换到报表打印预览视图，显示结果如图 6-23 所示。

至此标签报表设计完成。

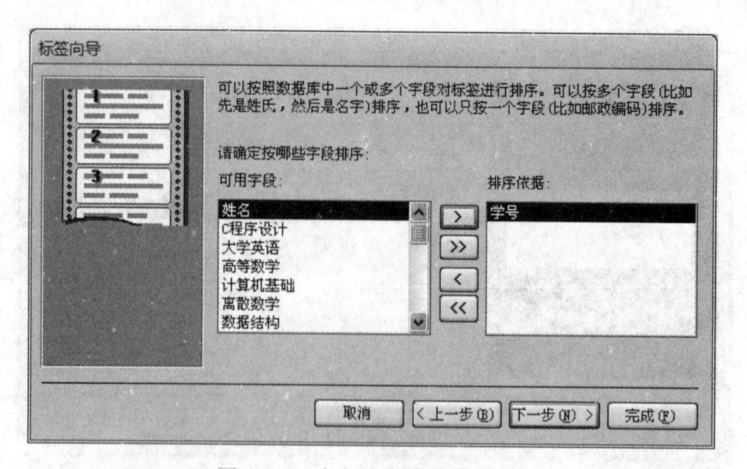

图 6-19　确定排序字段对话框

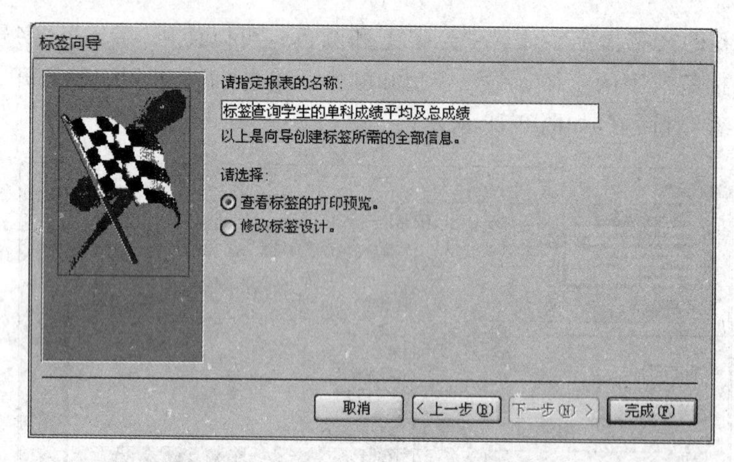

图 6-20　“请指定报表的名称”对话框

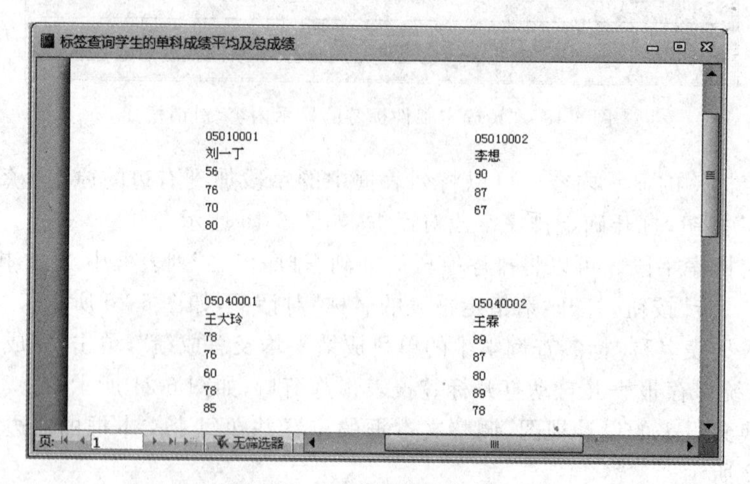

图 6-21　标签报表预览窗口

图 6-22　修改标签报表

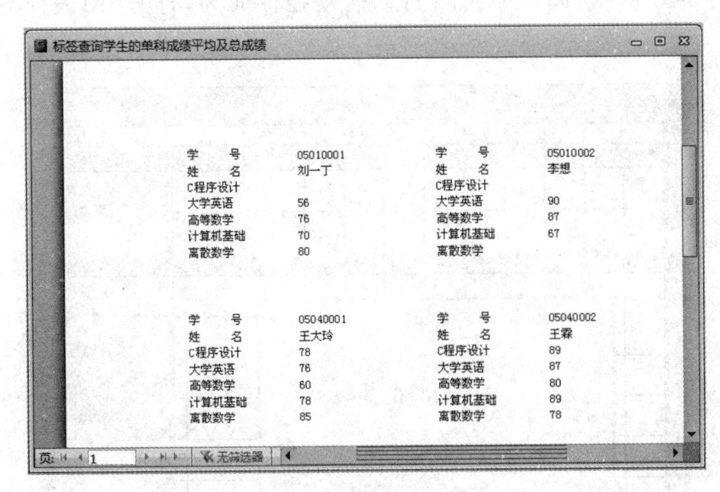

图 6-23　标签打印预览视图

利用标签向导设计的报表中，只显示字段的值，需要为每个文本框添加说明标签，以显示完整的信息。

6.2.5　创建图表报表

图表报表是 Access 中一种特殊的报表，它通过图表的形式反映数据源数据的关系，使数据浏览更直观、形象。Access 2010 没有提供图表向导功能，但可以使用“图表”控件来创建图表报表。

【实例 6-5】　利用图表向导创建报表统计学生选课人数。

操作步骤如下：

(1) 打开数据库“选课管理”。

(2) 选择“课程”和“选课”表为数据源创建查询，查询名称为“选课人数统计”，如图 6-24 所示。

(3) 在“创建”选项卡中选择“报表”组，单击“报表设计”按钮，系统自动创建一个空报表，并进入设计视图，在“控件”组中选择“图表”控件并在主体区域中拖动添加一个

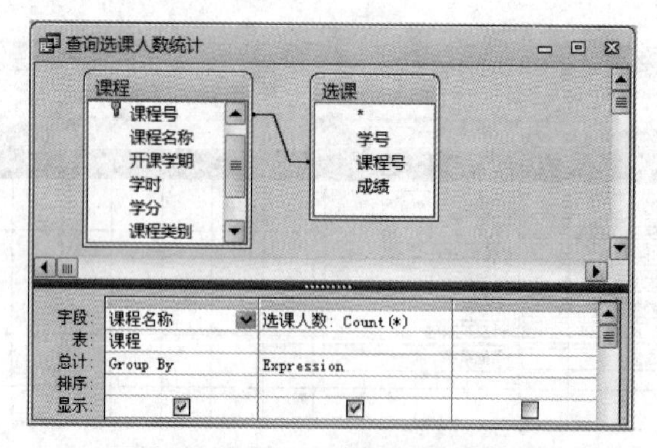

图 6-24　查询设计视图

图表对象，如图 6-25 所示，同时系统将自动启动控件向导，打开“图表向导”对话框，如图 6-26 所示。

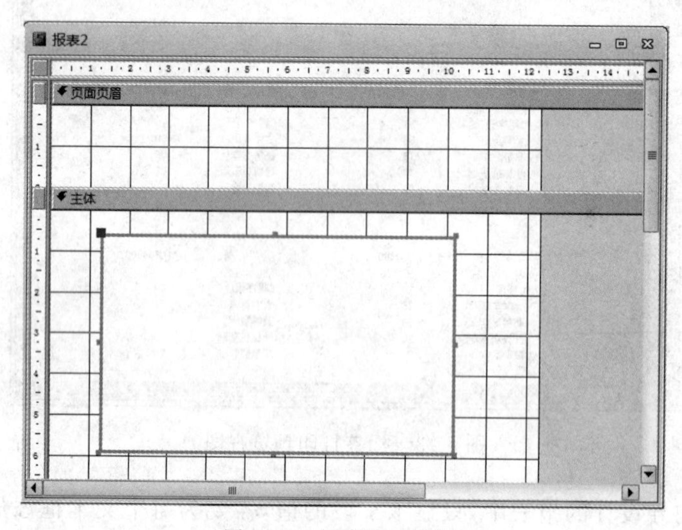

图 6-25　报表设计视图

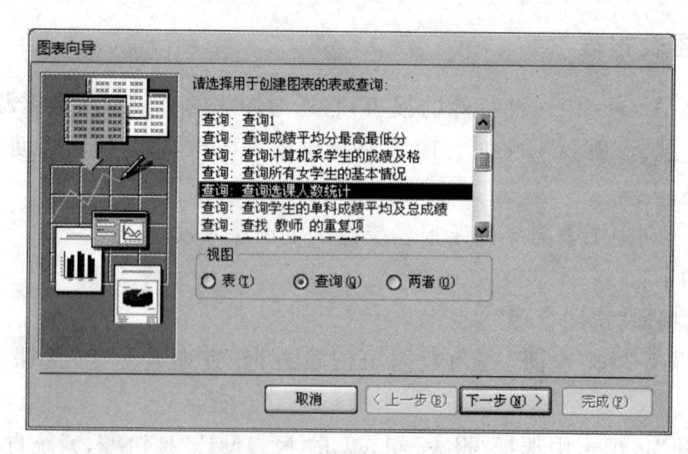

图 6-26　“图表向导”对话框

(4) 在数据源列表框中选择查询“选课人数统计”，单击“下一步”按钮，打开“请选择图表数据所在的字段”对话框，如图 6-27 所示。

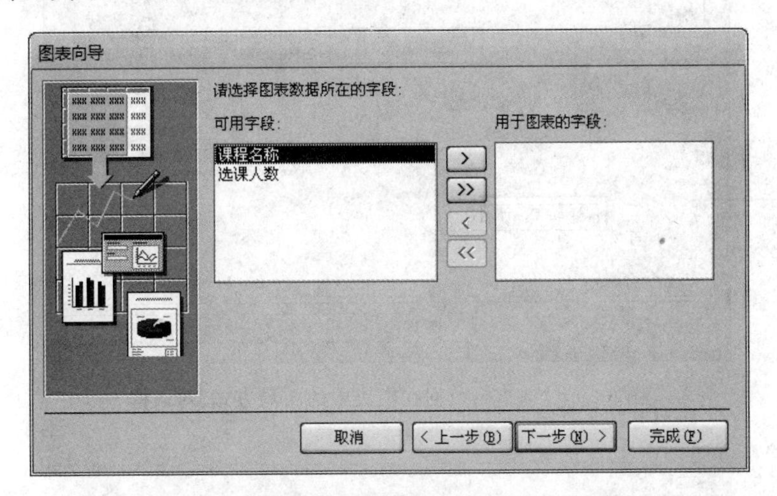

图 6-27 “请选择图表数据所在的字段”对话框

(5) 选择图表数据所在的字段。将“可用字段”列表框中的字段“课程名称”、“选课人数”添加到“选定字段”列表框中，单击“下一步”按钮，打开“请选择图表的类型”对话框，如图 6-28 所示。

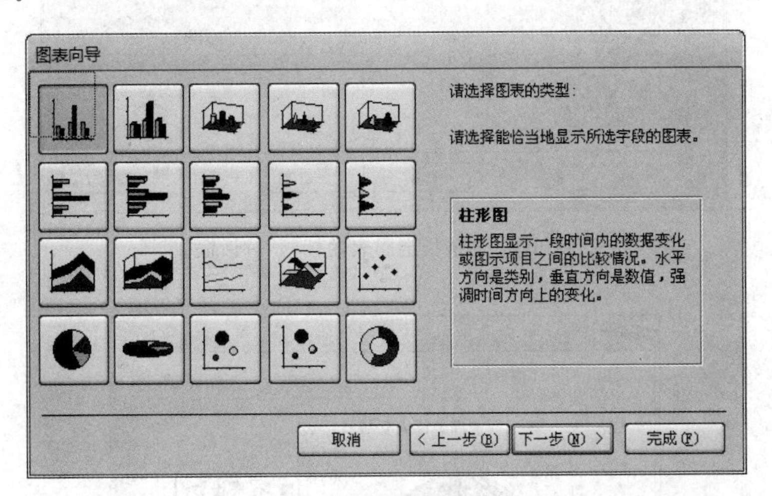

图 6-28 “请选择图表的类型”对话框

(6) 选择图表类型“饼图”，单击“下一步”按钮，打开“请指定数据在图表中的布局方式”对话框，如图 6-29 所示。

(7) 可以将字段拖放到“饼图”示例图表中，单击“下一步”按钮，打开“请指定图表的标题”对话框，如图 6-30 所示。

(8) 输入图表的标题，同时可以选择创建报表后的操作，单击“完成”按钮，切换到报表视图，显示结果如图 6-31 所示，保存报表，报表创建完成。

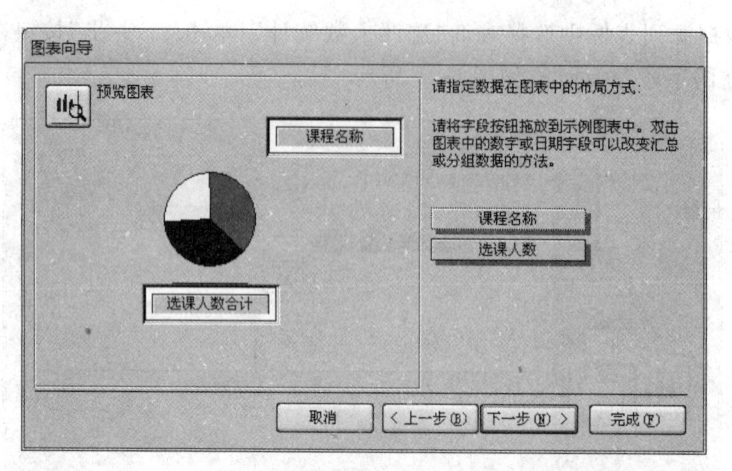

图 6-29 "请指定数据在图表中的布局方式"对话框

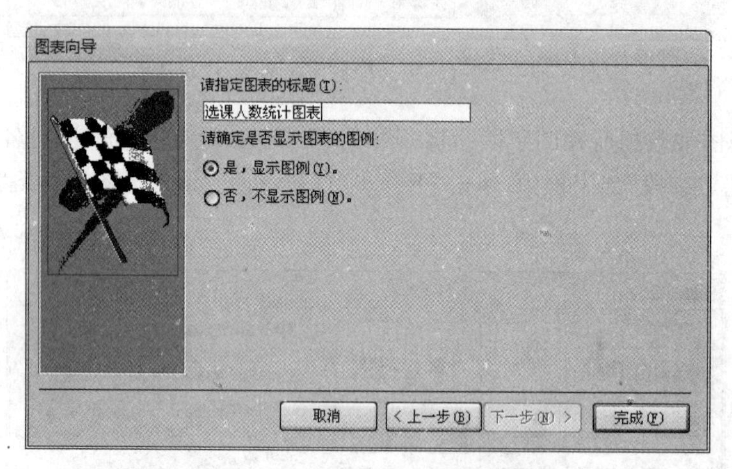

图 6-30 "请指定图表的标题"对话框

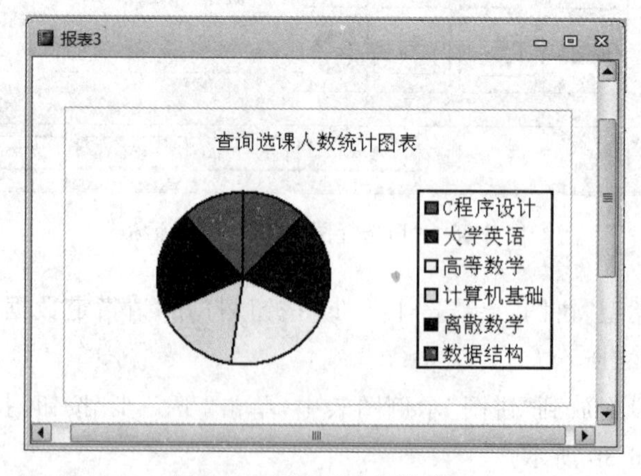

图 6-31 图表报表预览窗口

6.3 在设计视图中创建报表

使用报表向导创建的报表是用 Access 系统提供的报表设计工具完成的，它的许多参数都是系统自动设置的，这样的报表有时在某种程度上并不能满足用户需求。使用报表设计器，即报表设计视图，不仅可以按用户的需求设计所需要的报表，而且可以对已有的报表进行修改，使其尽善尽美。

利用报表设计视图设计报表的主要步骤如下：

(1) 创建一个新报表或打开已有报表，打开报表设计视图。

(2) 为报表添加数据源。

(3) 向报表中添加控件。

(4) 设置控件的属性，实现数据显示及运算。

(5) 保存报表并预览。

6.3.1 创建简单报表

利用数据库中存储的数据可以创建所需要的报表，例如，生成学生名册、教师考勤表及学生成绩单等。

【实例 6-6】 使用学生表创建学生名册报表，包括学号、姓名和性别字段，报表样式如图 6-32 所示。

操作步骤如下：

(1) 打开数据库“选课管理”。

(2) 在“创建”选项卡中选择“报表”组，单击“报表设计”按钮，系统自动创建一个名为“报表 1”的空报表，并进入设计视图，如图 6-33 所示。

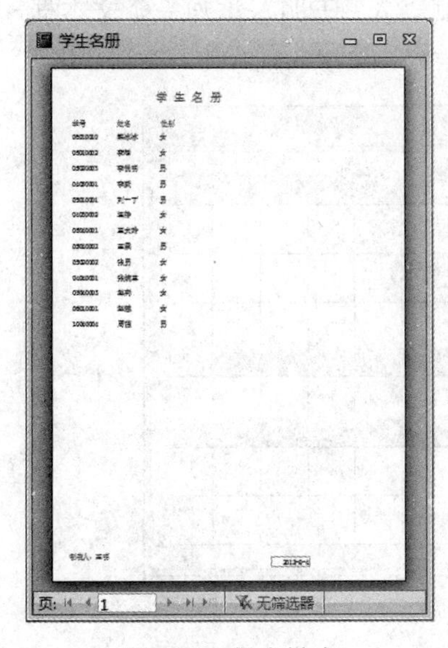

图 6-32 报表样式

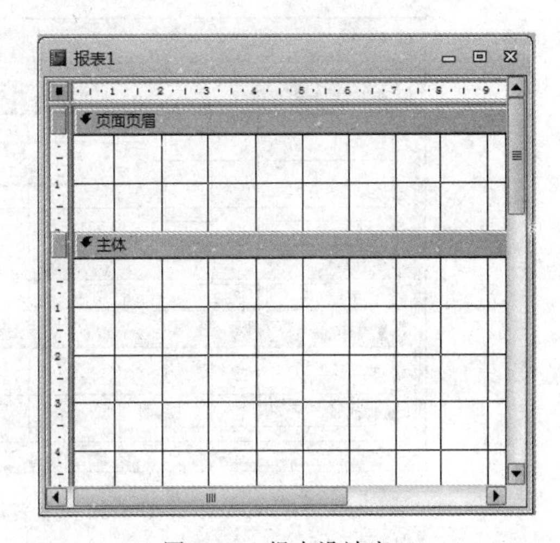

图 6-33 报表设计窗口

（3）为报表添加数据源。选择上下文选项卡“报表设计工具”→“设计”，在“工具”组中单击“添加现有字段”按钮，打开“字段列表”对话框，单击“显示所有表”超链接按钮，在列表框中显示创建报表可用的表，如图 6-34 所示。

（4）选择“学生”表并单击“＋”按钮展开表中的字段，在列表框中会显示所选中表的所有字段，如图 6-35 所示。

图 6-34　“字段列表”对话框

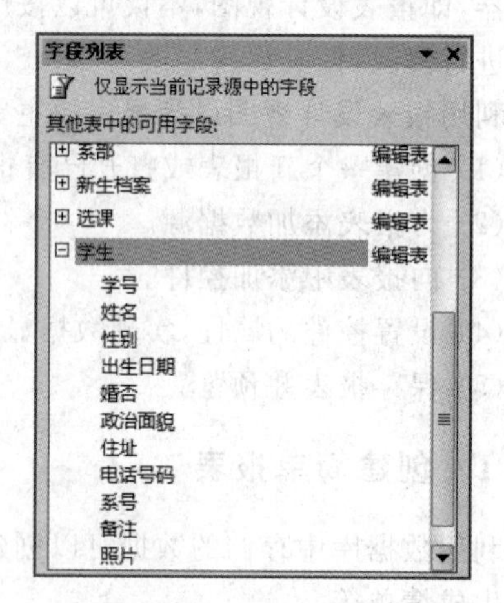

图 6-35　学生表数据源

（5）将报表所需字段“学号”、“姓名”和“性别”拖曳到报表设计视图的“主体”节中，在主体区域中即出现绑定文本框以及附加标签，然后利用“剪切”和“粘贴”方法将附加标签放置于“页面页眉”节中，并与所属文本框对齐。

（6）为报表添加标题。在“页面页眉”节中添加一个标签，设置其标题属性为“学生名册”，同时利用属性窗口设置标签的字体、字号等属性。

（7）在“页面页脚”节中添加一个标签，标题为“制表人：王明”，添加一个文本框。其“控件来源”设置为“＝date()”，如图 6-36 所示。

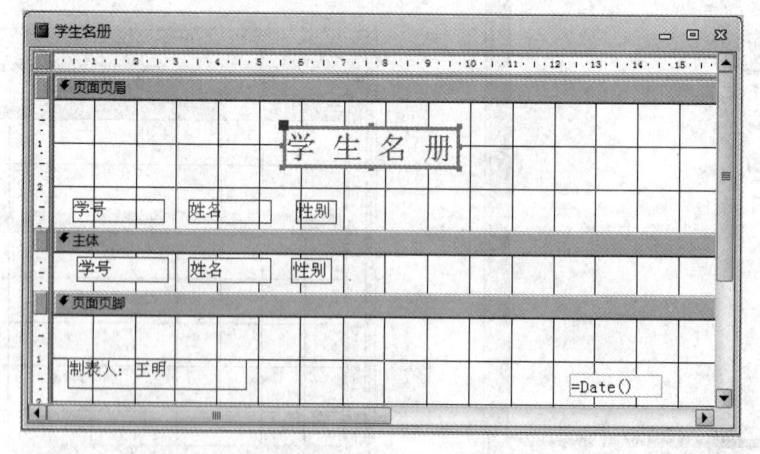

图 6-36　报表设计视图

(8) 保存报表。单击工具栏中的“保存”按钮，在弹出的“另存为”对话框中输入报表的名称为“学生名册”。

(9) 切换到打印预览视图，查看设计效果，如图 6-32 所示。

说明：报表中的日期使用了文本框控件，将文本框的“控件来源”属性设置为“=Date()”，则在报表中该控件显示的信息为系统的日期。如果用户需要设置固定的日期，则可将该属性设置为指定的日期型数据。

6.3.2 报表的排序、分组和计算

在 Access 数据库中，除了可以利用报表向导实现记录的排序和分组外，还可以通过报表的设计视图对报表中的记录进行排序分组。在报表中进行计算需要使用计算型控件。

1. 排序记录

排序记录是指将报表中的记录按照升序或降序的次序排列。

【实例 6-7】 将报表“学生名单”按照学生姓名排序。

操作步骤如下：

(1) 打开数据库“选课管理”。

(2) 打开报表“学生名册”，并切换到设计视图。

(3) 选择上下文选项卡“报表设计工具”→“设计”，在“分组和汇总”组中单击“排序与分组”按钮，打开“分组、排序和汇总”面板，如图 6-37 所示。

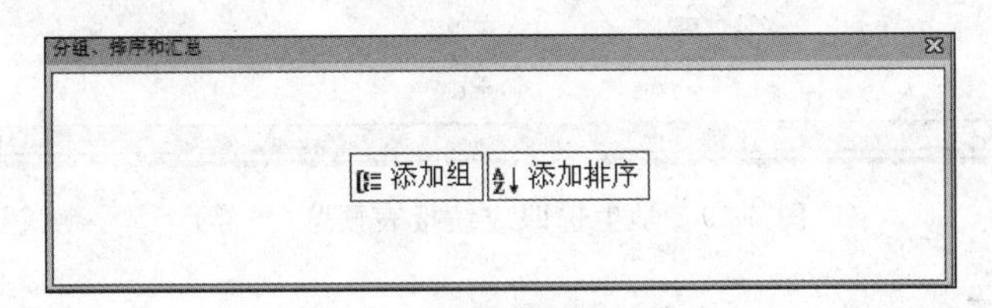

图 6-37 “分组、排序和汇总”对话框

(4) 单击“添加排序”按钮，在“选择字段”下拉列表框中选择字段“姓名”，在“排序”列表框中选择“升序”，如图 6-38 所示。

图 6-38 选择升序排序

(5) 切换到打印预览视图，报表将按照“姓名”字段升序显示信息。

2. 分组记录

分组记录是指将具有共同特征的相关记录组成一个集合，在显示或打印时将它们集

中在一起，并且可以为同组记录设置要显示的概要和汇总信息，分组可以对数据进行分类，提高报表的可读性，提高信息的利用率。

组由组页眉和组页脚组成。其中组页眉用于放置每组记录开始处的信息，如组标题等。当该属性的属性值为“是”时，创建组页眉，为“否”时，删除组页眉。组页脚用于放置每组记录结尾处的信息，如每组的汇总信息等。当该属性的属性值为“是”时，创建组页脚，为“否”时，删除组页脚。

【实例 6-8】 创建学生选课成绩报表，包括学号、姓名、课程名称和成绩字段，并按学号进行分组，报表样式如图 6-39 所示。

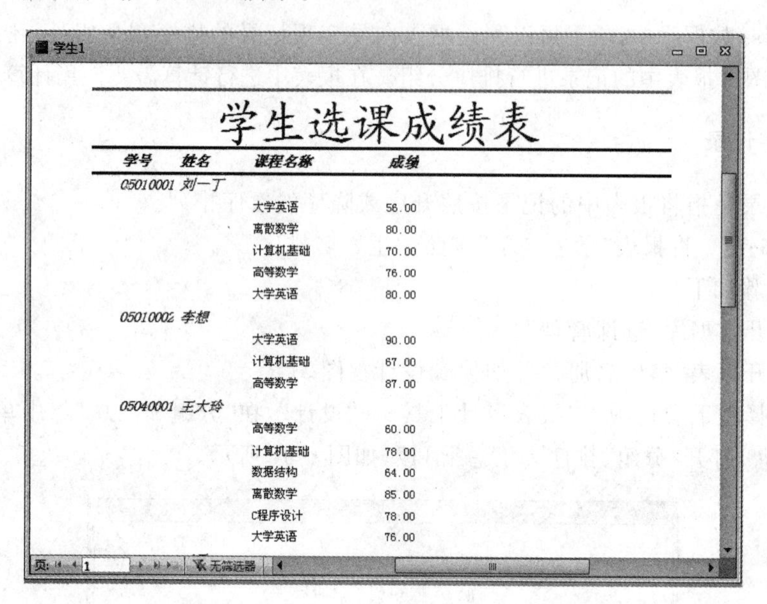

图 6-39　学生选课成绩报表预览（局部）

操作步骤如下：

(1) 打开数据库“选课管理”。

(2) 以查询“查询学生选课成绩”（参见实例 4-1(4)）为数据源创建一个新报表，报表的外观设计和整体布局如图 6-40 所示。

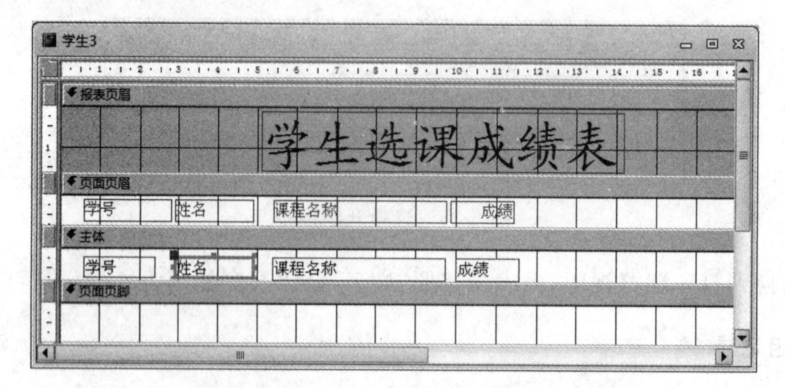

图 6-40　“学生选课成绩报表”设计视图

(3) 选择上下文选项卡中“报表设计工具”→“设计”，在“分组和汇总”组中单击“排序与分组”按钮，打开“分组、排序和汇总”面板。单击“添加组”按钮，在“选择字段”下拉列表框中选择字段“学号”，如图 6-41 所示，则分组形式显示为“学号”，在报表的设计视图中出现组页眉“学号页眉”节，如图 6-42 所示。

图 6-41 添加分组字段

图 6-42 报表的组页眉

(4) 将主体节中“学号”和“姓名”文本框移动到组页眉节中，显示结果如图 6-43 所示。

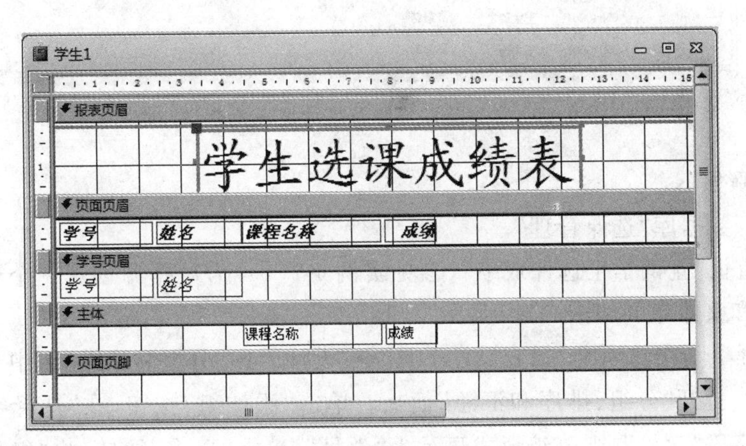

图 6-43 添加组页眉

(5) 切换到打印预览视图，报表按照学号分组显示课程和成绩，如图 6-39 所示。

(6) 保存报表，报表名称为“学生选课成绩”。

3. 在报表中实现计算

在打印报表时，有时需要对输出的数据进行汇总和统计，例如，统计每个学生的总成绩、平均成绩、统计某个专业学生某门课程的总成绩、统计教师的工作量等。报表除了可以直接将数据源中的数据输出外，还可以在报表中添加控件，用来输出一些经过计算才能得到的数据。文本框是最常用的显示计算数值的控件类型，当文本框中显示的数据需要通过计算时，将该控件的“控件来源”属性设置为所需要的表达式，则在报表预览视图中该控件显示的是表达式的值。

【实例 6-9】 创建学生选课成绩报表，包括学号、姓名、课程名称和成绩字段，并按学号进行分组，统计每个学生的平均成绩和总成绩，报表样式如图 6-44 所示。

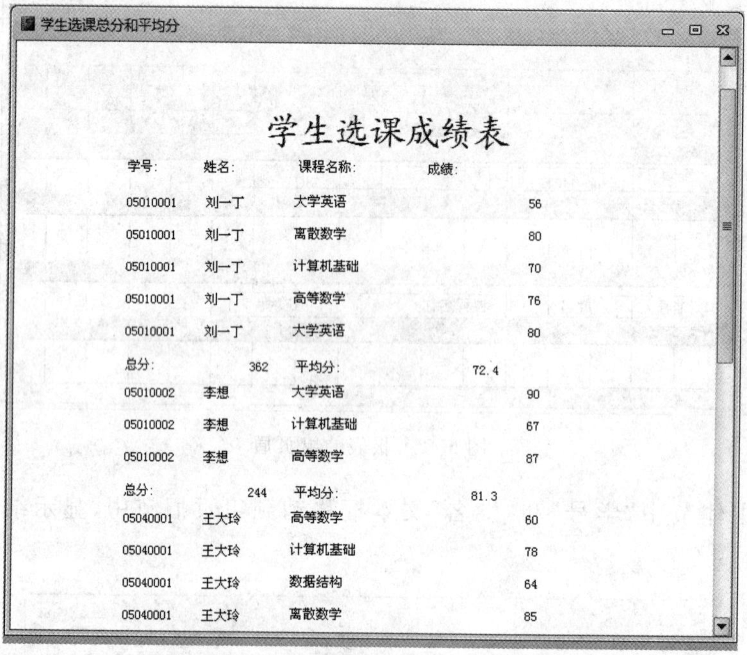

学生选课总分和平均分

学生选课成绩表

学号:	姓名:	课程名称:	成绩:
05010001	刘一丁	大学英语	56
05010001	刘一丁	离散数学	80
05010001	刘一丁	计算机基础	70
05010001	刘一丁	高等数学	76
05010001	刘一丁	大学英语	80
总分:	362	平均分:	72.4
05010002	李想	大学英语	90
05010002	李想	计算机基础	67
05010002	李想	高等数学	87
总分:	244	平均分:	81.3
05040001	王大玲	高等数学	60
05040001	王大玲	计算机基础	78
05040001	王大玲	数据结构	64
05040001	王大玲	离散数学	85

图 6-44 学生选课成绩及统计报表预览(局部)

操作步骤如下：

(1) 打开数据库“选课管理”。

(2) 以查询“查询学生选课成绩”(参见实例 4-1(4))为数据源创建一个新报表，报表的外观设计和整体布局如图 6-45 所示。

(3) 选择上下文选项卡“报表设计工具”→“设计”，在“分组和汇总”组中单击“排序与分组”按钮，打开“分组、排序和汇总”面板。单击“添加组”按钮，在“选择字段”下拉列表框中选择字段“学号”，则分组形式显示为“学号”，单击“更多”按钮，将“组页眉”属性设置为“无页眉节”，“组页脚”属性设置为“有页脚节”，如图 6-46 所示，则在报表的设计视图中出现组页眉“学号页脚”节，如图 6-47 所示。

学生3
报表页眉
学生选课成绩表
页面页眉
学号
姓名
课程名称
成绩
主体
学号
姓名
课程名称
成绩
页面页脚

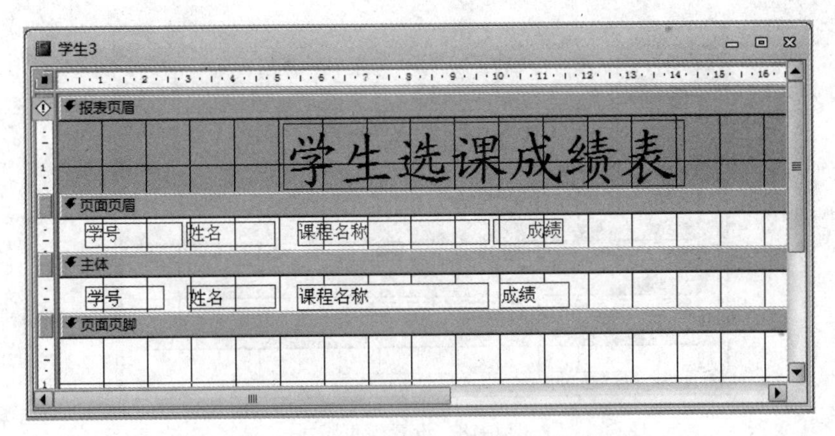

图 6-45 学生选课成绩报表设计视图

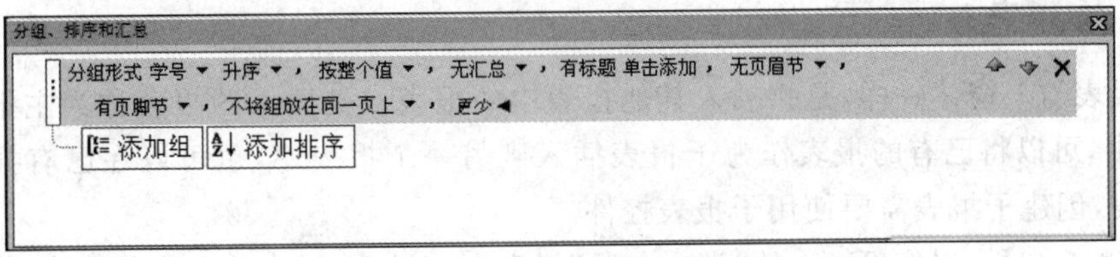

分组、排序和汇总
分组形式 学号 ▼ 升序 ▼， 按整个值 ▼， 无汇总 ▼， 有标题 单击添加， 无页眉节 ▼，
有页脚节 ▼， 不将组放在同一页上 ▼， 更少◀
添加组
添加排序

图 6-46 “组页眉”和“组页脚”属性设置

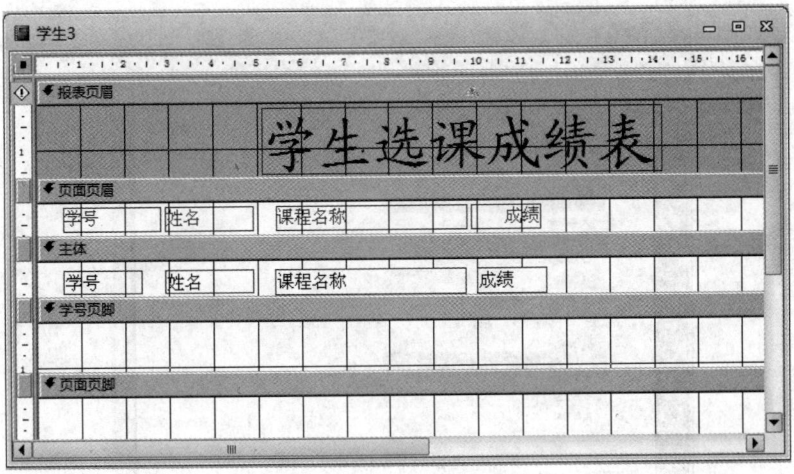

学生3
报表页眉
学生选课成绩表
页面页眉
学号
姓名
课程名称
成绩
主体
学号
姓名
课程名称
成绩
学号页脚
页面页脚

图 6-47 添加组页脚

(4) 报表的设计视图中出现“组页脚”节，在组页脚中添加两个文本框，分别将文本框的“控件来源”属性设置为“=Sum([成绩])”和“=Avg([成绩])”并同时为文本框分别添加标签，标题分别为“总分：”和“平均分：”，如图 6-48 所示。

(5) 切换到打印预览视图，报表中显示学生的选课课程和成绩，同时显示每个学生的总成绩和平均成绩，如图 6-44 所示。

(6) 保存报表，报表名为“学生选课总分和平均分”。

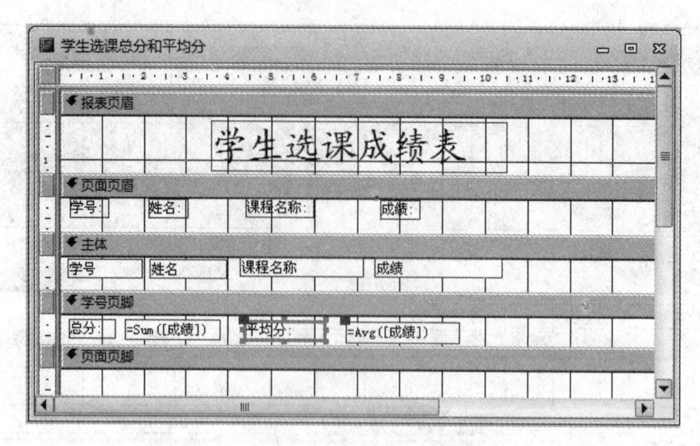

图 6-48　设置组页脚

6.3.3　子报表

子报表与子窗体一样，是指插入其他报表中的报表。被插入的报表称为主报表。在Access中，可以将已有的报表作为子报表插入到另一个报表中，也可以在已有报表中添加子报表，创建子报表需要使用子报表控件。

【实例 6-10】　以实例 6-4 的“学生名册”报表为主报表，创建学生选课成绩子报表，包括学号、姓名、课程名称和成绩字段，并按学号进行分组，报表样式如图 6-49 所示。

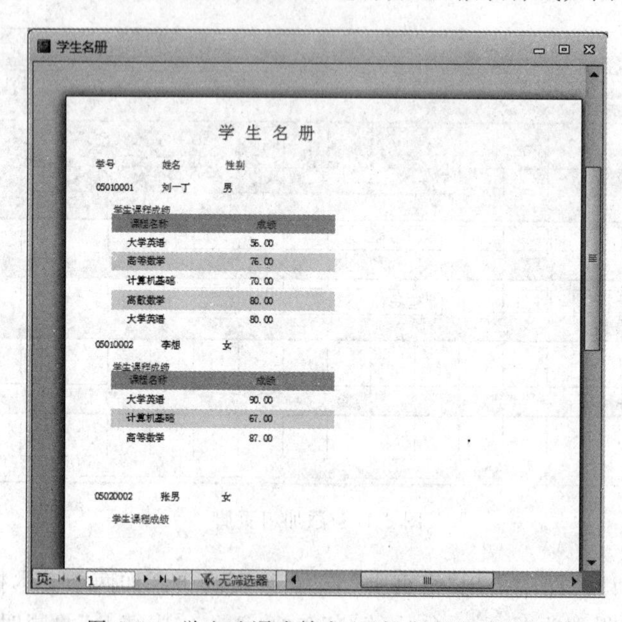

图 6-49　学生选课成绩主/子报表预览(局部)

操作步骤如下：

(1) 打开数据库“选课管理”。

(2) 以“学生”表、“课程”表和“选课”表为数据源创建查询，查询名称命名为“学生选课成绩”，查询设置如图 6-50 所示。

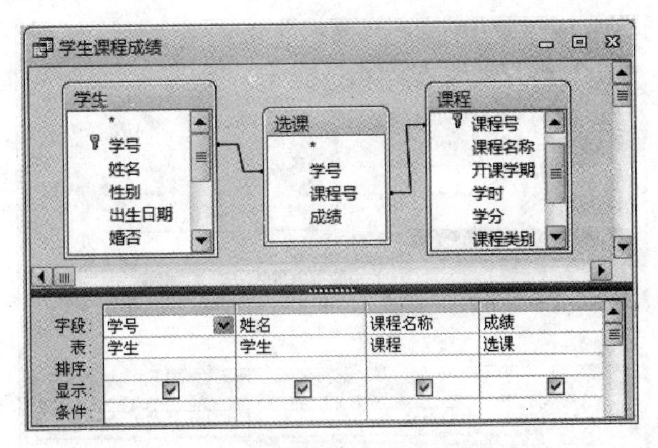

图 6-50 “学生选课成绩”查询设计视图

(3) 打开报表“学生名册”,进入设计视图,选择上下文选项卡“报表设计工具”→“设计”,在“控件”组中单击“子窗体/子报表”控件,在窗体的主体区域添加“子窗体/子报表”对象,打开“子报表”向导对话框,如图 6-51 所示。

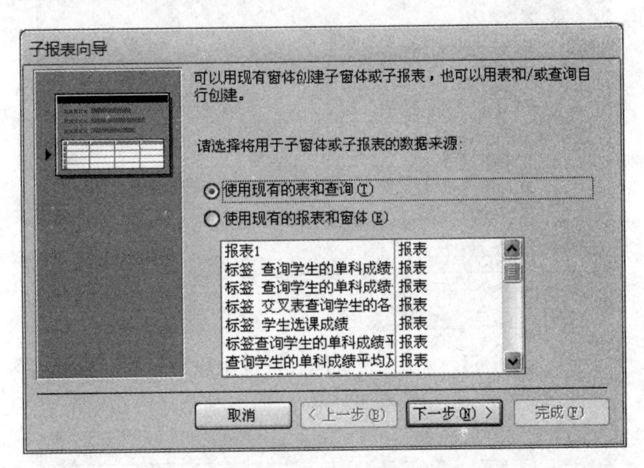

图 6-51 “子报表向导”对话框

(4) 为子报表选择数据源。可以用现有窗体创建子报表,也可以用表或查询创建子报表。选择“使用现有的表和查询”,然后,单击“下一步”按钮,打开选择字段对话框,如图 6-52 所示。

(5) 在“表/查询”列表框中选择查询“学生选课成绩”,同时选择子报表中所用字段“学号”、“课程名称”和“成绩”,然后单击“下一步”按钮,打开确定主/子报表链接字段对话框,如图 6-53 所示。

(6) 确定主/子报表链接字段有两种方式,从列表中选择/自行定义。如果选择“从列表中选择”,系统将会自动列出可以连接的字段,用户可以进行选择;如果选择“自行定义”,则需要用户自行确定连接字段。在本例中选择“自行定义”,并在“窗体报表字段”和“子窗体/子报表字段”列表框中分别选择字段“学号”,然后单击“下一步”按钮,打开“请指定子窗体或子报表的名称”对话框,如图 6-54 所示。

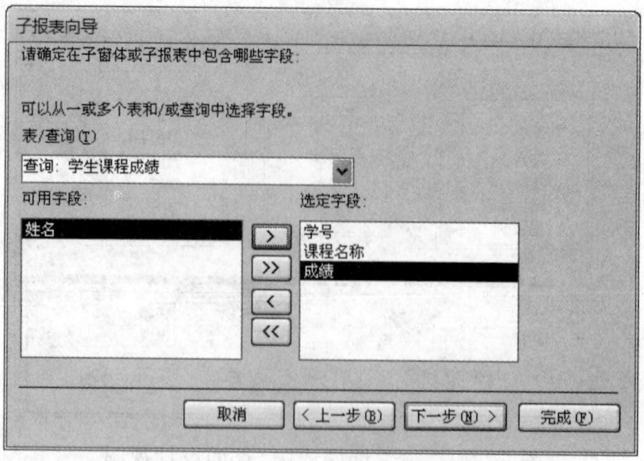

图 6-52　选择字段对话框

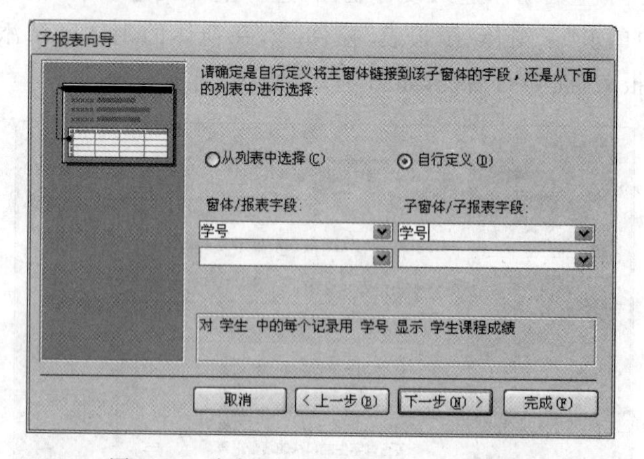

图 6-53　确定主/子报表链接字段对话框

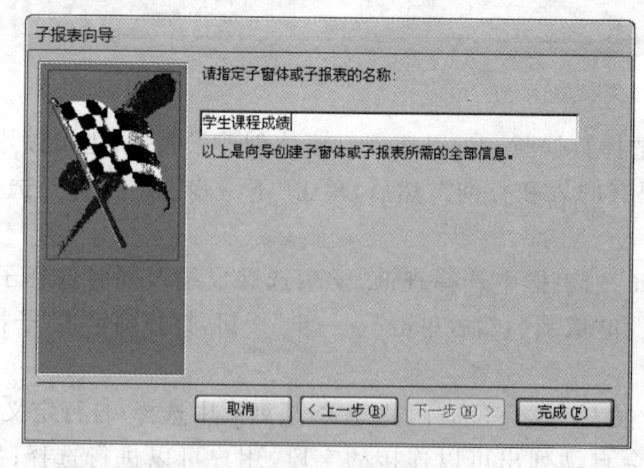

图 6-54　“请指定子窗体或子报表的名称”对话框

（7）指定子报表的名称“学生选课成绩”，单击“完成”按钮，子窗体设计完成，系统将自动保存主/子窗体并返回报表设计视图，如图 6-55 所示。

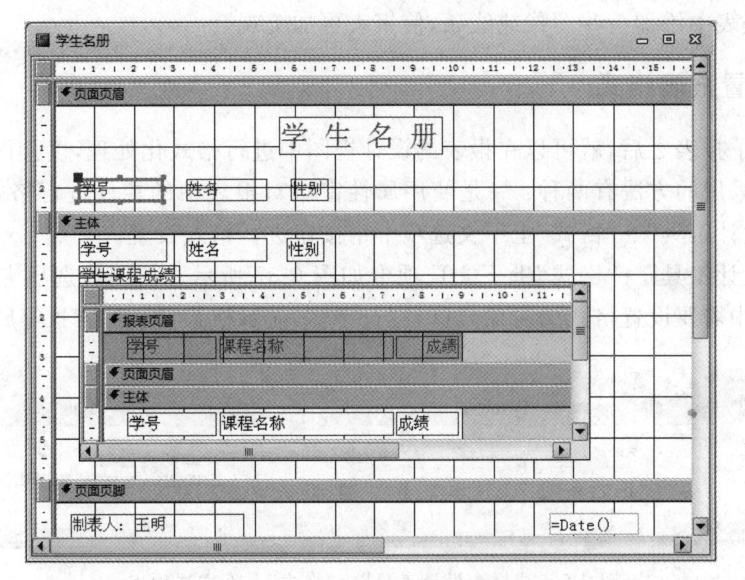

图 6-55　主/子报表设计视图

(8) 在子报表中删除与“学号”字段关联的文本框和标签，这样，在显示报表时，子窗体中不再显示“学号”数据，切换到报表预览视图，显示结果如图 6-49 所示。

6.3.4　多列报表

多列报表是指在报表的一页中显示或打印两列或更多列，使一页中显示的信息更多，输出的信息更为紧凑。

创建多列报表的方式非常简单，首先创建一个普通报表，然后将已有的报表设置成多列报表。具体操作步骤如下：

(1) 创建或打开一个已存在的普通(单列)报表。

(2) 选择上下文选项卡“报表设计工具”→“页面设置”，在“页面布局”组中单击“列”按钮，打开“页面设置”对话框。

(3) 选择“列”选项卡，并在该选项卡中进行设置，如图 6-56 所示。

(4) 设置完成后，单击“确定”按钮。

图 6-56　多列报表页面设置

6.4　编辑报表

在报表使用过程中，为了使报表的布局更合理，外观更美化，可以对报表做进一步处理，例如，调整报表中对象的显示格式，设置特殊的效果来突出报表中的某些信息，以增加可读性;在报表中添加一些图像或线条,使报表更加美观。

6.4.1 设置报表格式

在创建了报表之后,就可以在报表的设计视图中进行格式化处理,以获得理想的显示效果。通常采用的方法有两种:一是使用属性窗口对报表中的控件进行格式设置,二是使用"报表设计工具"→"格式"上下文选项卡中按钮进行格式设置。

"报表设计工具"→"格式"上下文选项卡如图 6-57 所示。使用该选项卡中的按钮可以选择报表中需要设置格式的对象,可以进行字体、显示格式、数字、背景等属性的设置。

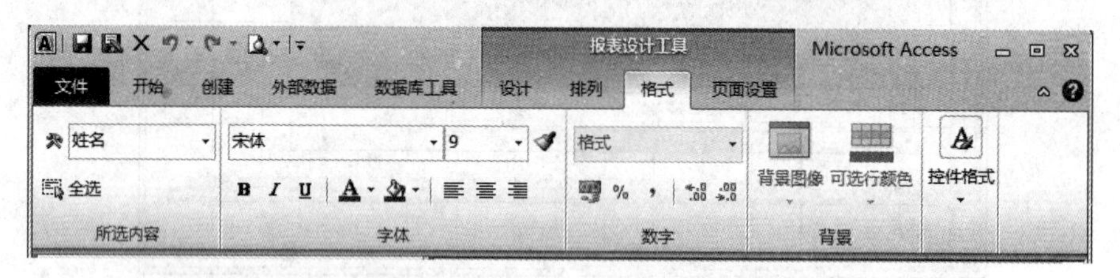

图 6-57 "报表设计工具"→"格式"上下文选项卡

6.4.2 为报表添加图像和线条

在报表中添加图形和图像,可以使报表更加美观。添加图像需要使用图像控件,使用线条和图形时可以直接在报表中绘制。

1. 图像

可以在报表的任何位置,如页眉、页脚和主体节,添加图片。根据所添加图片的大小和位置的不同,可以将图片用作徽标、横幅,又可以用作节的背景。

具体操作步骤如下:

(1) 打开报表的设计视图,选择上下文选项卡"报表设计工具"→"设计"中的"控件"组,单击"图像"控件,在报表中指定位置添加图片对象,打开"插入对象"对话框。

(2) 在打开"插入对象"对话框中选择图片,单击"确定"按钮。

(3) 如果需要对图片进行调整,可以使用图片控件的"属性"对话框对图片的某些属性进行设置。例如,图像的缩放模式、图像的尺寸等。

2. 线条

矩形和直线可以使内容较长的报表变得更加易读。可以使用直线来分隔控件,使用矩形将多个控件进行分组。在 Access 中使用矩形时,无需对其进行创建,而只需在设计视图中直接绘制,其使用方式与使用文本框和标签控件的方式相同,可以在"控件属性"对话框中调整和设置其属性。

6.4.3 在报表中插入日期和时间

在实际应用中,报表是记录实时数据的文档,在报表输出打印时,通常需要打印报表

的创建日期和时间,例如,工资报表、成绩报表。如果需要在报表中插入日期和时间,可以按照以下步骤操作:

(1) 选择需要插入日期和时间的报表,打开报表的设计视图。

(2) 选择上下文选项卡“报表设计工具”→“设计”中的“页眉/页脚”组,单击“日期和时间”按钮,打开“日期或时间”对话框,如图 6-58 所示。

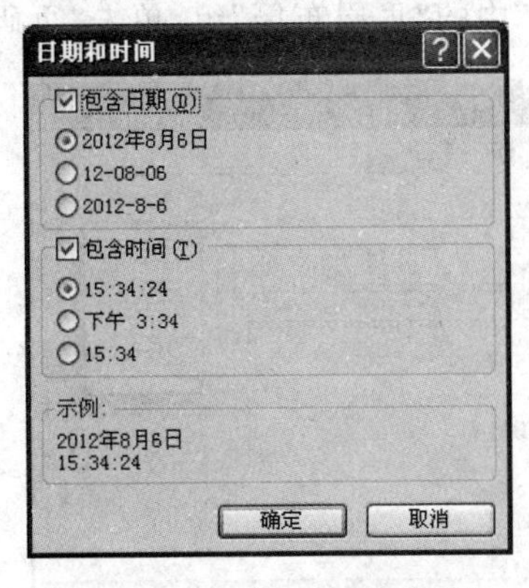

图 6-58 “日期和时间”对话框

(3) 在“包含日期”选项组中选择所需要的日期格式,在“包含时间”选项组中选择所需要的时间格式。

(4) 单击“确定”按钮,系统将自动在报表页眉中插入显示日期和时间的文本框控件。如果报表中没有报表页眉,表示日期和时间的控件将被放置在报表的主体中。可以用鼠标将其拖曳到报表中指定的位置。

6.4.4 在报表中插入页码

当报表内容较多,需要多页输出时,可以在报表中添加页码,保证打印报表的次序。

在报表中插入页码的操作步骤如下:

(1) 选择需要插入页码的报表,打开报表的设计视图。

(2) 选择上下文选项卡“报表设计工具”→“设计”中“页眉/页脚”组,单击“页码”按钮,打开“页码”对话框,如图 6-59 所示。

(3) 在“格式”选项组中,选择所需要的页码格式,在“位置”选项组中选择所需要的页码位置。在“对齐”组合框中,指定页码的对齐方式,利用复选框选择“首页显示页码”。

(4) 设置完成后,单击“确定”按钮,系统将在报表中指定的位置上插入页码。

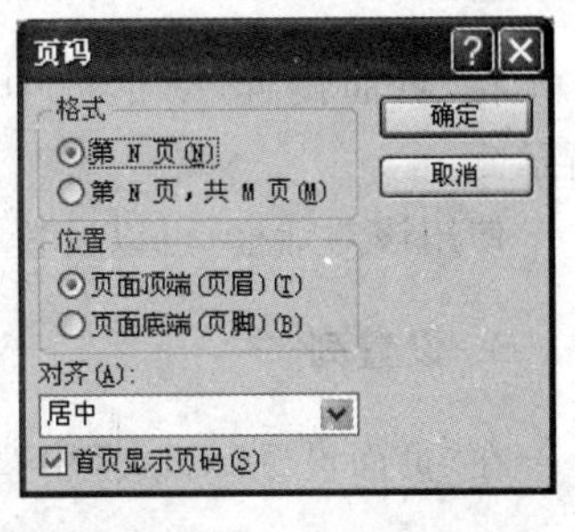

图 6-59 “页码”对话框

6.5 打印报表

创建报表的主要目的是为了在打印机上输出。在打印输出时,需要根据报表和纸张的实际情况进行页面设置,通过系统的打印预览功能查看报表的显示效果,符合用户的要求时,可以在打印机上输出。

在打印之前,首先确认使用的计算机是否连接有打印机,并且已经安装了打印机驱动程序,还要根据报表的大小选择适合的打印纸。

6.5.1 页面设置

报表的页面设置的内容包括设置打印纸的尺寸、页边距以及列的设置等信息。报表的页面设置需要使用 Access 的“页面设置”功能实现，具体操作步骤如下：

(1) 选择需要进行页面设置的报表，打开其设计视图。

(2) 选择上下文选项卡“报表设计工具”→“页面设置”中的“页眉布局”组，单击“页码设置”按钮，打开“页面设置”对话框。

(3) 设置相应的参数。

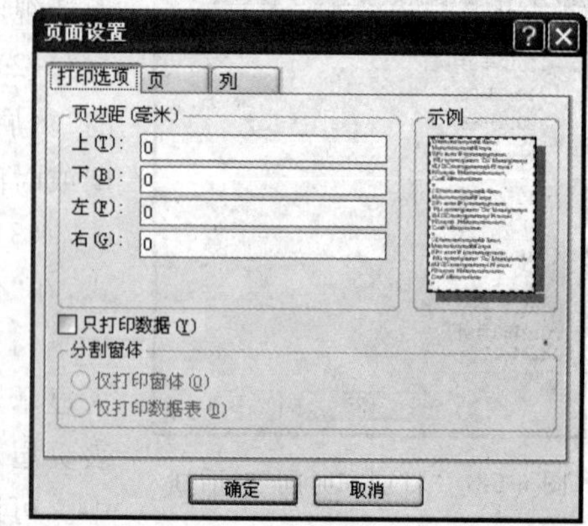

图 6-60　设置“边距”

1. 设置页边距

在“页面设置”对话框中，单击“打印选项”选项卡，可以设置页边距的相关参数，如图 6-60 所示。

在“页边距”选项区域中输入所打印数据和页面的上下左右 4 个方向之间的边距，可以在“示例”区域中看到实际打印的效果。

如果选择了“只打印数据”复选项，则报表打印时只显示数据库中字段的数据或是计算而来的数据，不显示分隔线、页眉页脚等信息。这个选项一般用于需要打印数据到已定制好的纸张上的情况。

2. 设置页面

在“页面设置”对话框中，单击“页”选项卡，可以设置页面的相关参数，如图 6-61 所示。

使用该对话框，可以设置打印方向、纸张大小、纸张来源以及选择打印机。

3. 设置列

在“页面设置”对话框中，单击“列”选项卡，可以设置列的相关参数，如图 6-62 所示。

图 6-61　设置“页”

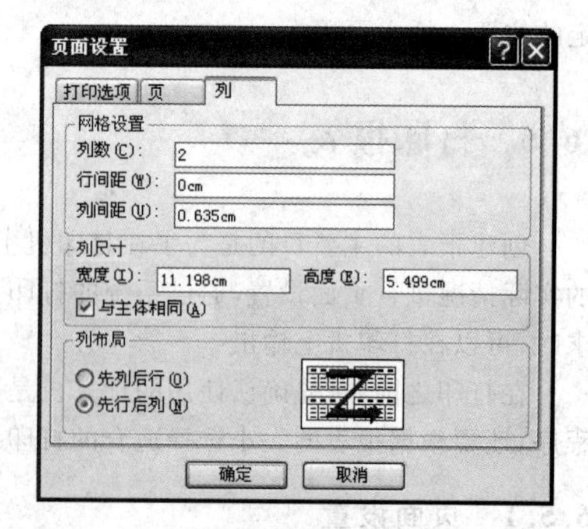

图 6-62　设置“列”

在“网格设置”选项组中，可以设置报表的列数、行间距、列间距；在“列尺寸”中可以设置列的宽度和高度；如果是多列报表，可以设置列的布局为“先行后列”或“先列后行”两种方式。

对报表进行页面设置之后，经过重新设置的参数将保存在相应的报表中，在报表预览或打印输出时这些参数将会发生作用。

6.5.2 打印报表

打印报表是指在纸上输出报表，具体操作步骤如下：

(1) 选定要打印的报表对象。

(2) 直接在所选定的报表对象上右单击，选择“打印”命令，或者选择“文件”选项卡，单击“打印”命令，打开“打印”对话框，如图 6-63 所示。

图 6-63 “打印”对话框

(3) 指定打印机名称、打印范围以及打印份数，然后单击“确定”按钮。

思考与练习

1. 思考题

(1) 什么是报表？报表有哪些主要功能？

(2) 报表与窗体有哪些异同？

(3) 报表有哪些类型？

(4) 报表由哪几部分组成？各部分的作用是什么？

(5) 主/子报表有何用途？

2. 填空题

(1) 报表有 4 种视图，它们是________、________、________和________。

(2) 报表的数据源可以是________。

(3) 报表的计算功能使用________控件实现。

(4) 设计子报表时，使用________添加子报表。

(5) 使用命令________实现报表页眉页脚的显示和隐藏。

3. 上机操作题

(1) 针对教师管理系统，使用报表向导创建输出课程基本信息的报表，报表预览如图 6-64 所示。

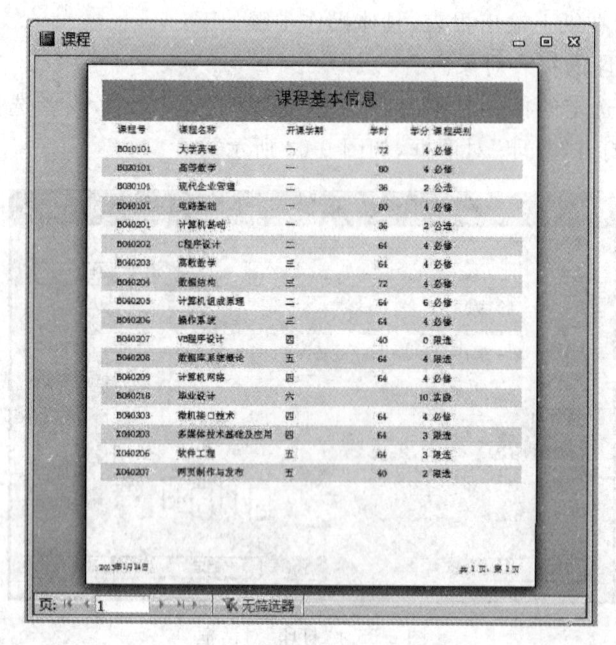

课程号	课程名称	开课学期	学时	学分	课程类别
B010101	大学英语	一	72	4	必修
B020101	高等数学	一	80	4	必修
B030101	现代企业管理	二	36	2	公选
B040101	电路基础	一	80	4	必修
B040201	计算机基础	一	36	2	公选
B040202	C程序设计	二	64	4	必修
B040203	离散数学	三	64	4	必修
B040204	数据结构	三	72	4	必修
B040205	计算机组成原理	二	64	6	必修
B040206	操作系统	三	64	4	必修
B040207	VB程序设计	四	40	0	限选
B040208	数据库系统概论	五	64	4	限选
B040209	计算机网络	四	64	4	必修
B040218	毕业设计	六		10	实践
B040303	微机接口技术	四	64	4	必修
X040203	多媒体技术基础及应用	四	64	3	限选
X040206	软件工程	五	64	3	限选
X040207	网页制作与发布	五	40	2	限选

图 6-64 课程基本信息报表

(2) 使用报表设计视图创建输出教师工资信息的表格式报表，报表设计视图如图 6-65 所示。

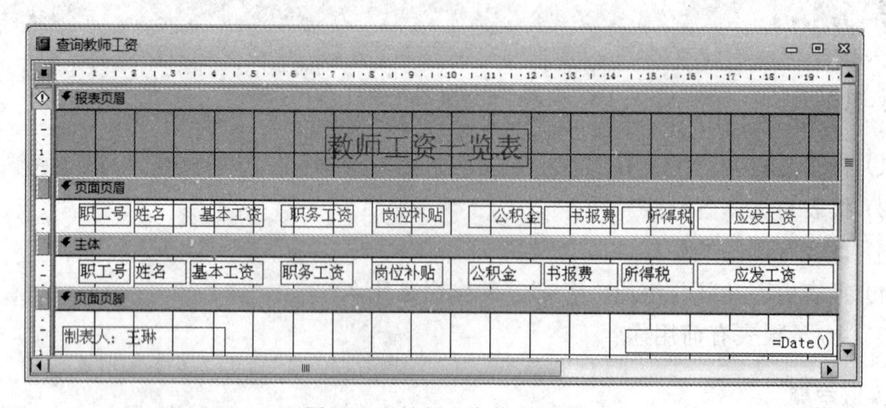

图 6-65 教师工资信息报表

(3) 设计一个标签，输出每位教师所教授授课的课程名称、课程性质、学分和学时，如

图 6-66 所示。

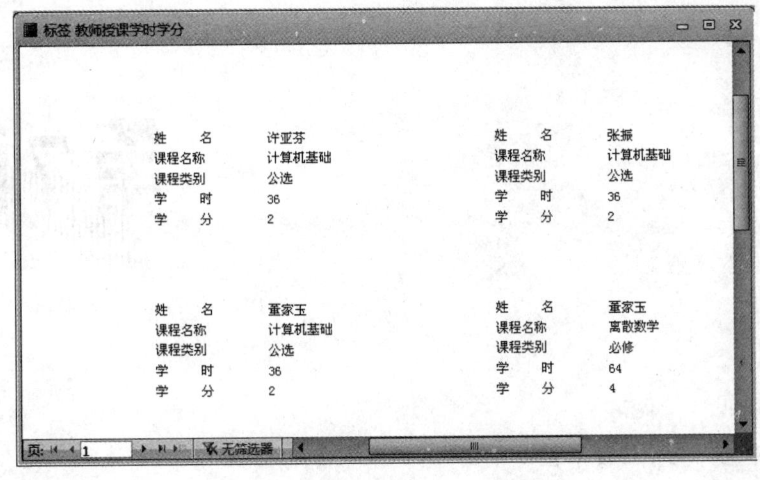

图 6-66 教师授课标签

（4）设计一个分组报表，按授课课程名称分组输出教师的姓名、所教授课程的课程名称、学时和学分，如图 6-67 所示。

按课程名称分组授课情况

课程名称	姓名	学分	学时
C程序设计			
	马良	4	64
操作系统			
	周树春	4	64
计算机基础			
	董家玉	2	36
	张振	2	36
	许亚芬	2	36
计算机网络			
	徐辉	4	64
计算机组成原理			
	马良	6	64
离散数学			
	董家玉	4	64
数据库系统概论			
	周树春	4	64
现代企业管理			
	汪家伟	2	36
	马俊亭	2	36

图 6-67 分组授课情况报表

第7章 宏

学习目标

通过本章的学习，应该掌握以下内容：

(1) 宏的概念及分类；

(2) 创建宏和宏组；

(3) 宏的几种运行方式；

(4) 宏的编辑和调试；

(5) 宏的运用。

7.1 宏概述

在处理 Access 数据库对象的过程中，往往需要重复执行某些任务或操作。例如，向表中添加记录时，需要打开同一个窗体，为了简化操作步骤，可以将这些重复执行的任务或操作组织在一个宏中，在应用时直接调用和运行宏，自动地执行集成在宏中的各项操作。

宏并不直接处理数据库中的数据，它是组织 Access 数据库对象的工具。在 Access 数据库中，表、查询、窗体和报表这 4 个对象，各自具有强大的数据处理功能，能独立地完成数据库中的特定任务，但是它们各自独立工作，不能相互协调相互调用，使用宏可以将这些对象有机地整合在一起，完成特定的任务。

7.1.1 宏的概念

宏是 Access 中执行特定任务的操作和操作集合，其中的每个操作实现特定的功能，是由 Access 本身提供的。宏是以动作为单位执行用户设定的操作的，每个动作在运行时由前到后按顺序执行。宏可以是包含操作序列的一个宏，也可以是多个宏组成的宏组。使用条件表达式可以决定在某些条件下运行宏时，某个操作是否执行。

创建宏的目的是自动处理某一项或者一系列任务，可以将任务当作一个或多个基本操作的集合，其中每个基本操作都能单独实现某一项特定的功能，如打开窗体，关闭窗体等。图 7-1 显示了一个含有 3 个操作的宏。宏的功能包括：

(1) 打开某个窗体。

(2) 显示一个信息提示框。

(3) 关闭窗体。

当执行这个宏时，将自动执行这 3 个操作。

通过宏的自动重复执行操作的能力，无须编写程序就可以设计出具有一定功能的数据库应用系统。

在实际操作过程中，人们很少单独使用一个宏命令，往往将这些命令组合在一起按照顺序依次执行以完成一项特定的任务。这些命令的执行可以通过窗体或表中控件的某个事件来触发，也可以在数据库的运行过程中自动实现。

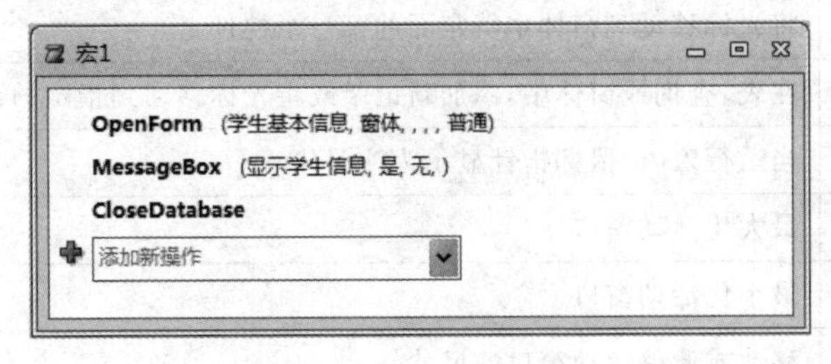

图 7-1　宏的设计视图

7.1.2　常用的宏操作

Access 2010 提供了 80 多个宏操作命令。根据宏的用途将它们分成以下 8 类。

(1) 窗口管理命令。

(2) 宏命令。

(3) 筛选/查询/搜索命令。

(4) 数据导入导出命令。

(5) 数据库对象命令。

(6) 数据输入命令。

(7) 系统命令。

(8) 用户操作命令。

由于宏操作的种类繁多，在表 7-1 中列出了 Access 中较为常用的宏操作及功能。

表 7-1　常用宏操作

宏　操　作	主 要 功 能
AddMenu	创建菜单栏或快捷菜单
AddlyFilter	用筛选、查询或 SQL 语句的 Where 子句来选择表、窗体或报表中显示的记录
Beep	使计算机的扬声器发出嘟嘟声
CancelEvent	取消引起宏操作的事件
Close	关闭指定的数据库对象，包括表、查询、窗体、报表或模块窗口

续表

宏 操 作	主 要 功 能
CopyObject	复制数据库对象
DeleteObject	删除数据库对象
Echo	运行宏时,显示或不显示状态信息
FindRecord	在表、查询或窗体中查找指定条件的第一条记录
FindNext	依据 FindRecord 操作使用的查找准则查找下一条记录
GotoControl	将光标移动到窗体中特定的控件上
GotoPage	将光标移动到窗体中特定页的第一个控件上
GotoRecord	在表、查询或窗体中,添加新记录或将光标移动到指定的记录
Hourglass	当运行宏时,鼠标指针显示为沙漏状
Maximize	最大化活动窗口
Minimaze	最小化活动窗口
MoveSize	移动或调整活动窗口的尺寸
MsgBox	显示消息框
OpenDiagram	在设计视图打开数据库图表
OpenForm	打开窗体
Openmodule	打开指定的模块
OpenQuery	在表、窗体中打开查询
OpenReport	在设计视图或预览视图中打开报表
OpenTable	在表、设计视图或预览视图中打开查询表
OutputTo	将数据导出为 XLS、TXT、RFT、HTML 或 ASP 等文件格式
PrintOut	打印活动的数据库对象,如表、窗体、报表和模块
Quit	退出 Access
Rename	将数据库对象更名
Requery	让指定控件重新从数据源中读取数据
Restore	将最大化活最小化的窗口恢复到原来的大小
RunApp	运行另一个 Windows 应用程序
RunCode	运行一个指定的 VB 函数程序
RunCommand	运行指定的 Access 菜单栏、工具栏和快捷菜单上的命令
RunMacro	运行指定的宏
RunSQL	运行指定 SQL 命令
Save	保存指定的数据库对象

续表

宏 操 作	主 要 功 能
SelectObject	选定一个数据库的对象
SendKeys	发送键盘消息给当前活动的模块
SendObject	将数据库对象中的数据以电子邮件形式发送给收件人
SetMenuItem	设置自定义菜单中命令的状态:有效、无效、可选或不可选
SetValue	为窗体、报表中的字段指定一个新值
ShowToolbar	显示或隐藏工具栏
StopMacro	取消所有的宏
TransferDatabase	导入、导出或链接表
TransferSpeetSheet	导入、导出电子表格数据
Transfer	导入、导出文本文件

7.1.3 宏的功能

在 Access 中,宏几乎可以实现数据库的所有操作,归纳起来,具有以下几点。

(1) 打开和关闭表、查询、窗体等对象。

(2) 执行报表的显示、预览和打印功能。

(3) 执行查询操作及数据筛选功能。

(4) 设置窗体中控件的属性值。

(5) 执行菜单上的选项命令。

(6) 显示和隐藏工具栏。

7.2 宏的创建

宏的创建方法与其他 Access 数据库对象一样,都可以在设计视图窗口中进行。在创建宏的过程中,主要工作是设置宏所包含的操作和相应的参数。

7.2.1 宏的设计视图

宏的创建需要在宏的设计窗口进行,打开宏的设计窗口的操作步骤如下:

(1) 打开数据库。

(2) 选择“创建”选项卡中的“宏与代码”组,单击“宏”按钮,打开“宏”设计器窗口,同时打开“操作目录”面板,如图 7-2 所示。

宏设计窗口供用户设计宏使用,用户设计的宏所包含的所有操作都会显示在宏设计窗口中。在“操作目录”面板中,分类列出了所有的宏操作命令,设计宏时可以直接选择所需要的命令。

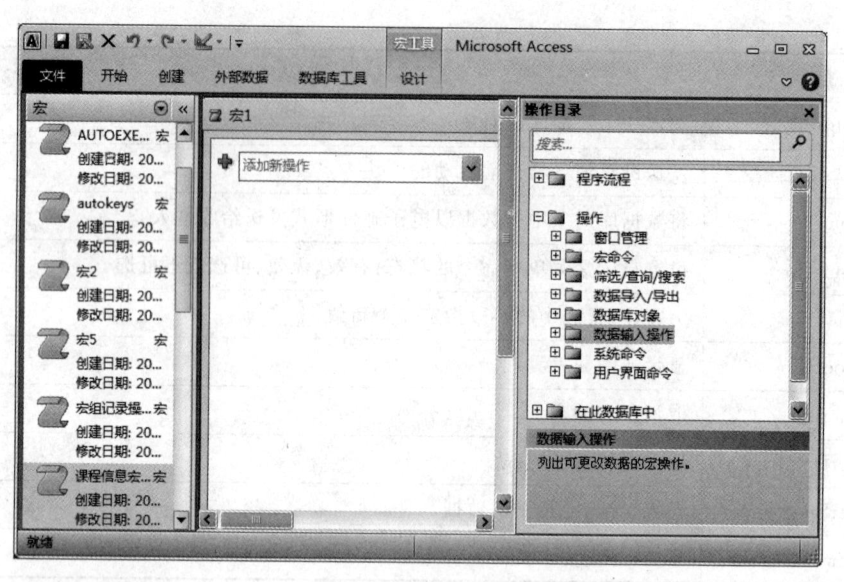

图 7-2　宏设计窗口

宏通常有宏操作名称和参数组成，当选择或直接输入宏操作命令后，系统会自动展开宏并显示该命令的相关参数。选择 OpenForm 命令后显示的相关参数如图 7-3 所示。

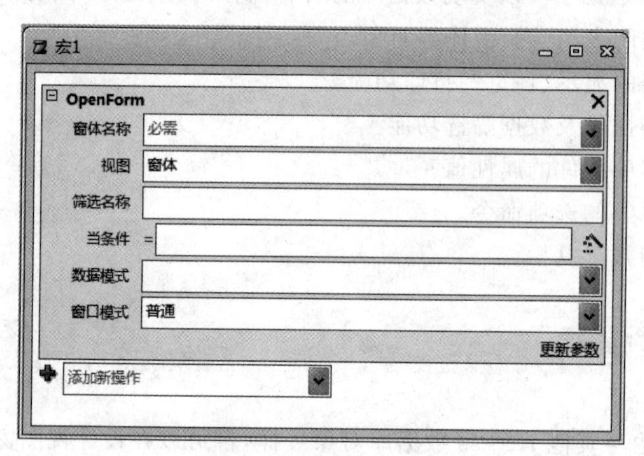

图 7-3　显示宏名和条件的宏设计窗口

操作参数控制操作执行的方式，不同的宏操作具有不同的操作参数。用户根据所要执行的操作对这些参数进行设置。

在使用宏命令时，除了正确使用宏操作的名称，还应根据需要设置相应的参数，用户在使用时要详细了解操作参数的含义。

7.2.2　宏的创建

宏的创建在宏设计器窗口进行，每个宏都需要添加宏操作和设置相关参数。

【实例 7-1】　在“选课管理”数据库中，创建一个宏，其功能为打开“教师信息”窗体，显示所有职称为“教授”的教师记录。

操作步骤如下：

(1) 打开数据库"选课管理"。

(2) 选择"创建"选项卡中的"宏与代码"组，单击"宏"按钮，系统将自动创建名为"宏1"的宏，同时打开"宏设计"窗口。

(3) 在"添加新操作"列表框中选择宏命令 OpenForm，展开操作参数。

(4) 设置操作参数。在操作参数窗口中，使用"窗体名称"的下拉式按钮选择窗体名称"教师信息"，在"视图"选项中选择"窗体"，在"当条件"选项中输入表达式"[职称]="教授""，数据模式设置为"只读"，如图 7-4 所示。

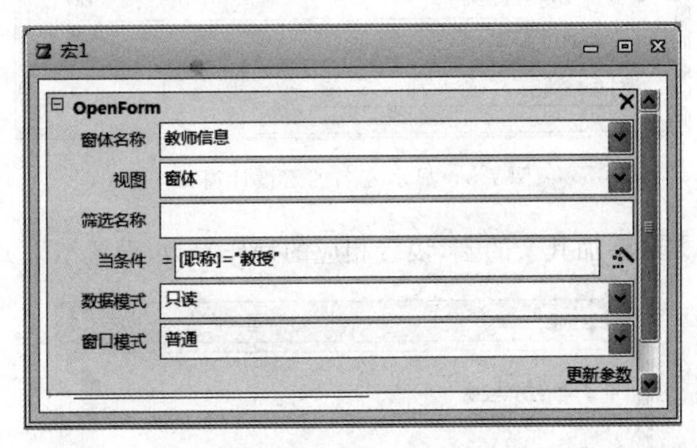

图 7-4　宏的设置

(5) 单击"保存"按钮，打开"另存为"对话框，在"宏名称"文本框中输入"打开教师信息窗体"，然后单击"确定"按钮，宏设计完成。

(6) 单击"执行"按钮，查看宏运行的结果。

如果在一个宏中有多个宏操作，则按照上面的方法逐个添加宏名称以及设置相应的参数。

7.2.3　宏组的创建

宏组是指一个宏文件中包含一个或多个宏，这些宏称为子宏。在宏组中，每个子宏都是独立的，互不相关。将功能相近或操作相关的宏组织在一起构成宏组，可以为设计数据库应用程序带来方便。宏组也是 Access 数据库中的对象。

在宏组中，每个子宏都必须定义一个唯一的名称，以方便调用。

创建宏组与创建宏的方法基本相同，需要打开宏设计窗口，所不同的是在创建过程中为每个子宏命名，为每个宏指定宏的名称。

【实例 7-2】　在"选课管理"数据库中，创建一个宏组，其中包括 3 个宏操作，分别是打开学生表、打开学生信息浏览窗体、打开"学生名册"报表和关闭学生表。

操作步骤如下：

(1) 打开数据库"选课管理"。

(2) 选择"创建"选项卡中的"宏与代码"组，单击"宏"按钮，打开"宏设计"窗口。

(3) 在"操作目录"窗格中，将程序流程中的子宏命令 SubMacro 拖到"添加新操作"

组合框中，在子宏名称文本框中，默认名称为 Sub1，将该名称改为“打开学生表”，在“添加新操作”组合框中选择命令 Opentable，设置表名称为“学生”，视图为“数据表”，数据模式为“只读”，如图 7-5 所示。

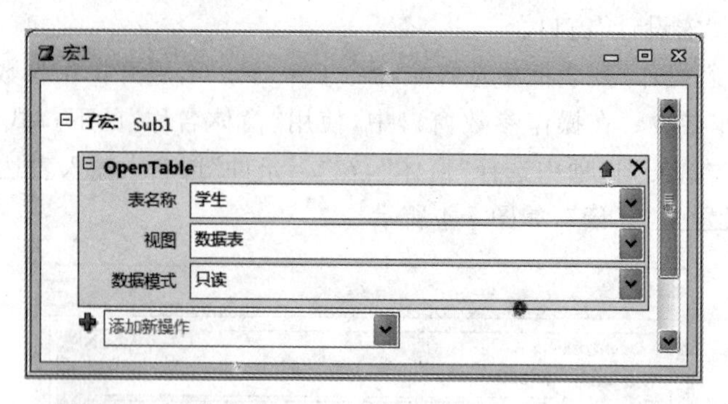

图 7-5　显示宏名的宏设计窗口

(4) 用同样的方法添加其余的宏，设置相应的操作参数，设置结果如图 7-6 所示。

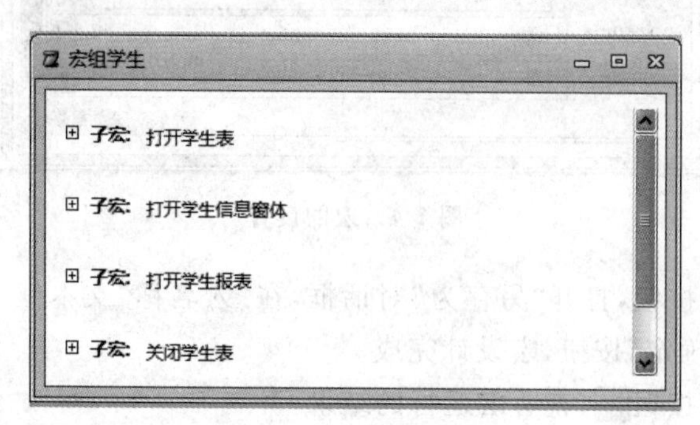

图 7-6　宏组的设计窗口

每个宏的操作参数设置如表 7-2 所示。

表 7-2　宏组中宏的参数设置

宏　　名	宏操作	操 作 参 数
打开学生表	OpenTable	表名：学生；视图：数据表；数据模式：只读
打开学生信息浏览窗体	OpenForm	窗体名称：学生信息浏览；视图：窗体；数据模式：只读，窗口模式：普通
打印学生报表	OpenReport	报表名称：学生名册；视图：打印；窗口模式：普通
关闭	CloseWindows	对象类型：表；对象名称：学生；保存：是

(5) 单击“保存”按钮，打开“另存为”对话框，在“宏名称”文本框中输入“宏组学生表操作”，然后单击“确定”按钮，宏设计完成。

宏组的运行需通过对象的事件触发，将在后面介绍。当直接运行宏时，只执行最前面的宏。

宏与宏组有以下区别：

(1) 宏是由宏操作构成的，而宏组是由宏构成的。

(2) 宏组中的子宏必须命名，而宏不需要。

(3) 宏在运行时，所有的宏操作按顺序执行；而宏组在运行时只执行最前面的宏。

7.2.4 条件宏的创建

条件宏是指在宏中的某些操作带有条件，当执行宏时，这些操作只有在满足条件时才得以执行。

对数据进行处理时，可能希望仅当满足特定的条件时才在宏中执行某个操作，在这种情况下，可以使用条件来控制宏的流程。

宏在执行时能对条件进行测试，并在条件为真时运行指定的宏操作。

【实例 7-3】 在实例 7-2 中所创建的宏中添加一个新功能，在打开报表之前提示用户确认，提示信息为“请打开打印机！”。

操作步骤如下：

(1) 打开数据库“选课管理”及实例 7-2 中所创建的宏“宏组学生表操作”。

(2) 选择宏操作“打开学生报表”，在“操作目录”窗格中将程序流程中的子宏命令 if 拖到子宏名称的下方，然后将宏操作 OpenReport 拖动到“添加新操作文本框中”，在 if 后的文本框中输入表达式“MsgBox("请打开打印机！",1)=1”，如图 7-7 所示。

表达式的含义是，在弹出的消息框(见图 7-8)中显示信息“请打开打印机！”以及“确定”和“取消”按钮，当用户单击“确定”按钮时，执行宏操作 OpenReport。

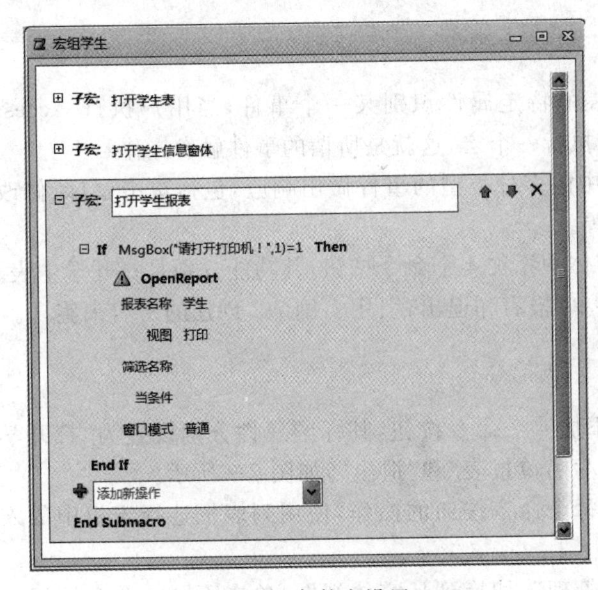

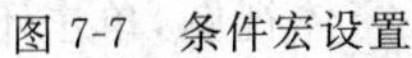
图 7-7 条件宏设置

图 7-8 MsgBox 消息框

(3) 单击“保存”按钮，宏设置完成。

7.2.5 创建嵌入宏

前面所创建的宏独立于窗体、报表之外，称为独立宏，与之相反，嵌入宏嵌入在窗体、报表或控件的事件中，是所嵌入对象的一部分，因此嵌入宏在导航窗格中是不可见的。通常，将宏的执行与窗体中命令按钮的单击事件相结合，当单击窗体中的命令按钮时，执行相应的宏操作。

1. 事件的概念

事件是一种特定的操作，在某个对象上发生或对某个对象发生。Microsoft Access 可以响应多种类型的事件：鼠标单击、数据更改、窗体打开或关闭及许多其他类型的事件。事件的发生通常是用户操作的结果。事件过程是由宏或程序代码构成的用于处理引发的事件或由系统触发的事件运行过程。

Access 数据库对象能够响应许多类型的事件，响应方式由每一个对象的内部所含的行为决定。Access 事件可以由特定对象的属性来识别。例如，当单击窗体中的命令按钮，该按钮事件属性中的“单击”属性可以识别该操作，并根据该操作决定触发哪个宏。

Access 中的事件共有 53 种，可以分为以下几类。

(1) 窗口事件：打开窗口、关闭窗口及其调整窗口大小。

(2) 数据事件：删除、修改或者成为当前项。

(3) 焦点事件：激活、输入或者退出。

(4) 键盘事件：单击或释放一个键以及单击和释放合为一体的击键事件。

(5) 鼠标事件：包括鼠标单击、双击、按住鼠标左键、释放鼠标和移动鼠标。

(6) 打印事件：包括打开报表、关闭报表、报表无数据、打印出错等。

2. 事件触发操作

Access 可以通过窗体控件和报表的特定属性识别某一个事件，当用户执行 Access 能识别的事件时，都能够导致 Access 执行一个宏，这就是所谓的事件触发操作。

Access 可以对窗体、报表或控件中的多种类型的事件做出响应，包括单击鼠标、修改数据、打开或关闭窗体以及打印报表等。

【实例 7-4】 创建一个窗体，在窗体中添加 4 个命令按钮，其功能分别是打开学生表、打开学生信息浏览窗体、打开“学生名单”报表和退出，引用实例 7-2 创建的宏组来实现。

操作步骤如下：

(1) 打开数据库“选课管理”。

(2) 在数据库中新建一个窗体，添加 4 个命令按钮，其标题属性分别设置为“打开学生表”、“打开学生信息窗体”、“打开学生名单报表”和“退出”，如图 7-9 所示。

(3) 使用命令按钮控件向导设置每个命令按钮的操作，使用列表框选择宏组中的宏操作，如图 7-10 所示。

(4) 保存窗体，窗体名称为“学生管理”，切换到从窗体视图，单击不同的命令按钮可以运行相应的宏操作。

7.2.6 宏的编辑

对已经创建的宏可以进行编辑和修改，包括添加新的宏操作、删除宏操作、更改宏操作顺序和添加注释等。

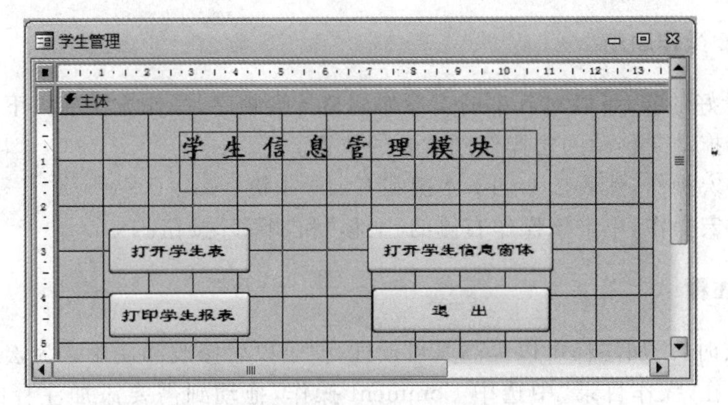

图 7-9 显示宏名的宏设计窗口

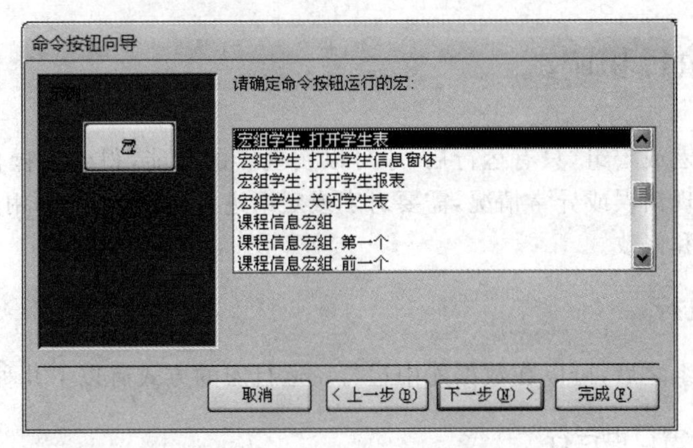

图 7-10 设置命令按钮的操作

1. 添加宏操作

对已经创建的宏可以继续添加新的宏操作,操作步骤如下:

(1) 在"导航"窗格中选择"宏",右击要修改的宏,在弹出的快捷菜单中选择"设计视图",打开"宏设计"视图窗口。

(2) 添加新的宏操作并设置相关的参数。

(3) 重复步骤(2)可以继续添加。

(4) 保存宏。

2. 删除宏操作

如果需要在已有的宏中删除宏操作,可采用下列两种方法:

(1) 选中要删除的宏,按 Delete 键。

(2) 右击要删除的宏,在快捷菜单中选择"删除"命令。

(3) 直接单击宏操作右侧的"删除"按钮。

3. 更改宏操作顺序

对于设计好的宏,可以对其中的宏操作调整排列顺序,操作方法有以下三种。

(1) 直接拖动要移动的宏操作到需要的位置。

(2) 选中宏操作,然后按 Ctrl+↑键和 Ctrl+↓键。

(3) 选中宏操作,单击该操作右侧的"上移"和"下移"按钮。

4. 添加注释

在设计宏时,添加注释可以提高其可读性,便于以后修改和使用。为宏操作添加注释的操作步骤:在"操作目录"中选中 Comment 操作,拖动到需要添加注释的宏操作的前面,然后在文本框中输入注释内容即可。

7.3 宏的执行和调试

对于创建的宏或宏组,只有运行后,才可以实现宏的功能,得到宏操作的结果。在宏运行时有时会出现错误或异常情况,需要对宏或宏组进行调试。此外,用户可以对已经创建的宏进行编辑和修改。

7.3.1 宏的执行

创建宏或宏组之后,可以在数据库中运行。运行宏的方式有以下几种。

1. 在宏设计窗口中运行

在宏设计窗口中,选择"创建"选项卡中的"宏与代码"组,单击"宏"按钮可以直接运行已经设计好的宏。

2. 在导航窗口中运行

在导航窗口中,选择"宏"对象,可以使用下列方法运行宏。

(1) 双击所要运行的宏的名称。

(2) 右击所要运行的宏,在快捷菜单中选择命令"运行"。

3. 在 Access 主窗口中运行

在 Access 主窗口中,选择"数据库工具"选项卡中的"宏"组,单击"运行宏"按钮,打开"执行宏"对话框,如图 7-11 所示,直接在下拉列表框中选择要执行的宏的名称或直接输入宏名,然后,单击"确定"按钮。

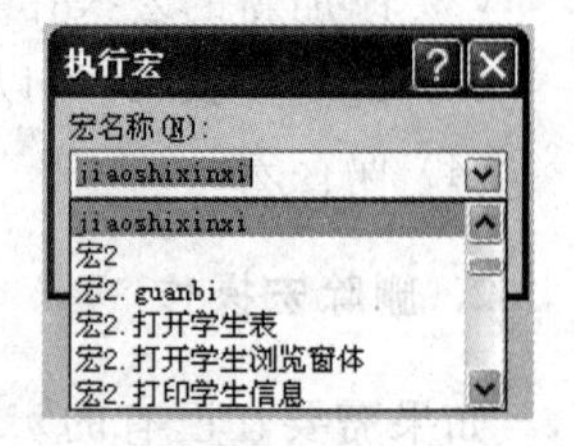

图 7-11 "执行宏"对话框

4. 在其他宏中运行

可以在其他的宏中运行一个已设计好的宏,其操作方法如下:

（1）在宏中添加 RunMacro 操作。

（2）在“宏名称”参数框中输入要执行的宏名。

5. 自动运行宏

Access 数据库提供了一个专用的宏 Autoexec，又称其为自动宏。如果数据库中有名为 Autoexec 的宏，则在打开数据库时自动运行宏。因此，如果用户想在打开数据库时自动执行某些操作，可以通过自动宏实现。操作步骤如下：

（1）创建一个宏，其中的宏操作是打开数据库时自动执行的操作所对应的宏。

（2）保存此宏并将宏命名为 Autoexec。

设置了自动宏之后，当打开 Access 数据库时，Access 自动执行 Autoexec 宏。所以，可以把打开一个数据库应用系统的启动界面的宏操作，存放在 Autoexec 宏中，这样每次打开该数据库时，会自动运行 Autoexec 宏并打开数据库应用系统的启动界面。

7.3.2 宏的调试

在宏执行时有时会得到异常的结果，可以使用宏的调试工具对宏进行调试，常用的方法是单步执行宏，即每次执行一个操作。在单步执行宏时，用户可以观察到宏的执行过程以及每一步的结果，从而发现出错的位置并进行修改。

单步执行宏的操作方法如下：

（1）打开宏设计窗口。

（2）单击工具栏上的“单步”按钮，然后单击“运行”按钮，打开“单步执行宏”对话框，如图 7-12 所示。

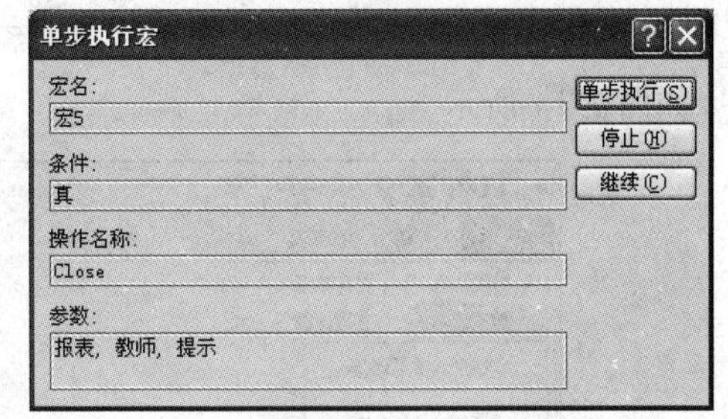

图 7-12 “单步执行宏”对话框

在“单步执行宏”对话框中，显示了宏名、条件、操作名称和参数。通过对这些内容进行分析，可以判断宏的执行是否正常。

对话框中，3 个按钮的功能如下：

① 单步执行：执行对话框中显示的宏操作，如果执行正常，则执行下一个宏操作。

② 停止：停止宏的执行，关闭对话框。

③ 继续：关闭“单步执行”模式，执行宏中的其余操作。

（3）如果在宏的执行过程中出现错误，会弹出一个消息框，显示宏操作的错误信息，例如，当宏操作 OpenReport 的操作参数“报表名称”指定了一个不存在的报表，则执行该操作时会打开如图 7-13 所示的消息框。

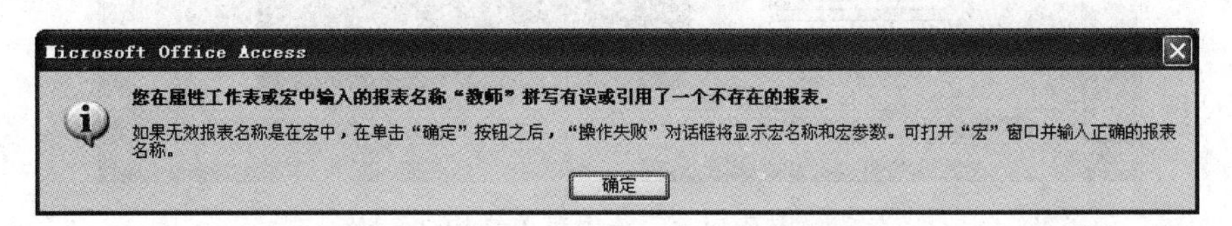

图 7-13 宏操作出错消息框

在消息框中，指出了出错原因并给处理建议。用户可以根据实际情况对宏进行修改。

7.4 使用宏创建菜单

在数据库应用系统中，很多功能都可以用菜单的方式实现，可以为数据库应用系统创建菜单系统，在 Access 2010 中，设计菜单使用宏来实现，而菜单系统本身也是依靠宏来运行的。创建菜单使用 AddMenu 命令，AddMenu 命令能够完成的菜单有 3 类。

(1) 自定义快捷菜单：使用自定义快捷菜单，可以替代窗体或报表中的内置的快捷菜单。

(2) 全局快捷菜单：除已经添加了自定义快捷菜单的窗体对象外，全局快捷菜单可以替代其余所有没有设定的窗体等对象中的默认右键菜单。

(3) "加载项"选项卡的自定义菜单：这种自定义菜单出现在程序的"加载项"选项卡下，可用于特定窗体或报表，也可用于整个数据库。

创建自定义菜单的操作步骤如下：

(1) 为自定义菜单栏上所需的每个下拉式菜单均创建一个包含 AddMenu 操作的菜单栏宏。

(2) 为每个菜单创建一个宏组为每个下拉式菜单指定命令。每个命令都运行由该宏组中的一个宏所定义的操作集合。

(3) 将所有下拉菜单组合到水平菜单中。

(4) 通过窗体激活与运行菜单系统。

【实例 7-5】 使用宏创建"选课管理"系统的菜单系统，菜单项置于"加载项"选项卡中，如图 7-14 所示。

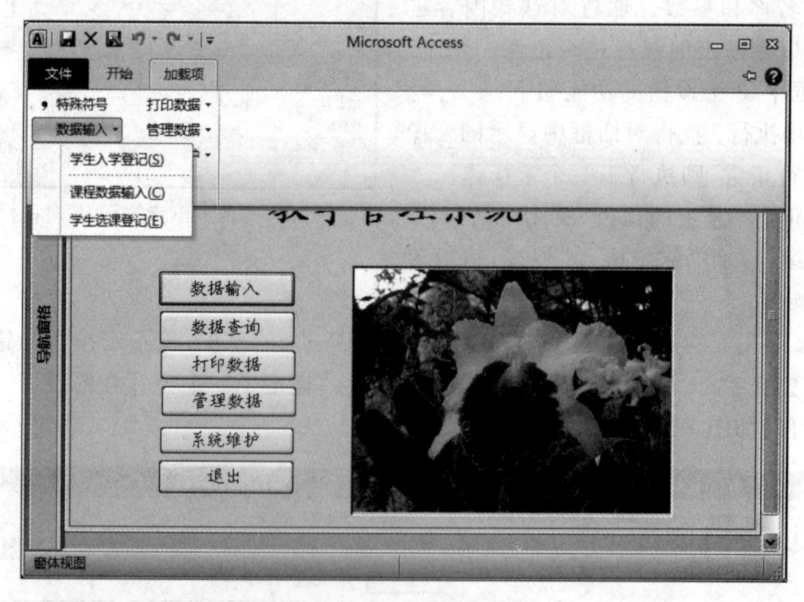

图 7-14　系统主菜单结构

操作步骤如下：

(1) 打开数据库“选课管理”。

(2) 创建宏组定义每个下拉菜单项所对应的宏操作。宏组中的每个宏名对应子菜单的一个功能。如图 7-15 所示，显示的是数据输入菜单项的子菜单中所有菜单项的功能。用同样的方法可以创建所有下拉菜单项所对应的宏组。

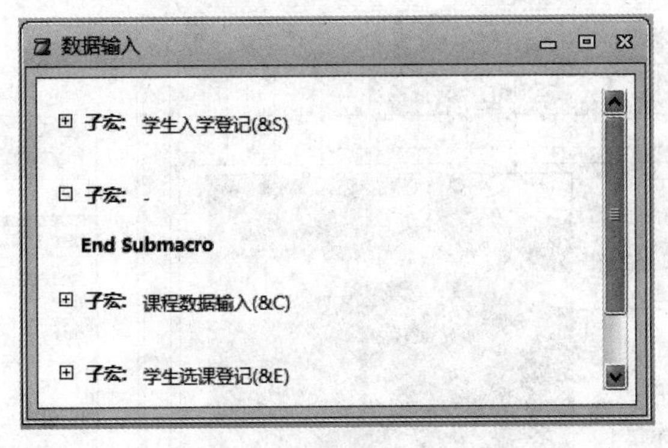

图 7-15　下拉菜单的宏设计

(3) 创建一个包含 AddMenu 操作的菜单栏宏组。在宏组中，每个宏中只有 AddMenu 操作。在操作参数中，“菜单名称”文本框中应输入主菜单中菜单名称，“菜单宏名称”应设置为菜单项所对应的宏组名称，例如，“数据查询”菜单项对应的宏组为“数据查询”，如图 7-16 所示。保存宏组，宏组名称为“系统主菜单”。

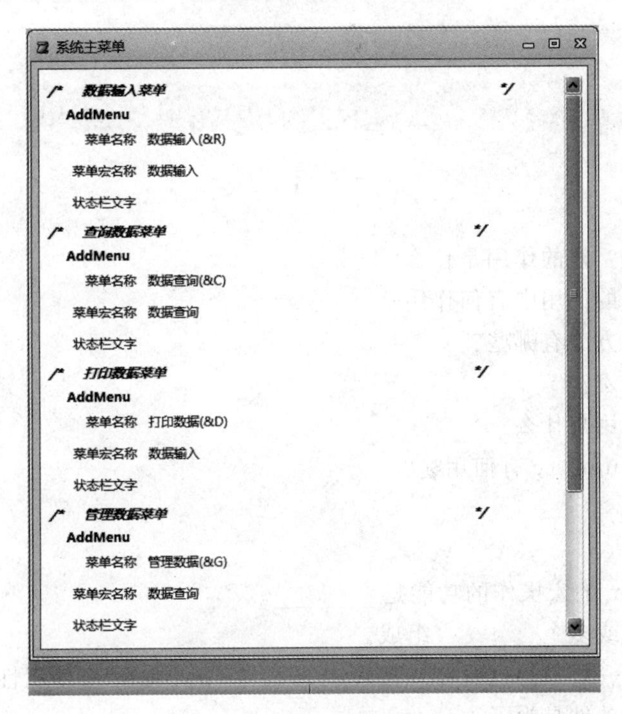

图 7-16　主菜单的宏设计

（4）通过窗体激活与运行菜单系统。创建一个新窗体，在窗体中添加所需要的控件，如图 7-17 所示。

（5）打开窗体“属性”对话框，选择“其他”选项卡，设置“菜单栏”属性为“系统主菜单”，如图 7-18 所示。

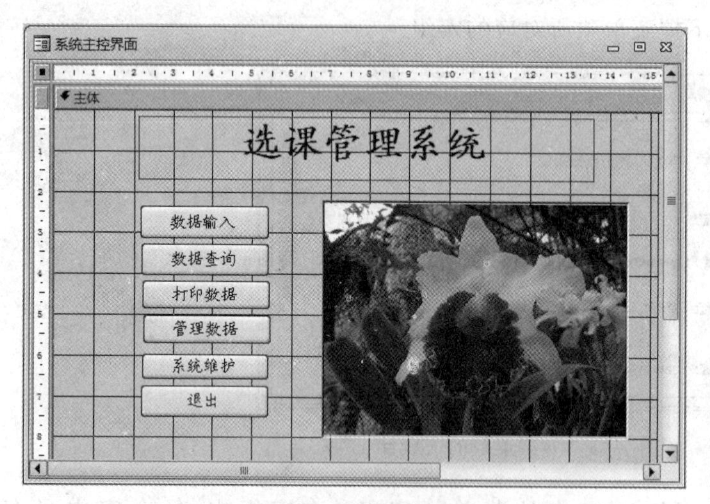

图 7-17　窗体设计视图

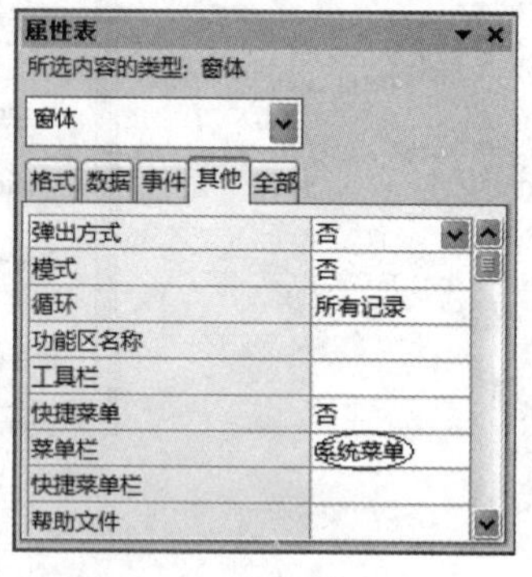

图 7-18　窗体属性设置

（6）关闭“属性”对话框，保存窗体并命名为“系统主控界面”。

至此菜单的设计完成，在数据库窗口中，打开“系统主控界面”窗体，显示结果如图 7-14 所示。

思考与练习

1. 思考题

（1）什么是宏？宏的作用是什么？
（2）宏名在宏的使用中有何作用？
（3）调用宏的方法有哪些？
（4）如何调试宏？
（5）宏组的作用是什么？
（6）自动宏 Autoexec 有何用途？

2. 填空题

（1）OpenForm 的宏操作的功能是________。
（2）宏由一个或多个________组成。
（3）宏的使用一般是通过窗体或报表中________的“单击”事件属性实现的。
（4）为宏设置条件是为了________。
（5）在宏设计窗口中，操作面板的作用是________。

(6) 利用 AddMenu 命令可以创建的菜单为自定义快捷菜单、________和________。

(7) 运行宏组时，只运行________宏。

3. 上机操作题

(1) 在教师管理数据库中，创建一个宏，其功能为将教师表的数据导出到 Excel 文件中。运行宏，查看结果。

(2) 设计一个宏组，宏组中包含 5 个宏，其功能为实现对课程信息窗体记录操作的向前移动、向后移动、首记录、尾记录和退出功能，如图 7-19 所示。

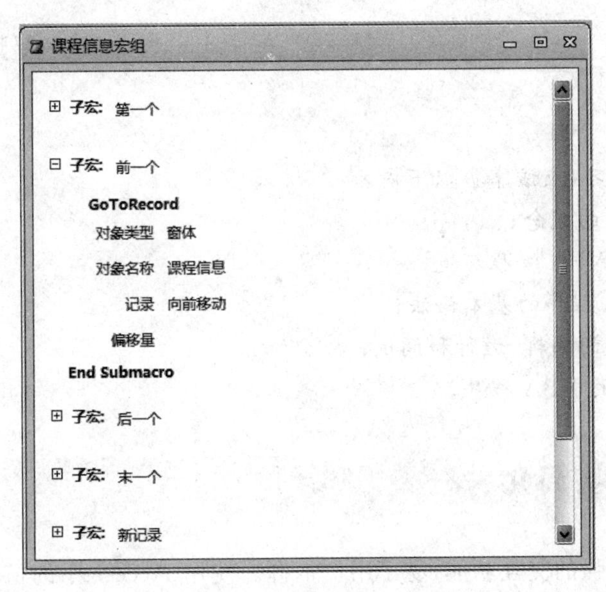

图 7-19 宏组设计视图

创建一个窗体，显示课程基本信息。窗体中添加 5 个命令按钮调用该宏组的宏命令，窗体运行界面如图 7-20 所示。

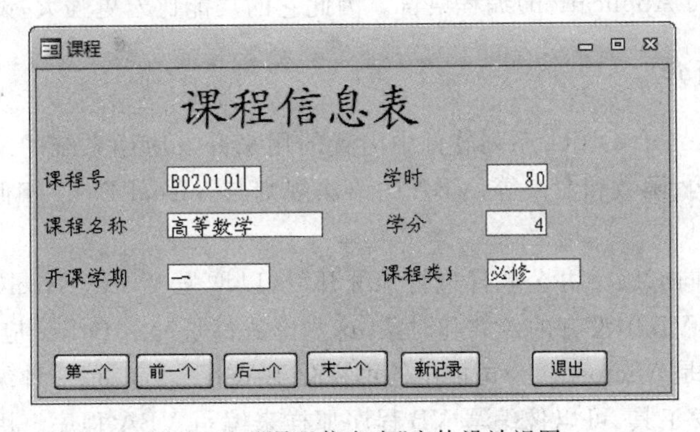

图 7-20 “课程信息表”窗体设计视图

第8章 VBA 编程基础

学习目标

通过本章的学习，应该掌握以下内容：

(1) VBA 模块的概念；

(2) 熟练掌握 VBA 编程环境；

(3) 掌握 VBA 程序的基本语法；

(4) VBA 程序的编辑、运行和调试；

(5) 编写简单的 VBA 程序。

8.1 VBA 模块简介

Access 具有较强的交互功能，易于用户掌握。使用 Access 中的窗体、报表和宏等对象可以创建简单的数据库应用系统。如果要对数据库对象进行更复杂、更灵活的控制，就需要编程来实现。在 Access 中，编程是通过模块对象实现的。利用模块可以将数据库中的各种对象联结起来，从而使其构成一个完整的系统。模块的编写采用 Office 通用的 VBA(Visual Basic Application)编程语言。因此它的功能比宏更强大，设计也更为灵活。

8.1.1 VBA 简介

VBA 是 Microsoft Office 系列软件中内置的用来开发应用系统的编程语言，包括各种主要的语法结构、函数和命令等，VBA 的语法规则与 Visual Basic 相似，但是二者又有本质区别。

VBA 主要面向 Office 办公软件进行系统开发，以增强 Word、Excel 等软件的自动能力，它提供了很多 VB 中没有的函数和对象，这些函数都是针对 Office 应用的。

Visual Basic 是 Microsoft 公司推出的可视化 BASIC 语言，是一种编程简单、功能强大的面向对象开发工具，可以像编写 VB 程序那样来编写 VBA 程序。用 VBA 语言编写的代码将保存在 Access 中的一个模块里，并通过类似在窗体中激发宏的操作那样来启动这个模块，从而实现相应的功能。

在设计数据库应用系统的一些特殊功能时，需要用"模块"对象来实现，这些模块都是利用 VBA 语言来实现的。模块和宏的使用方法基本相同，在 Access 中，宏也可以存储为模块，宏的每个基本操作在 VBA 中都有相应的等效语句，使用这些语句就可以实现所有单独的宏命令，所以 VBA 的功能是强大的。用户若想使用 Access 来实现完成一个实际的数据库应用系统，就应该掌握 VBA。

8.1.2 VBA 开发环境

Access 所提供的 VBA 开发环境又称为 VBE(Visual Basic Editor)，在 VBE 中可以编写 VBA 函数、过程和 VBA 模块。

1. 打开 VBE 窗口

在 Access 中，可以通过多种方法打开 VBE 窗口。主要有以下方法：

(1) 选择“创建”选项卡中的“宏与代码”组，单击“模块”按钮，打开 VBE 窗口，创建一个新模块。

(2) 在“导航”窗格中选择“模块”类别，使用快捷方式 Alt＋F11 键，该组合键还可以在数据库窗口和 VBE 之间相互切换。

(3) 在“导航”窗格中选中某个“模块”对象右击，在快捷菜单中选择“设计视图”，打开 VBE 窗口，并在窗口中显示该模块的代码，可以对其进行修改和编辑。

(4) 在“导航”窗格中选中某个“模块”对象，双击数据库窗口中已创建好的某个模块，打开 VBE 窗口，此时在窗口中显示该模块的代码。

上面的方法用于查看、编辑那些不在窗体和报表中的模块。如果查看、编辑窗体和报表中的模块，则可以使用以下的方法：

(1) 在“导航”窗格中打开窗体或报表，然后选择“窗体设计工具”或“报表设计工具”选项卡中的“工具”组，单击“查看代码”按钮，打开 VBE 环境及该窗体或报表的模块代码。

(2) 在设计视图中打开窗体或报表，右击需要编写代码的控件，在弹出的菜单中选择命令“事件生成器”，打开 VBE 窗口，窗口中将显示该控件的默认事件的代码，用户可以直接编辑或修改代码。

2. VBE 窗口的组成

VBE 窗口通常由一些常用工具和多个窗口组成，如图 8-1 所示。

VBE 编辑器主要由代码窗口、立即窗口、监视窗口、本地窗口、属性窗口、对象浏览器以及工程资源管理器等窗口组成。在第一次打开 VBE 编辑器时，窗口中只包含对象浏览器、代码窗口和属性窗口，使用视图菜单可以打开其他的窗口。

(1) 代码窗口：用来编写、显示和修改 VBA 代码。可以打开多个代码窗口来查看各模块的代码，也可以在代码窗口之间进行代码的复制操作。在代码窗口中，关键字和普通代码分别以不同的颜色显示。

代码窗口包含两个组合框，左边是“对象”组合框，列出所有可用的对象名称，右边是“过程”组合框，列出所选择对象的所有事件过程。

（2）工程资源管理器窗口：该窗口其实是一个列表框。在列表框中列出了应用程序所用到的模块以及类对象。单击“查看代码”按钮显示相应的代码窗口，单击“查看对象”按钮显示相应的对象窗口。

（3）属性窗口：属性窗口列出了所选对象的各个属性，分为“按字母序”和“按分类序”两种查看方式。可以在属性窗口中设置或修改对象的属性，

（4）立即窗口：当单步执行程序时，使用该窗口可以直接输入语句或命令并查看执行结果。

（5）监视窗口：用于显示当前工程中定义的监视表达式的值。当工程中定义有监视表达式时，监视窗口会自动出现。

（6）本地窗口：用于显示所有在当前过程在执行过程中的变量声明和变量值。

（7）对象浏览器：用于显示对象模型中以及工程过程中的可用类、属性、方法、事件及常数变量。

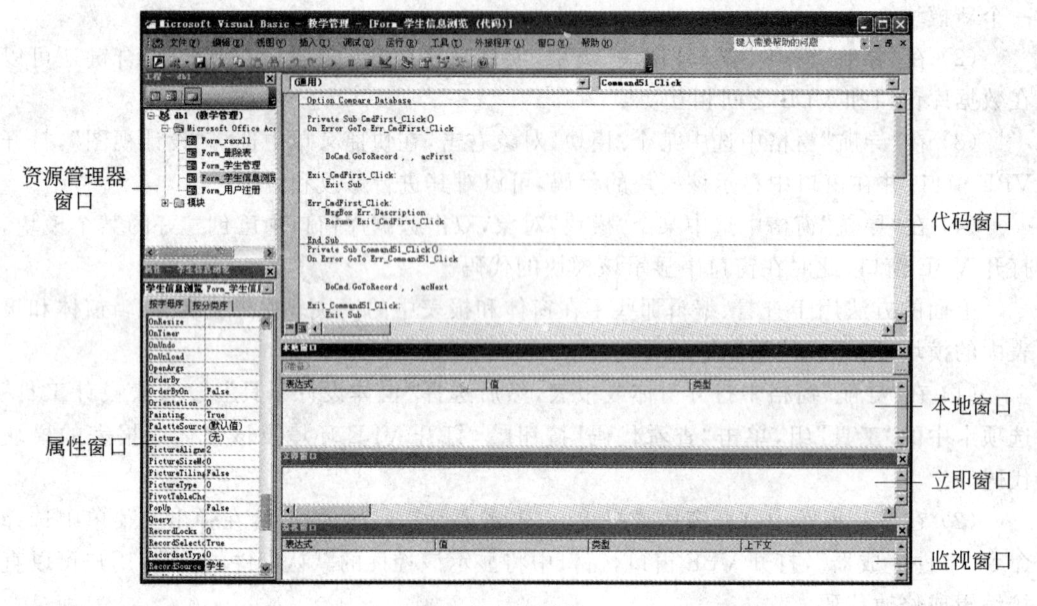

图 8-1　VBE 窗口

8.1.3　VBA 模块

VBA 模块是由 Visual Basic 语言的声明和过程作为一个单元进行存储的集合，它们作为一个整体来使用。模块中的代码以过程的形式加以组织，每一个过程都可以是一个 Sub 过程或 Function 过程。

模块与宏的使用方法基本相同。在 Access 中，宏也可以存储为模块，宏的每个基本操作在 VBA 中都有相应的等效语句，使用这些语句就可以实现所有单独的宏命令。宏的使用方法简单，不需要编程，而使用模块要求对编程有一定的基本知识，它比宏要复杂。模块的运行速度快，而宏的速度慢。

1. 模块的分类

模块有两种基本类型：类模块和标准模块。

(1) 类模块是包含类定义的模块，包括其属性和方法的定义。类模块有 3 种基本形式：窗体类模块、报表类模块和定义类模块，它们各自与某一窗体或报表相关联。为窗体(或报表)创建第一个事件过程时，Access 将自动创建与之关联的窗体或报表模块。

(2) 标准模块包括在数据库窗口的模块对象列表中，标准模块包括通用过程和常用过程，这些过程不与 Access 数据库文件中的任何对象相关联，也就是说，如果控件没有恰当的前缀，这些过程就没有指向当前对象或控件名的引用。

类模块和标准模块的不同之处在于，它们的存储方式不同。标准模块的数据只有一个备份，这就意味着当模块中的公共变量发生变化时，如果在其后的程序中再次读取该变量的值，所得到的将是变量变化后的值。而类模块的数据则是由类实例创建的，它独立于应用程序。同样，类模块和标准模块的变量的作用域不同。类模块的变量作用域是类实例对象的存活期，它随着对象的创建而创建，随着对象的撤销而撤销；标准模块的变量作用域是应用程序的存活期，当其变量声明为公有属性(public)时，它在工程的任何地方都是可见的。

2. 模块的功能

模块的功能主要有以下几点：

1) 维护数据库

可以将事件过程创建在窗体或报表的定义中，这样更有利于数据库的维护。而宏是独立于窗体和报表的，所以维护相对困难。

2) 创建自定义函数

使用这些自定义的函数就可以进行复杂的计算、执行宏所不能完成的复杂任务。

3) 执行详细的错误提示

可以检测错误并进行显示，这样的用户界面更加友好，对用户的下一步操作有利。

4) 执行系统级的操作

可以对系统中的文件进行处理，使用动态数据交换，应用 Windows 系统函数和数据通讯。

3. 模块的创建

创建模块的操作步骤如下：

(1) 打开数据库。

(2) 选择“创建”选项卡中的“宏与代码”组，单击“模块”按钮，打开 VBA 模块代码窗口。

(3) 在模块代码窗口输入模块程序代码并保存。

8.2 VBA 基础知识

使用 VBA 设计应用程序，其主要的处理对象是数据，这些数据可以来自于数据库中的表或查询的数据，也可以是独立于数据库用来进行统计和计算的数据，除此之外还要进行流程控制。在编程序之前，用户应首先了解和掌握 VBA 的基本知识，包括数据的表示、存储和运算以及流程控制语句。

8.2.1 编码规则

1. 标识符的命名规则

标识符用来表示常量、变量、函数、过程、控件、对象等用户命名元素的标识，标识符的命名应遵从以下规则。

(1) 必须以字母或汉字开头。

(2) 可以包含字母、数字或下划线符号。

(3) 不能包含标点符号或空格。

(4) 长度最多只能为 255 个字符。

(5) 标识符不区别大小写。

(6) 不能使用 Visual Basic 关键字。

为了增加程序的可读性，可在名称前面加上一个表示标识符类型的前缀。例如，StrAddess 表示字符串变量；TxtName 表示文本框对象等。

2. 语句的构成

在 VBA 中，语句由保留字及语句体组成，而语句体由命令短语和表达式组成。保留字和命令短语中的关键字是系统规定的专用符号，通常由英文单词或其缩写表示，用来告诉计算机"做什么"动作，必须严格按照系统要求来写。语句体中的表达式，可由用户定义，但要遵从语法规则。

3. 程序书写规则

在 VBA 中，通常每条语句占一行，一行最多允许有 255 个字符；如果一行书写多个语句，语句之间用冒号"："隔开；如果某个语句在一行内没有写完，可用下划线"_"作为连接符。

8.2.2 数据类型

VBA 与其他的编程语言一样，为数据操作提供数据类型。表 8-1 列出了 VBA 程序中的基本数据类型，以及它们所占用的存储空间、取值范围等。

对于不同类型的数据，其书写方法是不同的。例如，数值（如 Integer、Long、Single 等）型的数据，直接书写即可；表示文本或字符串时，需要将所表示的内容用一对双引号括

表 8-1　VBA 的基本数据类型

数据类型	类型符	占用字节	取值范围
字节型(Byte)	无	1	0～255
布尔型(Boolean)	无	2	True,False
整型(Integer)	%	2	－32 768～32 767
长整型(Long)	&	4	－2 147 483 648～2 147 483 647
单精度(Single)	!	4	负数：－3.402 823E38～－1.401 298E-45 正数：1.401 298E-45～3.402 823E38
双精度(Double)	#	8	负数：－1.797 693 13E38～－4.940 656 48E-324 正数：－4.940 656 48E－324～－1.797 693 13E38
货币型(Currency)	@	8	－922 337 203 685 477.580 8～922 337 203 685 477.5807
日期/时间型(Date)	无	8	100 年 1 月 1 日～9999 年 12 月 31 日
对象型(Object)	无	4	任何对象引用
字符串(String)	$	不定	0～65 500 个字符
变体型(Variant)	无	不定	由最终的数值类型决定

起来；而表示日期型数据时，则需要将表示日期的数据用一对“#”括起来。

Variant 数据类型是一种特殊的类型。如果变量没有明确定义为某种类型，那么这个变量就会被 Access 当作 Variant 类型。

8.2.3　常量、变量和表达式

在编写应用程序过程中，经常需要对数据进行处理，完成各种运算。变量、常量和表达式是进行计算的主要成分。

1. 常量

常量是指在程序可以直接引用的量，其值在程序运行期间保持不变。

在 Access 中，常量有文字常量、符号常量和系统常量 3 种表示形式。

1）文字常量

文字常量是指常量的具体表示形式，即常数。书写时写出数据的全部字符，包括定界符。

例如，－100、23.45、1E-5 为数值型常量；"中国"，"张三"是字符型常量；而 #2012-10-1# 为日期型常量。

2）符号常量

符号常量是用标识符来表示常量的名称。例如，可以用 PI 表示圆周率的值 3.141 59。符号常量必须使用常量说明语句进行定义，常量说明语句的格式如下：

```
Const 常量名 [As 类型名]=表达式
```

例如：

```
Const PI As Single=3.14159
```

定义了一个符号常量 PI,它的取值为 3.141 59。

3）系统常量

系统常量是 Visual Basic 系统预先定义的常量,用户可以直接引用。

例如,vbBlack 是 color 常数,表示黑色;vbOKOnly 是 MsgBox 常数,用来设置 MsgBox 消息框中只有"确定"按钮。

2. 变量

变量是指在程序运行期间取值可以变化的量。在程序中,每个变量都有一个唯一的名称,用以标识该内存单元的存储位置,用户可以通过变量名访问内存中的数据。

一般来说,在程序中使用变量时需要先声明,声明变量可以起到两个作用,一是指定变量的名称和数据类型;二是指定变量的取值范围。声明变量有 3 种方式。

1）显式声明

变量声明语句的语法格式如下：

```
Dim 变量名 [As 类型名|类型符] [,变量名 [As 类型名|类型符]]
```

其中,Dim 为关键字。该语句的功能是,定义指定的变量并为其分配内存空间。As 类型名用于指定变量的类型。如省略,则默认变量为 Variant 类型。例如:

```
Dim x As Single            '声明了一个单精度型变量 x
Dim name$ ,sex$            '声明了两个字符串变量 name、sex,$是字符型数据的类型符
```

2）强制声明

强制声明可以通过 VBA 系统的系统环境设置来实现。操作步骤如下：

首先在数据库中新建或打开一个模块,打开 VBA 编辑器。在 VBA 编辑器中选择"工具"→"选项"命令,打开"选项"对话框,在"编辑器"选项卡中将"要求变量声明"复选框选中,然后单击"确定"按钮,则在代码区域出现语句 Option Explicit。在输入程序时,所有的变量必须显式声明。

也可以在程序开始处直接输入语句 Option Explicit。

3）隐式声明

如果在程序中直接使用赋值语句为变量赋值,而未事先声明,则该变量的类型为变体类型(Variant)。

3. 表达式

表达式是指用运算符将常量、变量和函数连接起来的式子。表达式的构成必须符合 VBA 的语法规则,并能够为 Access 和 VBA 所识别。

根据组成表达式的常量、变量和运算符的类型,可以将表达式分为算术表达式、关系表达式、逻辑表达式和字符表达式。

表达式的相关内容已在 4.2 节中进行介绍,可查阅。

表达式在 Access 中的应用范围极其广泛，例如，在查询中的准则，宏中的条件等。表达式的计算结果通常保存在变量中。再次使用时，只需要引用该变量的值。

8.2.4 标准函数

标准函数是 VBA 为用户提供的标准过程，也称内部函数。使用这些标准函数，可以使某些特定的操作更加简便。

根据标准函数的功能，可以将标准函数分为数学函数、字符函数、转换函数、日期函数、测值函数、颜色函数等。下面仅列举数学函数、字符函数、转换函数，其余函数用户可以查看 Microsoft Office 帮助。

1. 数学函数

常用的数学函数如表 8-2 所示。

表 8-2 常用数学函数及功能

函数	功能	例子	函数值
Abs(N)	绝对值	Abs(－8.8)	8.8
Cos(N)	余弦	Cos(60 * 3.141 59/180)	0.500 459
Epx(N)	e 指数	Exp(1)	2.718 28
Int(N)	返回不超过 N 的整数	Int(－8.56)	－10
Log(N)	自然对数	Log(1)	0
Rnd(N)	返回一个 0～1 之间的随机数	Rnd	不定
Sgn(N)	返回一个正负号或 0	Sgn(－3)	－1
Sin(N)	正弦	Sin(60 * 3.141 59/180)	0.866 024
Sqr(N)	平方根	Sqr(2)	1.414 21
Tan(N)	正切	Tan(45 * 3.141 59/180)	0.999 999

说明：

(1) 函数中的参数 N 可以是数值型常量、变量、函数和表达式。

(2) 三角函数中的 N 应为弧度值。

(3) 自然对数和平方根函数要求 N 应大于等于 0。

2. 字符函数

常用的字符函数如表 8-3 所示。

说明：

(1) 函数中的参数 N 可以是数值型常量、变量、函数和表达式，C 可以是字符型常量、变量、函数和表达式。

(2) 函数名后跟 $ 的返回值仍是字符型。

表 8-3　常用字符函数及功能

函　　数	功　　能	例　　子	函数值
Instr(C1,C2)	在 C1 中查找 C2 的位置	Instr("BC","ABCD")	2
Lcase $ (C)	将 C 中的字母转换为小写	Lcase $ ("AbcD")	"abcd"
Left $ (C,N)	取 C 左边 N 个字符	Left $ ("ABCD",2)	"AB"
Len(C)	测试 C 的长度	Len("ABCD")	4
LTrim $ (C)	删除 C 左边的空格	LTrim $ (" AB CD")	"AB CD"
Mid $ (C,M,N)	从第 M 个字符起取 C 中 N 个字符	Mid $ ("ABCDEF",3,2)	"CD"
Right $ (C,N)	取 C 右边 N 个字符	Right $ ("ABCD",3)	"BCD"
RTrim $ (C)	删除 C 右边的空格	RTrim $ ("ABCD ")	"ABCD"
Space $ (N)	产生 N 个空格字符	Space $ (5)	" "
Trim $ (C)	删除 C 首尾两端的空格	Trim $ (" AB CD ")	"AB CD"
Ucase $ (C)	将 C 中的字母转换为大写	Ucase $ ("AbcD")	"ABCD"

3. 转换函数

转换函数如表 8-4 所示。

表 8-4　常用字符函数及功能

函　　数	功　　能	例　　子	函数值
Asc(C)	返回 C 的第一个字符的 ASCII 码	Asc("A")	65
Chr(C)	返回 ASCII 码 N 对应的字符	Chr(66)	"B"
Str(N)	将 N 转换为 C 类型	Str(123.45)	"123.45"
Val(C)	将 C 转换为 N 类型	Val("−123.45")	123.45

8.3　VBA 的程序控制

任何一个程序都要按照的一定结构来控制整个程序的流程，常见的程序控制结构可分为 3 种：顺序结构、选择结构和循环结构。

8.3.1　顺序结构

顺序结构是指在程序执行时，根据程序中语句的书写顺序依次执行的语句序列。顺序结构语句的流程如图 8-2 所示。

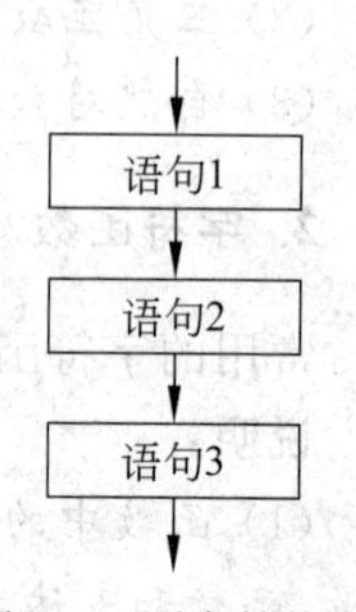

图 8-2　顺序结构语句流程图

在顺序结构中，通常使用赋值语句、输入语句、输出语句和注释语句、终止语句等。

1. 赋值语句

变量声明以后，需要为变量赋值，为变量赋值应使用赋值语句。

赋值语句的语法格式如下：

```
变量名=表达式
```

该语句的功能是，首先计算表达式的值，然后将该值赋给赋值号“=”左边的变量。已经赋值的变量可以在程序中使用，还可以改变变量的值。

【实例 8-1】 指出下列语句的功能。

```
(1) Dim name As String
    name="李明"
(2) Dim i As Integer
    i=1
(3) Dim vate As Single
    vate=2.5
(4) class=5
```

语句功能：

(1) 定义了一个 String(字符串)类型的变量 name，并为 name 赋值，其值为"李明"。

(2) 定义了一个 Integer(整型)类型的变量 i，为 i 赋值为 1。

(3) 定义一个 Single(单精度)类型的变量 vate，为 vate 赋值为 2.5。

(4) 为 Variant(变体)类型的变量 class 赋值为 5。在该语句中没有给出变量 class 的变量声明，因此 class 为 Variant(变体)类型。

2. 注释语句

注释语句用于对程序或语句的功能给出解释和说明。

注释语句的语法格式分如下两种。

格式 1：

```
Rem 注释内容
```

格式 2：

```
'注释内容
```

该语句的功能：对程序段或语句行进行说明。注释语句是非执行语句，在程序运行时不产生任何操作。格式 1 用于对程序段进行注释，在程序中占一行；格式 2 用于对语句行进行说明，可放在语句的后面。

8.3.2 分支结构

分支结构是指在程序执行时，根据不同的条件选择不同的程序语句，用来解决有选择、有转移的一类问题。

实现分支结构的语句有两种：If 语句和 Select Case 语句。

1. if 语句

If 语句又称为分支语句，它有单分支和二分支两种格式。

1）单分支 If 语句

单分支 If 语句的语句格式有如下两种。

格式 1：

```
If<表达式>Then <语句>
```

格式 2：

```
If <表达式>Then
    <语句序列>
End If
```

功能：先计算表达式的值，当表达式的值为真(True)时，执行＜语句序列＞/＜语句＞中的语句，然后执行 If 语句的下一条语句，如果表达式的值为假(False)，直接执行 If 语句的下一条语句。单分支 If 语句的流程如图 8-3 所示。

2）二分支 If 语句

二分支 If 语句的语句格式有如下两种。

格式 1：

```
If<表达式>Then <语句 1>Else  <语句 2>
```

格式 2：

```
If <表达式>Then
    <语句序列 1>
Else
    <语句序列 2>
End If
```

功能：先计算＜表达式＞中表达式的值，当表达式的值为真(True)时，执行＜语句序列 1＞/＜语句 1＞中的语句，然后执行 If 语句的下一条语句，当表达式的值为真(False)时，执行＜语句序列 2＞/＜语句 2＞中的语句，然后执行 If 语句的下一条语句。二分支 If 语句的流程如图 8-4 所示。

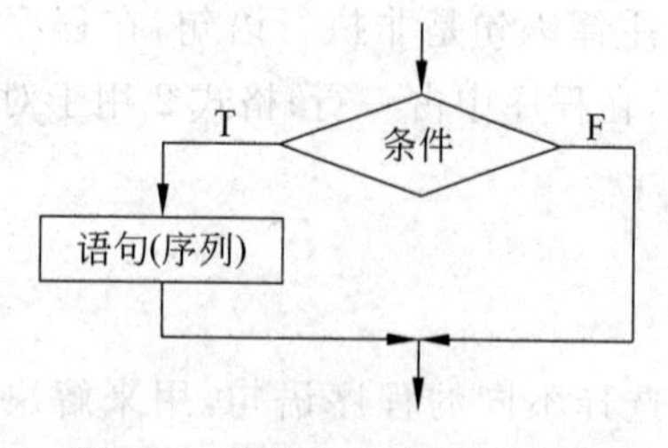

图 8-3　单分支 If 语句流程图

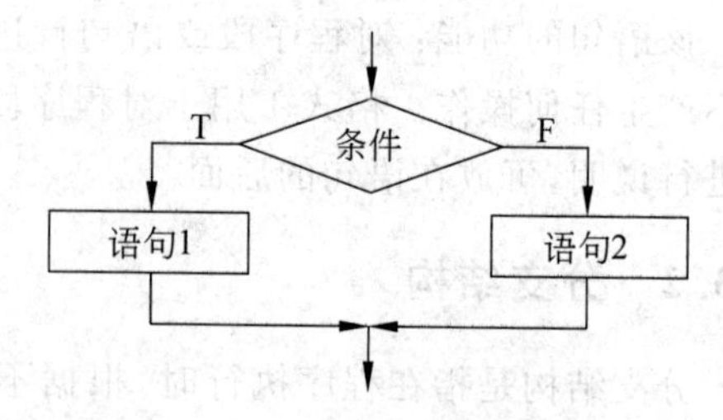

图 8-4　二分支 If 语句流程图

【实例 8-2】 输入一个 2 个整数,并将两个数中较大的数输出。

操作步骤如下:

(1) 创建一个模块,并在代码窗口中输入以下代码:

```
Public Sub Max()
    Dim a, b, m As Integer
    a=InputBox("请输入整数 a 的值: ")
    b=InputBox("请输入整数 b 的值: ")
    If a >b Then
        m=a
    Else
        m=b
    End If
    MsgBox "a 与 b 中的大数为: " & m
End Sub
```

(2) 单击"保存"按钮,并在"另存为"对话框中输入模块名称"数的比较"。

(3) 运行子过程。单击"运行"按钮,程序开始运行,弹出对话框,如图 8-5 所示。输入整数 5 和 8,显示结果如图 8-6 所示。

图 8-5 输入数据对话框

图 8-6 程序运行结果

2. Select Case 语句

Select Case 语句又称为多路分支语句,它是根据多个表达式的值,选择多个操作中的一个对应执行。

多路分支语句的格式如下:

```
Select Case <表达式>
        Case <表达式值列表 1>
            <语句序列 1>
        Case <表达式值列表 2>
            <语句序列 2>
            ⋮
        Case <表达式值列表 n>
            <语句序列 n>
        Case  Else
            <语句序列 n+1>
End Select
```

功能：该语句执行时，计算＜表达式＞的值，然后进行判断，如果表达式的值与第i(i=1,2,…,n)个表达式值列表的值相匹配，则执行语句序列 i 中的语句，如果＜表达式＞的值与所有的＜表达式列表＞中的值都不匹配时，则执行语句序列 n+1。多路分支语句的流程如图 8-7 所示。

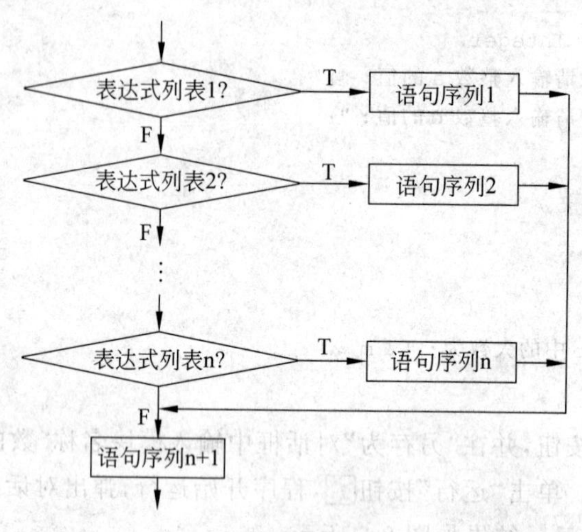

图 8-7　多路分支语句流程图

【实例 8-3】 输入学生的成绩，并划分等级，成绩在 90～100 分之间为"优秀"；在 80～89 分之间为"良好"；在 70～79 分之间为"中等"；在 60～69 分之间为"及格"，在 0～59 分之间为"不及格"。

操作步骤如下：

(1) 创建一个模块，并在代码窗口中输入以下代码：

```
Sub score_class()
    Dim score  As Integer, score_class As String
    score= InputBox("请输入成绩：")
    Select Case Int(score / 10)
        Case 9 To 10
            score_class="优秀"
        Case 8
            score_class="良好"
        Case 7
            score_class="中等"
        Case 6
            score_class="及格"
        Case Else
            score_class="不及格"
End Select
    MsgBox "成绩等级为：" & sopre_class
End Sub
```

(2) 单击“保存”按钮，并在“另存为”对话框中输入模块名称“成绩等级”。

(3) 运行子过程。单击“运行”按钮▶，程序开始运行，输入成绩 85，显示信息如图 8-8 所示。

图 8-8　程序运行结果

8.3.3　循环结构

顺序、分支结构在程序执行时，每个语句只执行一次，循环结构则能够使某些语句或程序段重复执行若干次。每一个循环都由循环的初始状态、循环体、循环计数器和条件表达式 4 个部分组成。

实现循环结构的语句有 3 种，分别是 For…Next 语句、Do…Loop 语句和 While…Wend 语句。

1. For…Next 语句

如果能够确定循环执行的次数，可以使用 For…Next 语句。For…Next 语句通过循环变量来控制循环的执行，每执行一次，循环变量会自动增加(减少)。

For…Next 语句的语句格式如下：

```
For <循环变量>=<初值>to <终值>[Step <步长>]
    <循环体>
Next<循环变量>
```

功能：用循环计数器<循环变量>来控制<循环体>内的语句的执行次数。执行该语句时，先将<初值>赋给<循环变量>，然后判断<循环变量>是否超过<终值>，若超过则结束循环，执行 Next 后面的语句，否则执行<循环体>内的语句，再将<循环变量>自动增加一个<步长>，再重新判断<循环变量>的值是否超过<终值>，若结果为真，则结束循环，重复上述过程。For…Next 语句的流程如图 8-9 所示。

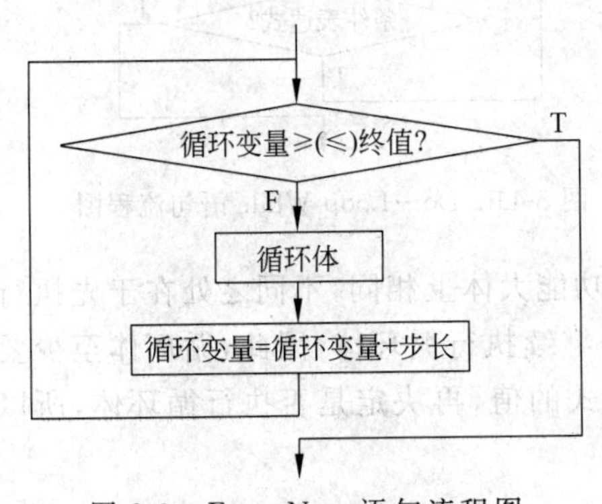

图 8-9　For…Next 语句流程图

说明：

(1) <循环变量>是数值型的变量，通常为整型变量。

(2) <步长>是<循环变量>的增量，通常取大于 0 或小于 0 的数，一般情况下。<步长>不能为 0。当<步长>大于 0 时，<循环变量>的值超过<终值>意味着<循环变量>大于<终值>；当<步长>小于 0 时，<循环变量>的值超过<终值>意味着<循环变量>小于<终值>。

(3) <循环体>可以是一条或多条语句。

(4) [Exit For]是出现在<循环体>内退出循环的语句，与条件语句配合使用。

2. Do…Loop 语句

Do…Loop 也是实现循环结构的语句，它有两种形式，Do While…Loop 和 Do…Loop While。

① Do While…Loop 的语句格式：

```
Do While<条件表达式>
    <循环体>
Loop
```

功能：计算<条件表达式>的值并进行判断，如果为假，则退出循环，执行 Loop 下面的语句；如果<条件表达式>为真，则执行<循环体>的语句，然后再判断条件表达式的值，重复该过程。该语句的流程图如图 8-10 所示。

② Do…Loop While 的语句格式：

```
Do
    <循环体>
Loop While<条件表达式>
```

功能：首先执行<语句序列>的语句，然后计算<条件表达式>的值并进行判断，如果<条件表达式>为假，则退出循环，执行 Loop 下面的语句；如果<条件表达式>为真，则执行<循环体>的语句，重复该过程。该语句的流程图如图 8-11 所示。

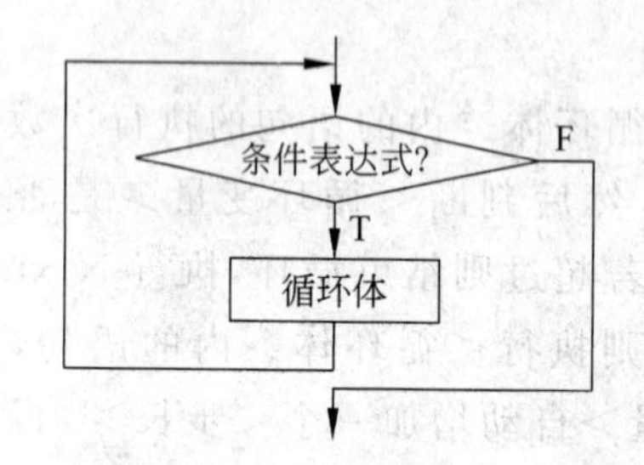

图 8-10　Do While…Loop 语句流程图

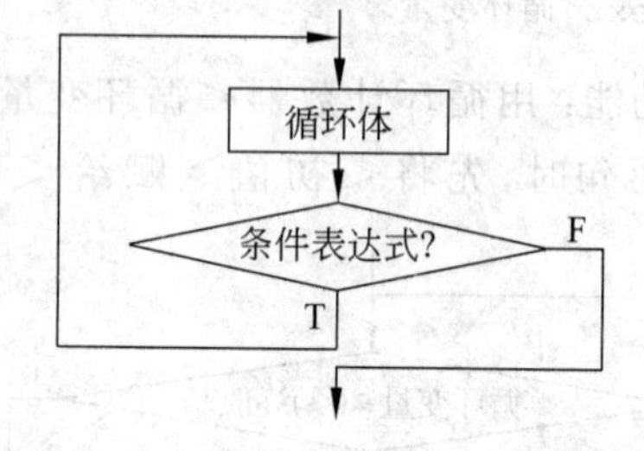

图 8-11　Do…Loop While 语句流程图

Do…Loop While 与 Do While…Loop 语句的功能大体上相同，不同之处在于先执行一次循环体，然后判断条件表达式的值以决定是否继续执行循环体，因此，循环体至少要执行一次；而 Do While…Loop 是先判断条件表达式的值，再决定是否执行循环体，所以循环体可能一次也不执行。这是二者的主要区别。

3. While…Wend 语句

While…Wend 语句的格式如下：

```
While<条件表达式>
    <循环体>
Wend
```

功能：计算<条件表达式>的值并进行判断，如果为假，则退出循环，执行 Wend 下面的语句；如果<条件表达式>为真，则执行<循环体>的语句，然后再判断条件表达式的值，重复该过程。该语句的流程图如图 8-10 所示。

While…Wend 语句与 Do While…Loop 语句的功能基本相同，它们的主要区别在于，在 Do While…Loop 语句中可以使用 Exit Do 语句退出循环，而在 While …Wend 语句中不允许使用 Exit 语句。

【实例 8-4】 输入 10 个学生的成绩，求学生的平均成绩。

操作步骤如下：

(1) 创建一个模块，并在代码窗口中输入以下代码：

```
Public Sub score_averge()
    Dim score, i As Integer, total, aver As Singler
    total=0
    For i=1 To 10
       score=InputBox("请输入成绩：")
       total=total +score
    Next
    aver=total/10
    MsgBox "平均成绩为：" & aver
End Sub
```

(2) 单击“保存”按钮，并在“另存为”对话框中输入模块名称“平均成绩”。

(3) 运行子过程。单击“运行”按钮，程序开始运行，输入需要的数据后，在对话框中显示平均成绩，如图 8-12 所示。

图 8-12　显示平均成绩

在本程序中，使用了 For…Next 语句，也可以用 Do While… Loop 或 Do … Loop While 语句实现，使用 Do While…Loop语句的程序如下：

```
Public Sub score_averge()
    Dim score, i As Integer, total, aver As Single
    total=0
    i=0
    Do While i <10
       score=InputBox("请输入成绩：")
       total=total +score
       i=i +1
    Loop
    aver=total / 10
    MsgBox "平均成绩为：" & aver
End Sub
```

8.3.4　过程

过程是由 Visual Basic 代码组成的单元。它包含一系列执行操作或计算值的语句和方法。过程分两种类型：Sub 子过程和 Function 函数过程。

1. Sub 过程

Sub 子过程执行一项操作或一系列操作，是执行特定功能的语句块。Sub 子过程可以被置于标准模块或类模块中。可以自行创建 Sub 过程，也可以使用 Access 所创建的事件过程模板。

所有的 Sub 过程都要事先定义，然后被其他的模块调用。Sub 过程定义的格式如下：

```
[Public|Private][Static] Sub 子过程名(<形参表>)
    [子过程语句]
    [Exit Sub]
    [子过程语句]
End Sub
```

Sub 过程由 Sub 语句开头，以 End Sub 结束。Public 和 Private 关键字用于说明子过程的访问属性。其中，Public 属性表示子过程可以被所有模块中的过程调用，Private 属性表示子过程只能被同一模块中的过程调用。Static 表示子过程为静态子过程。Sub 子过程不需要返回值。

调用子过程的语句格式如下：

```
Call 子过程(实参表)
```

或

```
子过程(实参表)
```

【实例 8-5】 编写一个子过程，输出 1～100 之间的所有 3 的倍数之和。

操作步骤如下：

(1) 创建一个模块，并在代码窗口中输入以下代码：

```
Public Sub div_3()
    Dim i As Integer
    Dim sum As Single
    sum=0
    For i=1 To 100
        If i Mod 3=0 Then
           sum=sum +i
        End If
    Next
    MsgBox "1~100 之间 3 的倍数之和为：" & sum
End Sub
```

(2) 编写一个过程调用上面的子过程，代码如下：

```
Public Sub pro()
    Call div_3
```

```
End Sub
```

(3) 单击“保存”按钮，在“另存为”对话框中输入模块名称“3 的倍数之和”，然后单击“确定”按钮。

(4) 运行子过程。单击“运行”按钮，程序开始运行，在消息框中显示结果，如图 8-13 所示。

图 8-13 输入数据

在本程序中，div_3 是一个 Sub 子过程，用于计算 1～100 之间的所有 3 的倍数之和，计算结果在程序中输出，所以无须返回结果。而子过程 pro()调用了 div_3 子过程，调用语句为 Call div_3，执行本程序直接输出子过程的执行结果。

说明：

(1) Sub 子过程的过程名的命名规则与变量命名规则相同。

(2) ＜形参表＞中可以有多个形参，它们之间要用逗号“，”分隔，每个参数要按如下格式定义：

```
变量名[As 类型]
```

(3) 调用子过程时，要求实参表中的参数与过程定义中的形参表中的参数相对应，包括参数个数和参数类型。

(4) Exit Sub 是退出 Sub 子过程的语句，它通常与 if 语句联用。

2. Function 过程

Function 过程将返回一个值，例如计算结果。Visual Basic 包含许多内置函数，也称为标准函数。除了这些内置函数外，也可以自行创建自定义函数。

函数定义的格式如下：

```
[Public|Private][Static] Funtion 函数过程名(<形参表>)[As 数据类型]
    [函数过程语句]
    [Exit Funtion]
    [函数过程语句]
    函数名=表达式
End Funtion
```

【实例 8-6】 编写一个函数过程，计算 n 的阶乘。

操作步骤如下：

(1) 打开数据库“选课管理”。

(2) 在数据库中选择“模块”为操作对象，单击“新建”按钮，打开 VBE 窗口，创建一个新模块。

(3) 在代码窗口中输入定义函数 fac()的代码段：

```
Function fac(n As Integer) As Single
    Dim f As Single
    Dim i As Integer
```

```
    f=1
    For i=1 To n
      f=f * i
    Next
    fac=f
End Function
```

(4) 在代码窗口输入 Sub 子过程主要代码如下：

```
Sub Compute_fac()
    Dim p As Single
    Dim n As Integer
    n=InputBox("请输入一个整数")
    p=fac(n)
    MsgBox ("平均值为: " & p)
End Sub
```

(5) 单击“保存”按钮，在“另存为”对话框中输入模块名称“阶乘”，然后单击“确定”按钮。

(6) 单击“运行”按钮▶，程序开始运行，弹出输入数据消息框，如图 8-14 所示。

输入整数 5，显示结果如图 8-15 所示。

图 8-14 输入数据

图 8-15 显示函数调用结果

说明：

(1) Function 过程函数名的命名规则与变量命名规则相同。

(2) Function 函数有返回值，因此，函数定义的语句部分必须包含一条为函数名赋值的语句。

(3) 在函数定义的头部可以为函数指定函数返回值的类型。如果未定义函数返回值类型，VBA 将自动赋给函数一个合适的数据类型。

(4) Exit Function 是退出函数过程的语句，它通常与 If 语句联用。

8.4 VBA 面向对象程序设计

在 Access 中，设计窗体、报表时，都采用了面向对象程序设计技术，其核心由对象及响应各种事件的代码组成。VBA 是一种面向对象的程序设计语言，因此进行 VBA 程序开发，必须理解对象、属性、事件、方法等概念。

8.4.1 对象和属性

对象是指在客观世界中能够独立存在的任何实体,可以是具体的事物,也可以是抽象的事物。例如,一个人、一个整数、一幅图片都可以作为对象。对象把事物的属性和行为封装在一起,是面向对象程序设计的核心。

属性用于描述对象的物理性质或基本特征,它规定了对象的形状、外观、位置等信息,每个对象都具有自身的属性。

Access 中的窗体、报表、文本框、命令按钮等都是对象。以窗体为例,它具有窗体标题、大小、窗体前景色、背景色、窗体的位置、窗体的字体等属性。

每个对象以对象名称来标识,对象名相当于一个变量名。而对象的属性用属性名来表示,属性的值可以通过程序代码或使用属性窗口来设置。在程序中,通常使用对象名与属性名相结合的方式来引用。其语法格式如下:

```
对象名.属性名
```

例如,设命令按钮的名称为 CmdExit,语句

```
CmdExit.Caption="退出"
```

的功能是将命令按钮的标题设置为“退出”。

在 Access 中,在窗体、报表的设计视图中,打开某个对象的“属性”窗口可以查看该对象的属性并进行设置,如图 8-16 所示,窗体中显示的是文本框控件的属性。

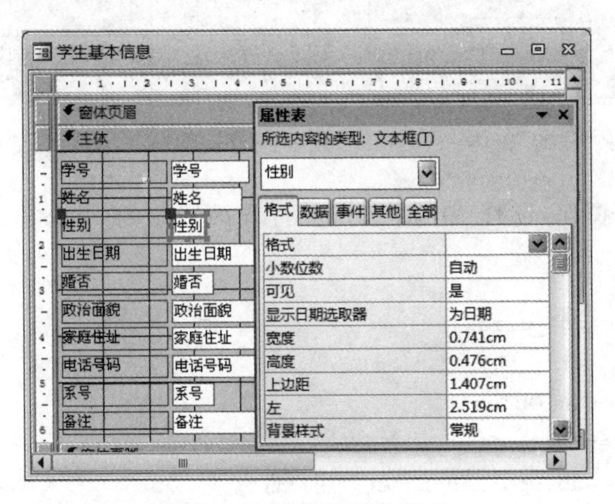

图 8-16 窗体及属性窗口

8.4.2 事件和方法

事件和方法是对象的行为。其中,事件是每个对象用以识别和响应的某些动作。而方法则是附属于对象的行为和动作。事件和方法的区别在于,事件的程序代码可以由用户编写,而方法是系统事先定义好的程序,在程序中直接调用。

对象的事件和方法都要以名称来标识。在 Access 中,窗体、报表中的对象,如文本

框、命令按钮、列表框等对象的事件和方法均由系统预先定义，在设计数据库应用程序时，可以直接引用。事件代码也称为事件过程，事件过程的语句格式如下：

```
Private Sub 对象名称_事件名称([参数列表])
    <程序代码>
End Sub
```

事件的执行通过施加于对象的外部动作触发，而方法的执行只能通过在事件代码调用。方法调用的语法格式如下：

```
对象名.方法名
```

【实例 8-7】 设计一个“用户注册”窗体，编写一个命令按钮的事件过程，窗体运行界面如图 8-17 所示。

操作步骤如下：

(1) 打开数据库“选课管理”。

(2) 创建一个新窗体，窗体名称为“用户注册”，窗体设计视图，如图 8-18 所示。

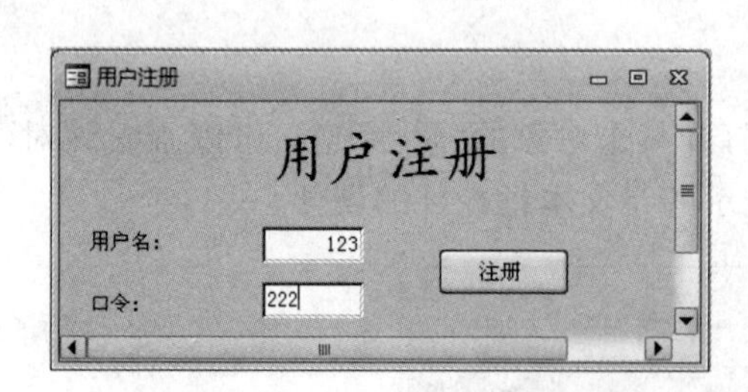

图 8-17 “用户注册”窗体

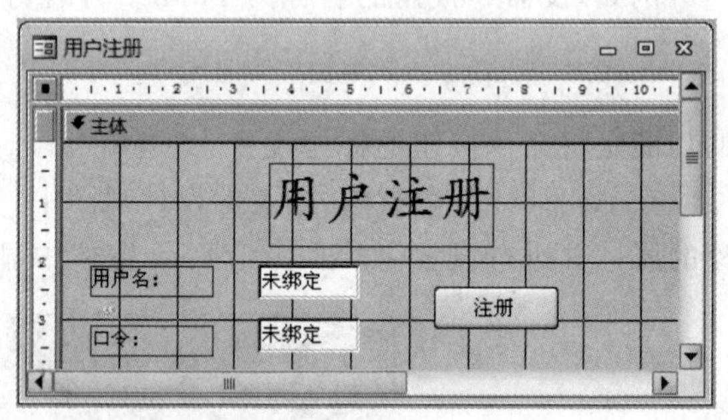

图 8-18 “用户注册”窗体运行界面

(3) 打开“属性”窗口，选择“注册”按钮并打开该按钮的 click 事件代码窗口，然后输入以下代码。

```
Private Sub Command4_Click()
    Dim db As Object
    Dim tableuser As Object
    Set db=CurrentDb()
    Set tableuse=db.OpenRecordset("用户表")
    tableuse.AddNew
    tableuse.用户名=Text0.Value
    tableuse.口令=Text2.Value
    tableuse.Update      '调用方法
    MsgBox ("注册成功。")
    table.Close
End Sub
```

如果输入的用户名已经在用户表中存在，则提示用户“该用户已经存在”。查重复用户名的代码如下：

```
Private Sub Txtuser_LostFocus()
    Dim db1 As Object
    Dim table1 As Object
    Set db1=CurrentDb()
    Set table1=db1.OpenRecordset("用户表")
    table1.Index="用户名"                    '设置记录集的索引字段
    table1.Seek "=", Txtuser.Value           '查找与 Txtuser 的值相同的记录
    If table1.NoMatch=False Then             '如果有重复的用户名,则重新输入
        MsgBox ("有重名用户,请重新输入。")
        Txtuser.Value=""
    End If
End Sub
```

(4) 保存程序。在“窗体”对话框中,单击快速访问工具栏中的“保存”按钮,创建窗体完成。

(5) 运行窗体。右击窗体并选择命令“窗体视图”,程序开始运行,界面如图 8-17 所示。输入新用户名称和用户密码,然后单击“注册”按钮,显示信息如图 8-19 所示。

图 8-19 “用户注册”窗体运行界面

8.5 程序调试

在程序设计和运行时不可避免出现错误,因此,程序的修改与调试是完善应用程序的一个主要环节。在程序中查找并修改错误的过程称为调试。为了方便程序设计人员修改程序中的错误,几乎所有的程序设计语言都提供了程序调试手段。

程序中的错误主要有语法错误、逻辑错误和运行错误。语法错误是程序编写过程中出现的,主要是由于使用语句不当引起的,如拼写错误、变量未声明、数据类型不匹配以及括号不匹配等。这些错误一般在输入程序时就会被 VBA 检查出来并做出提示,容易修改。运行错误是在程序运行过程中发生的,如计算结果溢出、数组下标越界等,这种错误大多因为程序设计不合理造成的。程序逻辑错误则是由程序的算法出现错误导致的,程序运行结果与实际情况不相符。运行错误和逻辑错误需要程序员对程序的算法和流程进行分析,并使用程序调试手段对程序进行测试,并逐步修改程序中的错误。

8.5.1 VBA 的调试工具栏

在程序调试过程中常用到系统的调试工具栏。当打开 VBA 编辑器窗口时,会显示调试工具栏,如图 8-20 所示。如果调试工具栏是隐藏的,选择“视图”→“工具栏”→“调试”命令即可打开。

调试工具栏中的按钮及功能如表 8-5 所示。

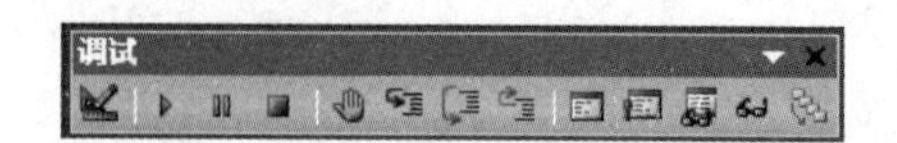

图 8-20　VBA 调试工具栏

表 8-5　调试工具栏中的按钮及功能

按钮	按钮名称	功　　能
	设计模式	打开及关闭设计模式
	运行子过程/用户窗体	运行子过程、用户窗体或宏
	中断	当一程序在正在运行时停止其执行，并切换至中断模式
	重新设置	清除执行堆栈及模块级变量并重置工程
	切换断点	在当前的程序行上设置或删除断点
	逐语句	一次一条语句地执行代码
	逐过程	在"代码"窗口中一次一个过程或语句地执行代码
	跳出	在当前执行点所在位置的过程中，执行其余的程序行
	本地窗口	显示"本地窗口"
	立即窗口	显示"立即窗口"
	监视窗口	显示"监视窗口"
	快速监视	显示所选表达式当前值的"快速监视"对话框
	调用堆栈	显示"调用"对话框，列出当前活动的过程调用

8.5.2　设置断点

在调试程序时，可以设置断点使程序运行暂停，然后检查各变量的值及运算结果，从而判断程序是否正确。

设置断点的操作步骤如下：

(1) 打开 VBA 编辑器，并选择要设置断点的程序为当前程序。

(2) 将光标定位于欲设置断点的行并在断点设定区单击，则在断点设定区显示断点标识(显示圆点且语句行颜色加深)，如图 8-21 所示。也可以使用工具栏上的"切换断点"按钮来设置。

(3) 单击按钮运行程序，当程序执行到断点处暂停，将鼠标指针移到需要查看的变量上，系统会自动显示变量的值。

(4) 取消设置的断点，可以重复前面的步骤。也可以选择"调试"→"清除所有断点"命令来清除断点。

8.5.3　跟踪程序运行

调试程序时，可以使用 Access 提供的方法对程序进行跟踪，主要有逐语句、逐过程等

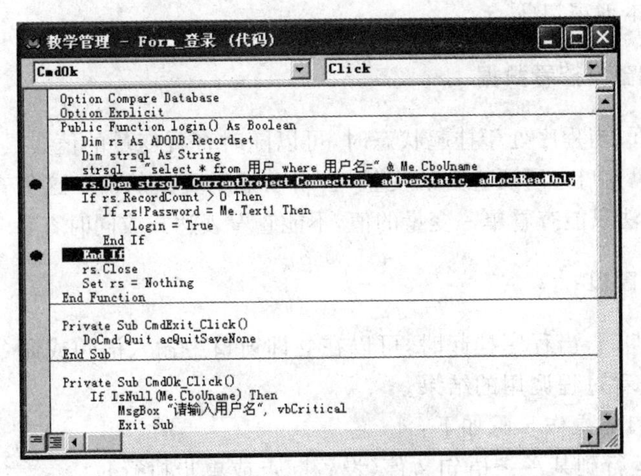

图 8-21　设置断点

方法。

1. 逐语句执行

逐语句执行程序是指单步执行程序中的每一行代码，包括被调用过程中的程序代码。单击"逐语句"按钮，进入程序的单步执行。在执行每行语句后，程序会自动暂停，并将程序挂起。继续执行程序只需不断单击"逐语句"按钮。

2. 逐过程执行

逐过程执行是指在程序单步执行过程中，将被调用过程作为一个单位执行。直接单击工具栏上的"逐过程"按钮。

逐过程执行将被调用的过程当作一个统一的语句，将该过程执行完毕，然后进入下一句。而逐语句执行则将被调用过程的语句也逐一单步执行。

3. 跳出执行

使用"跳出"功能可以在程序单步执行时将当前过程中的剩余代码一次执行完毕。在调试程序过程中，当程序执行到某一步，已经完成程序的修改，需要将剩余的程序代码连续执行，只需单击"跳出"按钮，即可以实现。

4. 运行到光标处

在调试程序时，如果能确定程序出错的大致位置，需要将该位置之后的程序段进行调试，可以使用"运行到光标处"功能对程序进行处理。具体做法是，选择"调试"→"运行到光标处"命令，可以使程序直接运行到光标处暂停，然后对程序进行分析。

8.5.4　使用 VBA 中的窗口观察变量的值

在调试程序时，可以通过观察变量的值查找程序出错原因，查看变量的值可使用立即窗口、监视窗口、本地窗口等。

1. 使用模块窗口查看数据

程序运行期间,当程序处于挂起状态时,可以随时查看变量的值。具体操作方法是,将鼠标指针指向代码窗口中所要查看的变量,会自动显示变量的值。这是查看数据的最简单的方法,但这种方法只能查看单一变量的值,不能查看表达式或同时查看多个变量的值。

2. 使用立即窗口

在程序运行期间,当程序挂起时,可以在立即窗口中输入语句或命令显示变量或表达式的值,也可以查看过程调用的结果。

使用立即窗口的操作步骤如下:

(1) 将程序运行到某一条语句暂停(设置断点或单步执行)。

(2) 单击调试工具栏上的"立即窗口"按钮,打开"立即窗口"对话框。

(3) 在"立即窗口"中输入一条语句或命令,如图 8-22 所示。

例如,在"阶乘"模块(参见实例 8.6)中设置断点,然后执行程序,在断点处程序将暂停。在"立即窗口"中输入语句"print n,f",窗口中立即显示结果。

3. 使用本地窗口

单击工具栏上的"本地窗口"按钮,打开"本地窗口"对话框。当程序运行暂停时,"本地窗口"将显示所有表达式的信息,如图 8-23 所示。这是程序运行的中间结果。

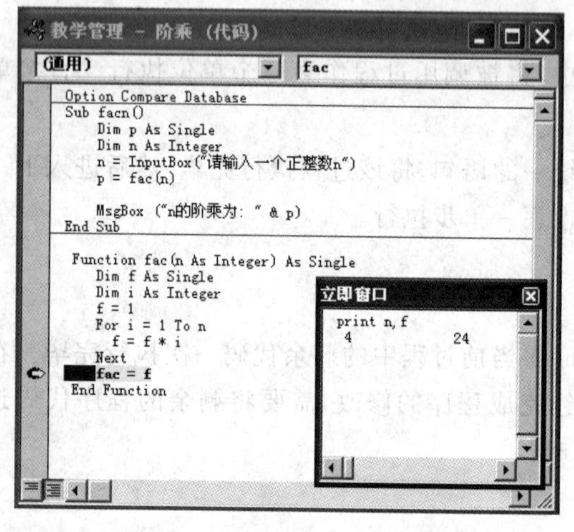

图 8-22 "立即窗口"对话框

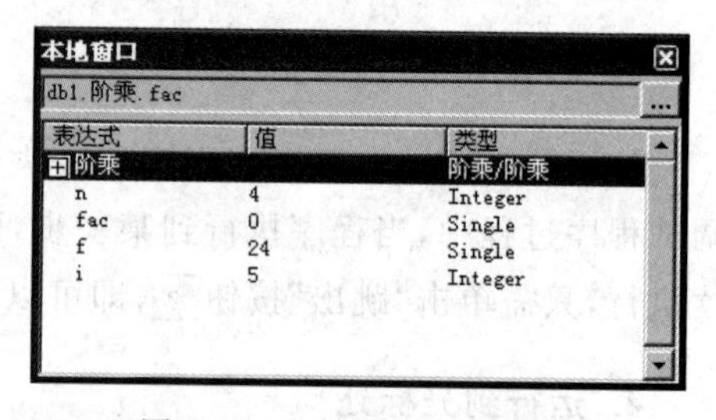

图 8-23 "本地窗口"对话框

显示表达式时,除了显示变量名外,还显示变量的值和变量类型,如果是对象变量,将在变量名前面显示"+"按钮,单击该按钮可以展开,显示的属性及属性值。

4. 使用监视窗口

程序执行过程中,可以使用监视窗口查看变量和表达式的值。使用监视窗口前,需要设置监视表达式。操作步骤如下：

(1) 选择“调试”→“添加监视”命令，打开“添加监视”对话框，如图 8-24 所示。

(2) 在“表达式”文本框中，输入监视表达式，然后单击“确定”按钮，系统自动打开监视窗口。

(3) 当程序单步运行时，可以在监视窗口中观察到监视表达式的值变化情况，如图 8-25 所示。

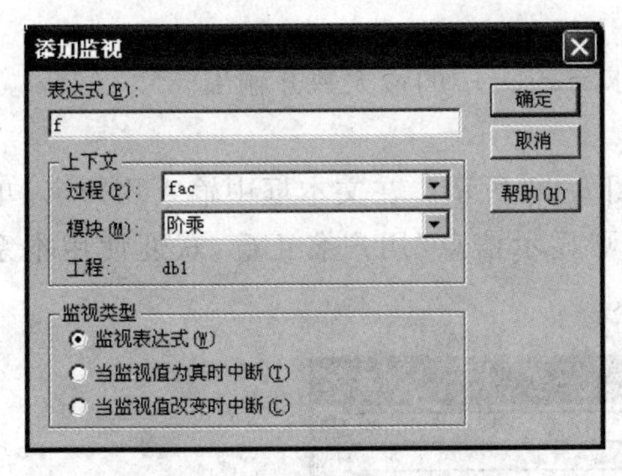

图 8-24 “添加监视”对话框

图 8-25 “监视窗口”对话框

在调试程序时，程序员可以根据自身的实际情况采用相应的调试手段。程序员的编程经验对程序质量起着至关重要的作用。

思考与练习

1. 思考题

(1) 什么是模块？模块有哪些类型？

(2) 简述模块的基本功能。

(3) 模块与宏相比有哪些优势？

(4) Sub 过程与 Function 过程有何区别？

(5) 模块与过程之间有何关系？

(6) 什么是对象的属性、事件和方法？

(7) 对象的事件和方法有什么区别？

(8) 如何设置对象的属性？

(9) 跟踪程序运行的方法有哪些？

(10) 在调试程序过程中，如何查看程序运行过程中的中间结果？

2. 填空题

(1) 创建模块需要在________进行。

(2) VBA 的 3 种程序结构分别是________、________和________。

(3) 在程序中如果要求强制变量声明，则需要在程序中使用语句________。

(4) 在 Sub 子过程中，过程体________(可以/不可以)为空。

(5) 在函数定义的头部可以为函数指定函数返回值的类型。如果没有，则函数的类型根据________确定。

(6) 调用 Sub 子过程 Proc(n As Integer)的语句格式为________。

(7) 监视窗口的作用是________。

3. 上机操作题

(1) 编写一个模块，输入 3 个整数 x、y、z，求 x、y、z 中的最大数并输出。

(2) 编写一个 Function 函数子过程，计算 x^n。

(3) 编写一个用户检查程序，窗体设计如图 8-26 所示。在文本框中输入用户名，单击“登录”按钮，检查用户名是否正确，若正确，则显示信息“用户名正确，欢迎使用本系统”；若不正确，则显示信息“对不起，请重新输入”。

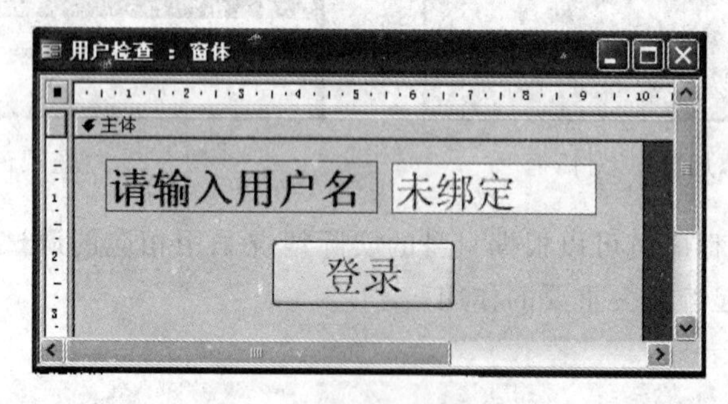

图 8-26　用户检查窗体

提示：将输入的用户名与用户表中的字段进行比较，然后做相应的处理。

第9章 SharePoint 网站

学习目标

通过本章的学习，应该掌握以下内容：

(1) SharePoint 的基本概念；

(2) SharePoint 网站的组成；

(3) SharePoint 网站基本操作；

(4) Access 2010 与 SharePoint 2010 链接操作；

(5) 将数据库发布到 SharePoint 网站。

9.1 SharePoint 简介

随着 Internet 技术的不断发展，越来越多的用户需要通过 Internet 开展业务，业务包括产品宣传、销售以及企业管理等。相应的也有更多的用户数据需要通过 Internet 发布和维护，为了满足用户日益增多的需求，Access 2000 及以后的版本加强了对 Internet 的支持，增加了数据的网上发布和访问功能，使得用户能够通过 Internet 查询或操纵数据库中的数据。

Access 2003 作为数据库工具，提供了"数据访问页"作为数据库系统和 WWW 的接口，使得 Access 2003 的数据库系统与 Internet 联系起来，使用户可以通过 Internet 或其他的网络途径访问数据库的信息。

在 Access 2010 中，不支持数据访问页的设计与执行，通过将 Access 2010 和 SharePoint Services 结合使用，从而大大增强了网络协同开发与共享功能。Access 和 SharePoint 可以集成在一起，在网络下无缝地共享数据。Access 数据可以很容易地链接到位于 SharePoint 网站的数据源，也可以从中进行复制。数据存储在 SharePoint 网站上的某个位置，如同存储在 Access 的表中。SharePoint Service 和 Access 之间的连接可以建立在 TCP/IP 连接上，这意味着该连接可以在 Internet 上运行。所以，从技术上说，也就是 SharePoint 可以为 Access 提供外部数据源，这与 SQL Server 这样的外部数据库通过 ODBC 连接到 Access 并为其提供数据的操作原理类似。

9.1.1 SharePoint 的组成

SharePoint 是 Microsoft SharePoint 产品或技术的简称。一个企业或项目开发组中的人们可以使用 SharePoint 来建立与他人共享信息的协作网站、自始至终完整地管理文档以及发布报告以帮助每个人做出更好的决策。

SharePoint 产品和技术包括下列内容。

1. SharePoint Foundation

SharePoint Foundation 是所有 SharePoint 网站的基础技术。SharePoint Foundation 可以免费进行本地部署，在以前的版本中称为 Windows SharePoint Services。使用 SharePoint Foundation 可以快速创建许多类型的网站，并在这些网站中对网页、文档、列表、日历和数据展开协作。

2. SharePoint Server

SharePoint Server 是一个服务器产品，它依靠 SharePoint Foundation 技术为列表和库、网站管理以及网站自定义提供一致的熟悉框架。SharePoint Server 包括 SharePoint Foundation 的所有功能以及附加特性和功能，例如企业内容管理、商业智能、企业搜索和“我的网站”中的个人配置文件。

3. SharePoint Online

SharePoint Online 是由 Microsoft 托管一种服务，适用于各种规模的企业。无须在本地安装和部署 SharePoint Server，任何企业现在只需订阅服务产品即可使用 SharePoint Online 创建网站，以便与同事、合作伙伴和客户共享文档和信息。

4. SharePoint Designer

SharePoint Designer 是一个免费程序，用于设计、构建和自定义在 SharePoint Foundation 和 SharePoint Server 上运行的网站。用户使用 SharePoint Designer 可以创建具有丰富数据的网页，构建支持工作流的强大解决方案，还可以设计网站的外观。利用 SharePoint Designers 可以创建各种网站，从小型项目管理团队网站到用于大型企业的仪表板驱动的门户解决方案。

5. SharePoint Workspace

SharePoint Workspace 是一个桌面程序，用户可以使用该程序将 SharePoint 网站内容脱机，并在断开网络时与他人协作创建内容。当用户与其他团队成员脱机时，可以对 SharePoint 内容进行更改，这些更改最终将同步至 SharePoint 网站。

9.1.2 SharePoint 网站的组成

SharePoint 网站为文档和信息提供了集中存储和协作的空间，帮助小组内的成员共享信息并协同工作。网站成员可以提出自己的想法和意见,也可以对他人的想法和意见发表评论或提出建议。

当进入 SharePoint 网站时,呈现的是主页,SharePoint 主页如图 9-1 所示。SharePoint 网站由主页、列表、库、Web 部件和视图组成。

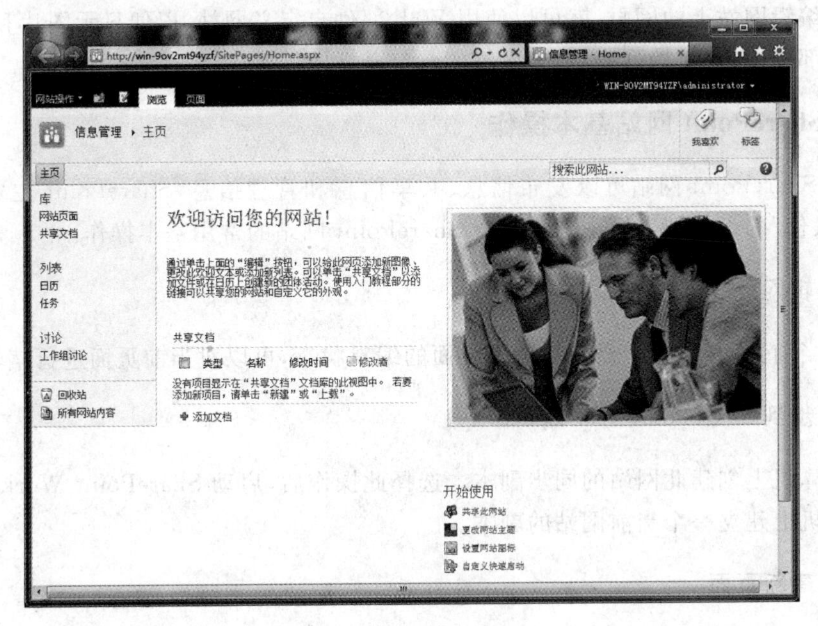

图 9-1　SharePoint 主页

1. 主页

主页用来突出显示小组的重要信息,还包括一些用于存储文件和信息的预定义界面。主页是操作的起点。

2. 列表

列表是一个网站组件,可以在其中存储、共享和管理信息。例如,用户可以创建任务列表跟踪工作分配或跟踪日历上的工作组事件。用户还可以在讨论板上开展调查或主持讨论。

3. 库

库是特殊类型的列表,用于存储文件和文件的相关信息。用户可以控制在库中查看、跟踪、管理和创建文件的方式。

4. 视图

可以使用视图查看列表或库中最重要的项目或最适合某种用途的项目。例如,可以为列表中适用于特定部门的所有项目创建视图,或为库中突出显示的特定文档创建视图。用户可以创建列表或库的多个视图供人们选择。还可以使用 Web 部件在网站的不同网页上显示列表或库视图。

5. Web 部件

Web 部件是模块化的信息单元，它构成了网站上大多数网页的基本构建基块。如果用户有权编辑网站上的网页，就可以使用 Web 部件自定义网站，以便显示图片和图表、其他网页的部分内容、文档列表、业务数据的自定义视图等。

9.1.3 SharePoint 网站基本操作

通过 SharePoint 网站可以发布信息、共享信息和管理信息，SharePoint 主页面左上角“网站操作”的下拉列表框中列出了对 SharePoint 网站的常用基本操作。

1. 编辑网页

编辑当前页面，选择此操作后进入页面的编辑状态，可以对当前页面进行编辑操作。

2. 同步到 SharePoint Workspaces

在计算机上创建此网站的同步副本。选择此操作后，启动 SharePoint Workspace，在当前客户机上建立一个当前网站的副本。

3. 创建新页面

创建可自定义的网页。选择此操作后，在当前网站上根据建立一个新页面。

4. 新文档库

创建存储和共享文档的位置。选择此操作后，在当前网站的文档库中建立一个新的文档库。

5. 创建新网站

创建工作组或项目网站。选择此操作后，在当前网站上创建一个子网站。

6. 更多选项

创建其他类型的页面、列表、库和网站。选择此操作后，可以新建列表、库、讨论板、调查、网页或网站。

7. 查看所有网站内容

查看网站上的所有库和列表。选择此操作后，页面中显示主面上的所有内容。

8. 在 SharePoint Designer 中编辑

创建或编辑列表、页面和工作流或调整设置。选择此操作后，将启动 SharePoint Designer，可以在 SharePoint Designer 中对网页进行编辑。

9. 网站权限

设置人员访问此网站的权限。选择此操作后进入操作权限操作界面，可以对不同的操作者设置其操作权限。

10. 网站设置

访问此网站的所有设置。选择此操作后，进入网站设置页面，通过网站设置可以对网站进行管理工作，删除网站等。

9.2 Access 2010 与 SharePoint 2010 链接操作

使用 Access 2010 可以轻松而安全地收集和共享信息。使用 Access 和 Windows SharePoint Services 可以创建协作数据库应用程序。信息可以存储在 SharePoint 网站上的列表中，并且可以通过 Access 数据库中的链接表进行访问。也可以将整个 Access 文件存储在 SharePoint 网站中。如果能够访问配置了访问服务的 SharePoint 网站，则可以使用 Access 2010 来创建 Web 数据库，在 Web 浏览器窗口中使用创建的数据库，但所创建的数据库必须使用 Access 2010 来进行设计更改。

在 Access 2010 中，将数据上传到 SharePoint 网站上的操作方式有 3 种。

(1) 将当前 Access 数据库中的全部数据表移动到 SharePoint 网站上的列表中。

(2) 将当前数据库中某个特定表导出到 SharePoint 网站上的列表中。

(3) 将 Web 数据库发布到 SharePoint 网站上。

9.2.1 Access 数据库中的数据表移动到 SharePoint 网站上

为了实现数据共享，通常将 Access 数据库拆分成两部分，存储数据的数据表对象和数据库中的其他对象。使用 Access 与 SharePoint 可以将数据库中的表对象以链接的方式链接到 SharePoint 网站上的列表上，而数据库中的其他对象则存储在本地数据库中。每个用户都可以使用存储在 SharePoint 网站列表中的数据表，开发适合自己的操作模块。

将 Access 数据库中的数据表移动到 SharePoint 网站上的列表中有两种方法：一种方法是将当前数据库中的所有数据表对象移动到 SharePoint 网站上的列表中；另一种方法是将当前数据库中的特定的表对象导出到 SharePoint 网站上的列表中。

1. 将当前数据库中的所有数据表对象移动到 SharePoint 网站上的列表中

【实例 9-1】 将数据库“选课管理”中的所有表对象移动到 SharePoint 网站，这里 SharePoint 网站的网址是“http://win-9ov2mt94yzf/jxgl”。

操作步骤如下：

(1) 启动 Access 2010，打开数据库“选课管理”。

（2）选择“数据库工具”选项卡中的“移动数据”组，单击 SharePoint 按钮，打开“将表导出至 SharePoint 向导”对话框，如图 9-2 所示。

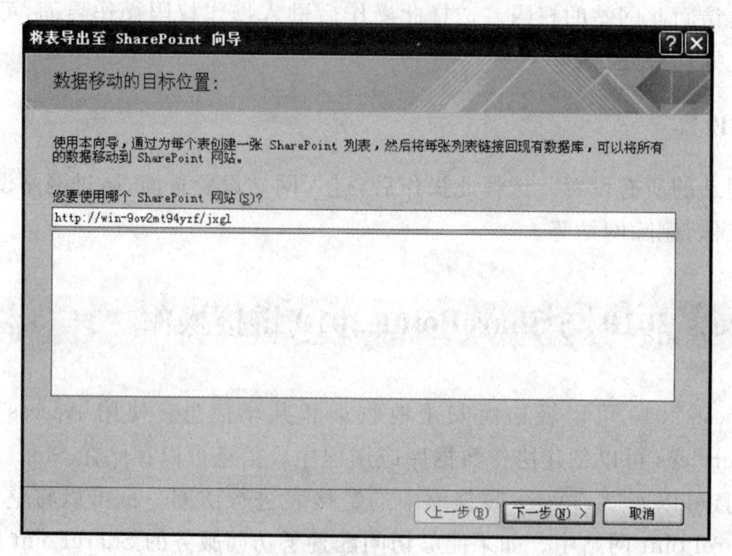

图 9-2 “将表导出至 SharePoint 向导”对话框

（3）在“您要使用哪个 SharePoint 网站”文本框中，输入 SharePoint 网站地址“http://win-9ov2mt94yzf/jxgl”，单击“下一步”按钮，打开连接到网站的对话框，如图 9-3 所示。

图 9-3 连接网站对话框

（4）输入登录网站的用户名和密码，单击“确定”按钮。这里用户选择系统管理员 administrator。

（5）系统创建到 SharePoint 网站的链接，并将数据库中所有表移动到指定网站上的列表中，移动完成后，返回“将表导出至 SharePoint 向导”对话框，如图 9-4 所示。

（6）选中“显示详细信息”复选框可以查看操作的详细信息。单击“完成”按钮，完成移动数据操作。

移动数据完成后，显示结果如图 9-5 所示。将 Access 数据库中的表对象移动到 SharePoint 网站上的列表中后，在数据库中增加一个名为 UserInfo 的表，该表记录有关操作的信息。

2. 将当前数据库中的特定的表对象导出到 SharePoint 网站上的列表中

【实例 9-2】 在选课管理数据库中，将“成绩”表对象导出到 SharePoint 网站，这里 SharePoint 网站的网址是“http://win-9ov2mt94yzf/jxgl”。

操作步骤如下：

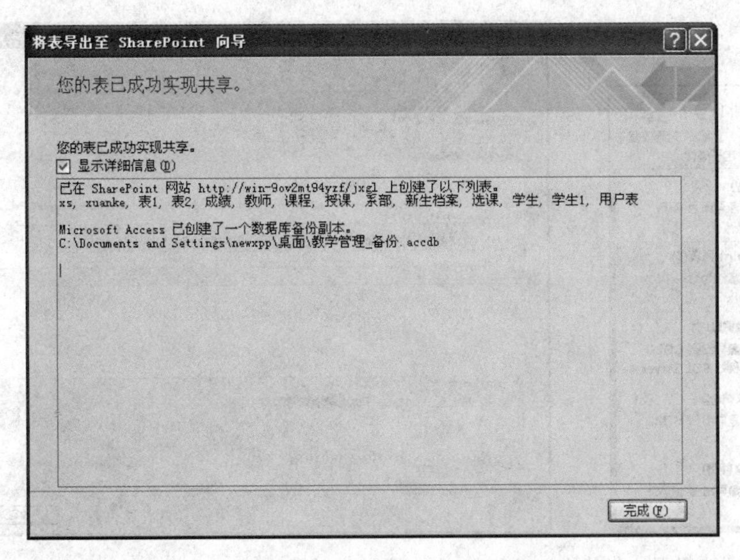

图 9-4 “将表导出至 SharePoint 向导”对话框

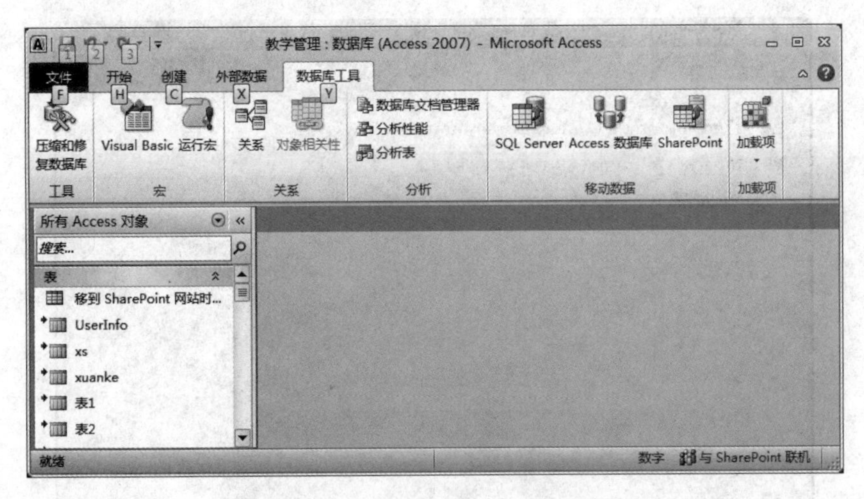

图 9-5 移动数据完成后的数据库

(1) 启动 Access 2010，打开数据库“选课管理”，在导航窗口中选中“成绩”表对象。

(2) 选择“数据库工具”选项卡的“外部数据”选项卡的“导出”组，单击“其他”按钮，弹出下拉菜单，如图 9-6 所示。

(3) 在下拉菜单中选择“SharePoint 列表项”，弹出“导出 SharePoint 网站”对话框，如图 9-7 所示。

(4) 在“指定 SharePoint 网站”文本框中输入 SharePoint 网站地址，在“指定新列表的名称”文本框中输入存储在 SharePoint 列表的表名，然后单击“确定”按钮。系统将指定的表及与其相关的表导出到 SharePoint 网站，完成操作后，弹出“保存导出步骤”对话框，如图 9-8 所示。

图 9-6 “其他”按钮下拉菜单

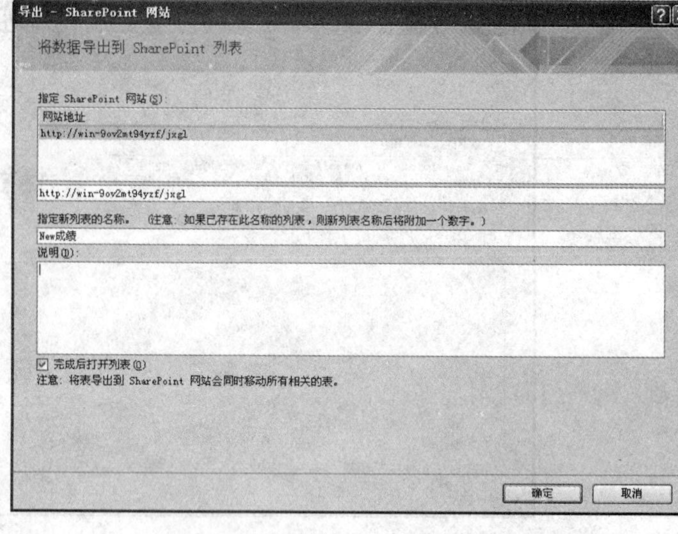

图 9-7 “导出 SharePoint 网站”对话框

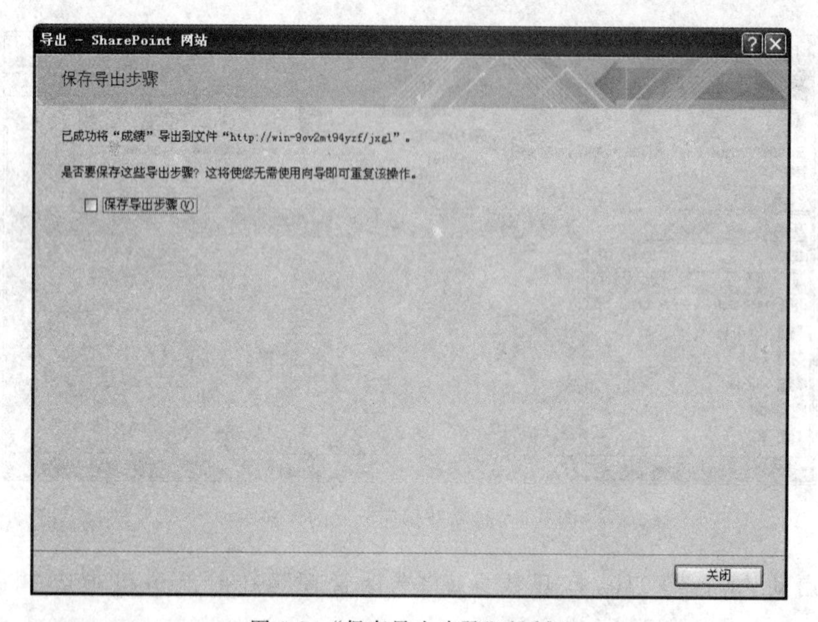

图 9-8 “保存导出步骤”对话框

(5) 单击“关闭”按钮，导出操作完成，可选中“导出保存步骤”复选框根据向导提示保存导出步骤或完成管理数据操作。

9.2.2 对 SharePoint 网站上列表中的表的访问

上传到 SharePoint 网站上列表中的表可以被具有访问权限的用户以多种方式通过互联网进行访问，用户可以在 SharePoint 网站上打开指定的表，可以对它实施各种操作，也可在 Access 数据库中下载或建立到指定表的链接。Access 访问 SharePoint 列表中的表有两种方式：一种方法是将 SharePoint 网站上列表中的表导入到当前数据库中；另一种方法是建立一个新表，并将其链接到一个 SharePoint 网站上列表中的表。

【实例 9-3】 建立一个 Access 数据库，将上传到 SharePoint/jxgl 网站列表中的"学生"表导入到当前数据库中。

操作步骤如下：

(1) 在 Access 中创建一个名为 myDb 的新数据库。

(2) 单击"外部数据"选项卡下的"导入"组下的"其他"按钮，在下拉菜单中选择"SharePoint 列表项"，打开"获取外部数据"对话框，如图 9-9 所示。

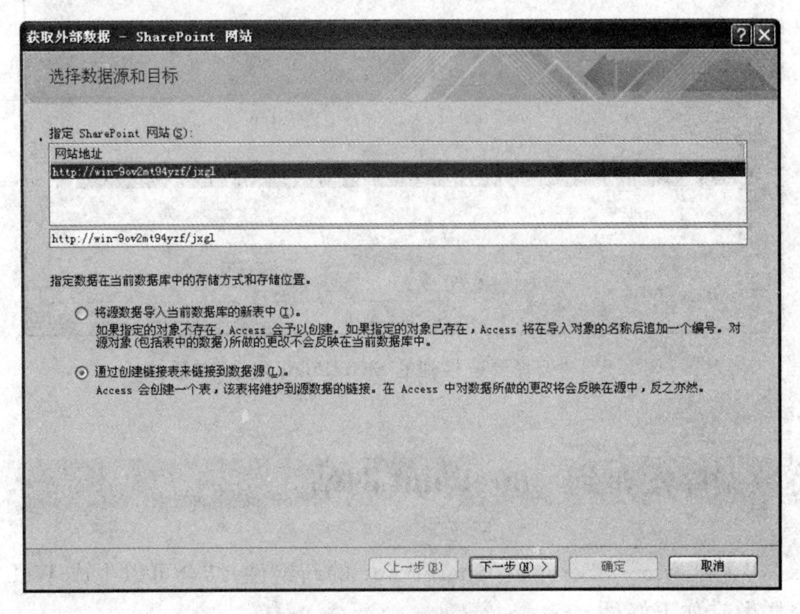

图 9-9 "获取外部数据"对话框

(3) 在"指定 SharePoint 网站"列表框中双击网站名称"http://win-9ov2mt94yzf/jxgl"(或在下面文本框中直接输入指定的 SharePoint 网站地址)，然后单击"下一步"按钮，在打开的对话框中输入访问 SharePoint 网站的用户名及密码后，打开"选择要链接到的 Sharepoint 列表"对话框，如图 9-10 所示。

(4) 在列表框中找到名称为"学生"的表，单击"确定"按钮，完成导入操作。操作完成后在数据库中建立一个链接到 SharePoint 网站上的"学生"表。

导出的表是链接到 SharePoint 网站上的表，用户只能以共享方式打开使用，不能以独占方式打开，可修改其结构。如果需要取消与 SharePoint 网站的链接，则右击"学生"表，在快捷菜单中选择"转换为本地表"，则可将"学生"表转换成本地表，可以对其做任何操作。

将 Access 中的数据表上传到 SharePoint 网站上时，有两种方法：移动数据和导出数据到 SharePoint。导出数据仅仅是将指定表及与其相关联的表导出到 SharePoint 网站上，一经导出完毕，Access 中被导出的表与 SharePoint 网站上列表中导入的表没有关系。而移动操作则是将 Access 数据库中的数据表移动到 SharePoint 网站上列表中，表中的数据存储在 SharePoint 网站上，Access 只存储到 SharePoint 网站上列表中相关表的链接，且保持 Access 数据库中的表与链接到 SharePoint 网站中的表的同步。

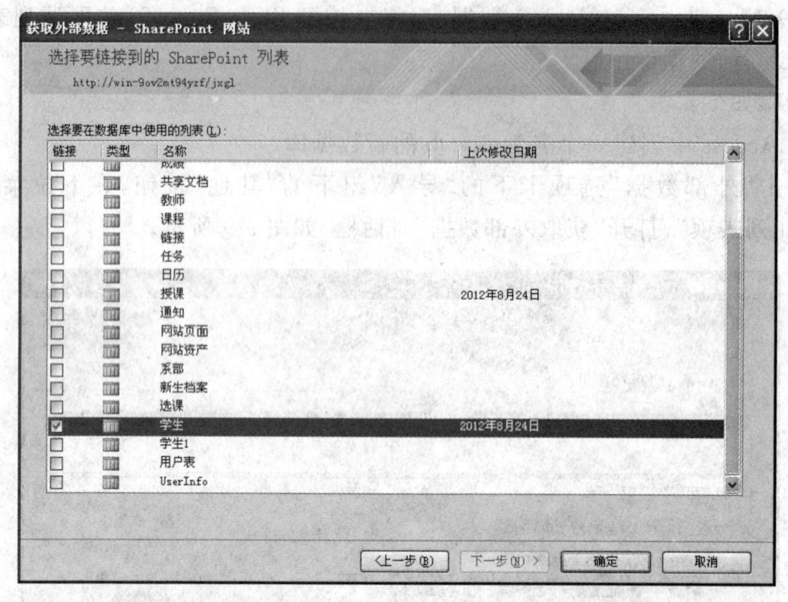

图 9-10 “选择要链接到的 SharePoint 列表”对话框

9.3 将数据库发布到 SharePoint 网站

Access 2010 和 Access Services(SharePoint 的新组件)结合可以生成 Web 数据库应用程序。这样做有如下好处：

(1) 保护和管理对数据的访问。

(2) 通过 Internet 共享数据。

(3) 创建无须 Access 即可使用的数据库应用程序。

Access Services 提供了创建可在 Web 上使用的数据库的平台。通过使用 Access 2010 和 SharePoint 设计和发布 Web 数据库，用户可以在 Web 浏览器中使用 Web 数据库。发布 Web 数据库时，Access Services 将创建包含此数据库的 SharePoint 网站。所有数据库对象和数据均移至该网站中的 SharePoint 列表。

【实例 9-4】 将“选课管理”数据库发布到 SharePoint 网站上。

操作步骤如下：

(1) 打开“选课管理”数据库。

(2) 选择“文件”选项卡，单击“保存并发布”命令，打开“文件类型”窗格，单击“发布到 Access Services”按钮，打开“Access Services 概述”窗格，如图 9-11 所示。

(3) 单击“运行兼容性检查器”按钮检查是否与 Web 兼容，检查结束后，如果数据库与 Web 兼容，则在“运行兼容性检查器”命令按钮下方显示“数据库与 Web 兼容”。在“服务器”文本框中输入 SharePoint 网站地址，在“网站名称”文本框中输入本网站的名称，然

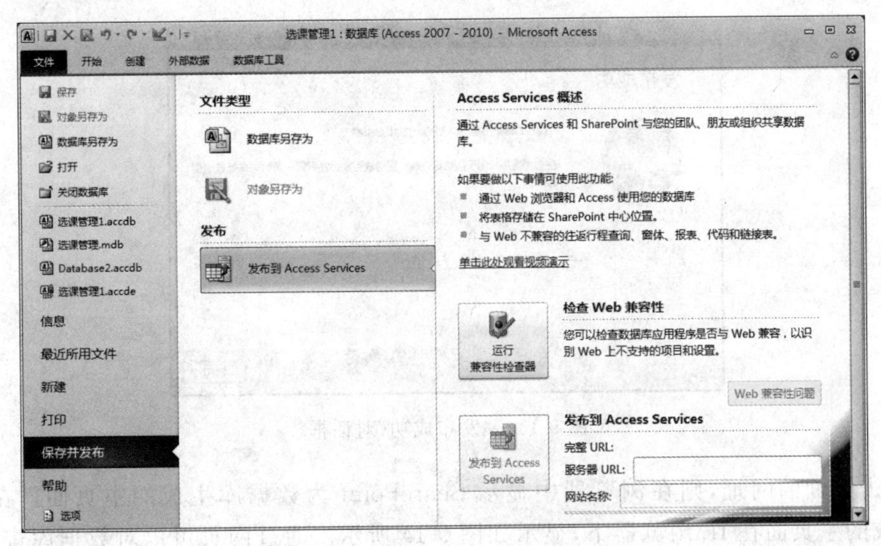

图 9-11 “Access Services 概述”对话框

后单击“发布到 Access Services”按钮，如图 9-12 所示。

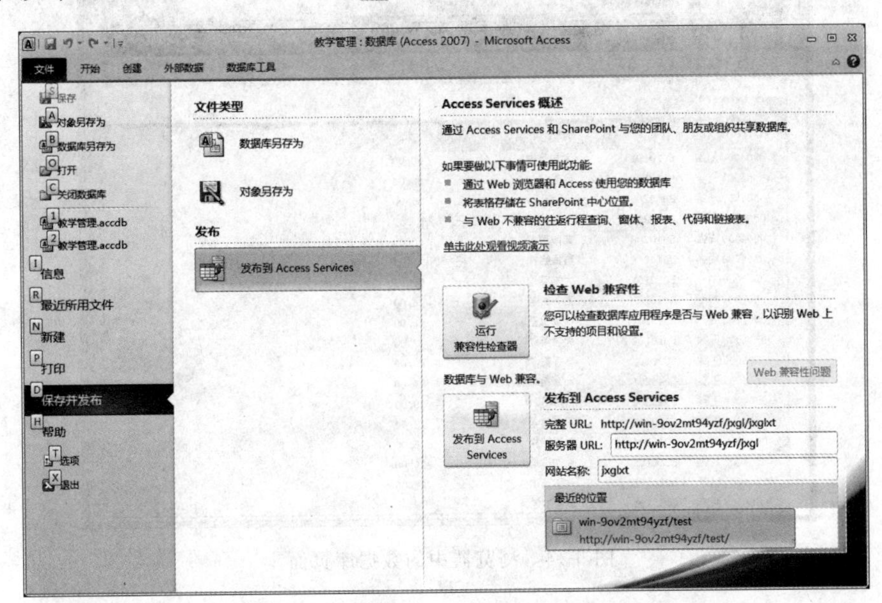

图 9-12 “发布到 Access Services”对话框

说明：此步骤不是必需的，但如果当前数据库与 Web 不兼容，发布必然失败。若对不兼容 Web 的数据库实施了兼容性检查，则将在数据库中产生一个名为“Web 兼容性问题”的表，其中详细记录着不兼容信息。

(4) 系统对当前数据库进行处理，将其发布到 SharePoint 服务器中，并根据数据库中的内容生成一个网站，完成操作后显示如图 9-13 所示的对话框。

(5) 单击“确定”按钮，完成发布数据库操作。

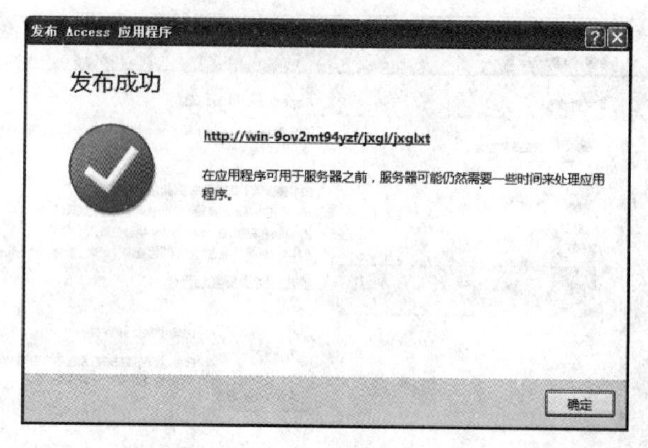

图 9-13 “发布成功”对话框

单击上面的网址，则在浏览器中显示 SharePoint 为数据库生成的主页面。在本例中，生成的主页面在 IE 浏览器下，显示如图 9-14 所示。通过网页可以对数据库进行读/写操作。

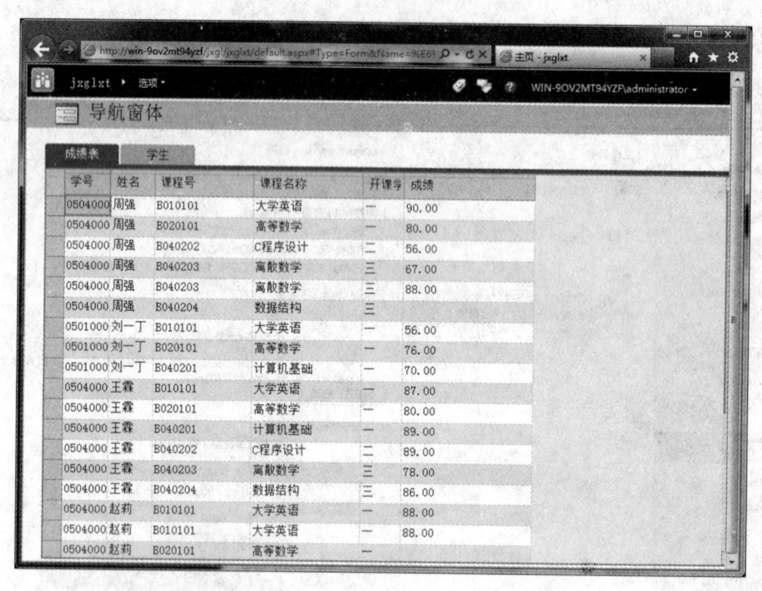

图 9-14 浏览器中的数据库页面

思考与练习

(1) SharePoint 包括哪些技术？

(2) 简述 SharePoint 网站的构成。

(3) 将 Access 数据库中的数据表移动到 SharePoint 网站上的列表中有几种方法？如何操作？

(4) 如何将数据库发布到 SharePoint 网站？

数据库的维护与安全

学习目标

通过本章的学习，应该掌握以下内容：

(1) 数据库的安全和保护的相关概念；
(2) 设置数据库的密码；
(3) 数据库的加密与解密；
(4) 数据库的复制、压缩和修复；
(5) 数据库的转换；
(6) 数据库的导出；
(7) 生成ACCDE文件。

10.1 数据库的安全保护

数据库应用系统的功能设计完成后，保护和维护数据库是一项非常重要的任务。为了更好地利用数据库应用系统的资源，Access还提供了一系列保护措施。如设置用户权限、为数据库设置密码、数据库加密及创建ACCDE文件等。

数据库应用系统开发人员必须明确用户的安全级别，要确定哪些用户可以使用数据库，哪些用户不能使用指定的对象。设置安全机制可以利用系统提供的工具设置，也可以在开发的应用程序中提供安全保护功能。

10.1.1 数据库用户密码

为了保护数据库不被他人使用或修改，可以给数据库设置用户密码。设置数据库用户密码后，一旦需要可以更换或修改数据库用户密码，也可以撤销原来的密码，还可以重新为数据库设置用户密码。

1. 设置用户密码

设置用户密码的操作步骤如下：

(1) 以独占方式打开数据库。

(2) 选择"文件"选项卡,单击"信息"命令,打开"有关选课管理的信息"窗格,如图 10-1 所示。

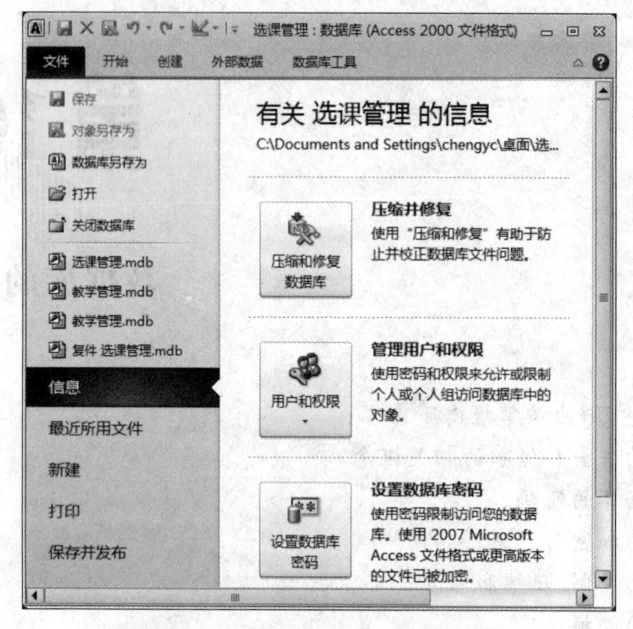

图 10-1 "有关选课管理的信息"窗格

(3) 在"有关选课管理的信息"窗格中单击"设置数据库密码",打开"设置数据库密码"对话框,如图 10-2 所示。

(3) 在"设置数据库密码"对话框中,先输入用户密码,再输入验证码,然后单击"确定"按钮,用户密码设置完成。

在设置了数据库用户密码后,在每次打开数据库时,需要输入用户密码,因此,用户要牢记自己设置的密码,或在设置用户密码之前将数据库制作一个备份,以防万一。

2. 撤销用户密码

撤销数据库用户密码的步骤如下:

(1) 启动 Access 系统,并选择以独占方式打开要撤销密码的数据库。

(2) 选择"文件"选项卡,单击"信息"命令,打开"有关选课管理的信息"窗格,单击"撤销数据库密码"按钮,打开"撤销数据库密码"对话框,如图 10-3 所示。

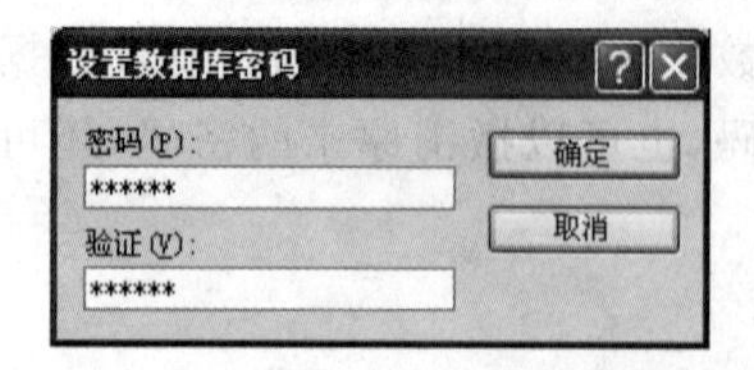

图 10-2 "设置数据库密码"对话框

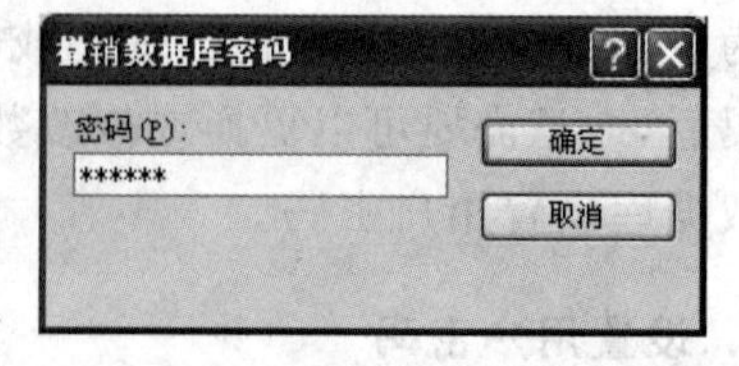

图 10-3 "撤销数据库密码"对话框

(3) 在“撤销数据库密码”对话框中，输入数据库的密码，然后单击“确定”按钮，完成数据库密码撤销。

10.1.2 压缩和修复数据库

在对数据库进行操作时，用户要不断地对数据库中的对象进行增加、修改、删除等操作，这会导致数据库文件中存在一定数量的碎片，使数据库越来越大，从而使数据库文件的利用率降低。另外，数据库在使用过程中，有可能遭到破坏，导致数据不正确。压缩/修复数据库可以重新整理数据库，消除磁盘中的碎片，修复被破坏的数据库，从而提高数据库的使用效率，保证数据库中数据的正确性。

压缩和修复数据库的操作步骤如下：

(1) 启动 Access 2010，打开要压缩和修复的数据库。

(2) 选择“文件”选项卡，单击“信息”命令，打开“有关数据库的信息”窗格，单击“压缩并修复”按钮，或单击“数据库工具”选项卡下“工具”组中的“压缩并修复数据库”按钮，系统将自动对当前数据库进行压缩和修复，并生成与数据库文件名，同名扩展名为.laccdb 的文件。

10.1.3 数据库的编码和解码

数据库的编码是对数据库进行加密处理。加密是保护数据库中数据安全的有效手段。对数据库进行加密可以压缩数据库，并使其难以用通常的方法破译，从而达到保护数据库的目的。Access 2010 提供了数据库编码和解码的功能，对数据库编码后，将会产生一个原有数据库的副本文件。

1. 数据库的编码

数据库加密的操作步骤如下：

(1) 打开要编码的数据库。

(2) 选择“文件”选项卡，单击“信息”命令，打开“有关选课管理的信息”窗格，如图 10-4 所示。

(3) 单击“用户和权限”按钮，并在下拉列表框中选择“编码/解码数据库”命令，打开“数据库编码后另存为”对话框，如图 10-5 所示。

(4) 输入数据库加密后的文件名，单击“保存”按钮，将在指定位置生成加密后的数据库文件。

生成加密文件后，原有未加密的数据库文件仍然存在，可以将其删除。经过加密的文件不能被 Access 之外的其他应用程序打开。

2. 数据库解码

数据库解码的操作步骤如下：

(1) 打开要解码的数据库。

(2) 选择“文件”选项卡，单击“信息”命令，打开“有关选课管理的信息”窗格，单击“用

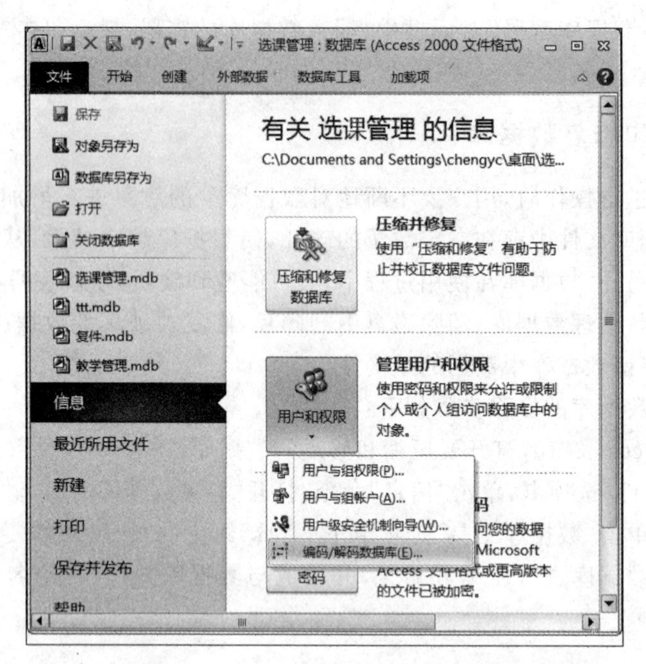

图 10-4 “有关选课管理的信息”窗格

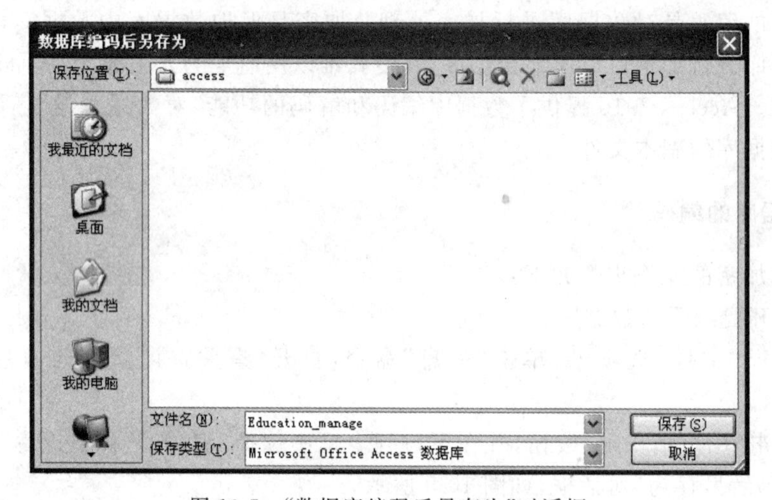

图 10-5 “数据库编码后另存为”对话框

户和权限”按钮,并在下拉列表框中选择“编码/解码数据库”命令,打开“数据库编码后另存为”对话框,如图 10-6 所示。

(3) 在“文件名”文本框中输入解密后的数据库文件名 jxgl.accdb,然后单击“保存”按钮,解密后的数据库保存到指定的数据库文件中。

10.1.4 设置用户和组账户

保护数据库中数据的主要措施是根据用户设置安全级别。Access 系统将数据库系统中的用户分成两组,管理员组和用户组。两个组中只有管理员用户账户。用户可以根

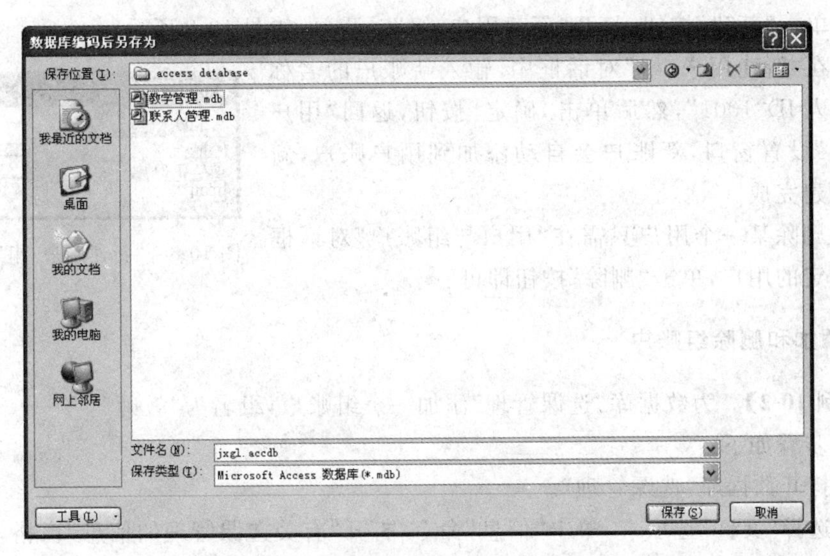

图 10-6 “数据库解码后另存为”对话框

据需要添加新的用户账户和组账户,还可使用户隶属于不同的组。进行用户和组账户的设置,若要完成该过程,则必须以管理员组成员的身份登录到数据库中。

1. 添加和删除用户账户

【实例 10-1】 为数据库“选课管理”添加一个用户账户,用户名为 xxh。

操作步骤如下:

(1) 打开数据库“选课管理”。

(2) 选择“文件”选项卡,单击“信息”命令,打开“有关选课管理的信息”窗格,单击“用户和权限”按钮,并在下拉列表框中选择命令“用户和组账户”,打开“用户与组账户”对话框,选择“用户”选项卡,如图 10-7 所示。

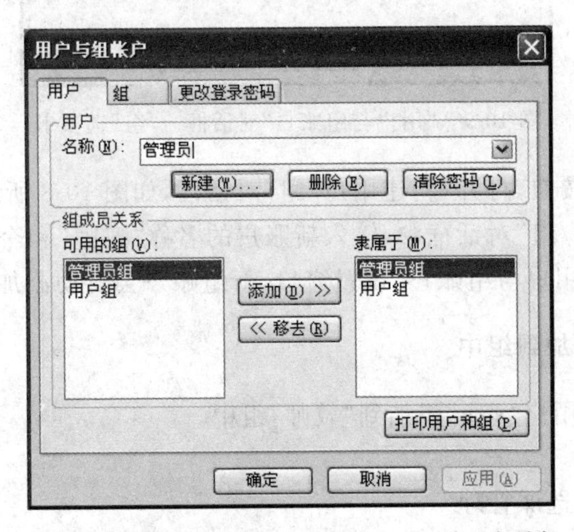

图 10-7 “用户与组账户”对话框—“用户”选项卡

（3）单击“新建”按钮，打开“新建用户/组”对话框，如图10-8所示。

（4）在“新建用户/组”对话框中，输入新账户的名称xxh和个人ID“1001”，然后单击“确定”按钮，返回“用户与组账户”设置窗口，新账户会自动添加到用户账户，新用户的创建完成。

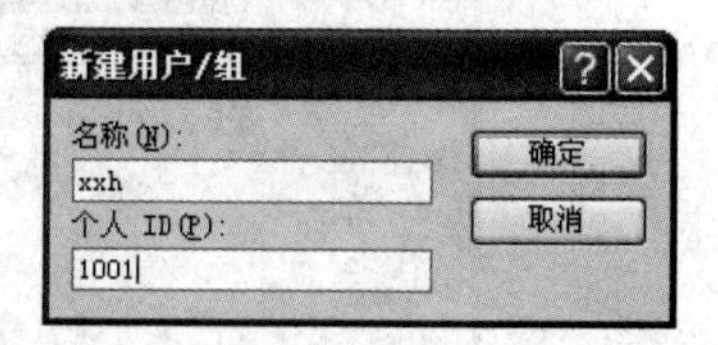

图10-8 “新建用户/组”对话框

若要删除某一个用户只需在“用户与组账户”对话框中选择指定的用户，单击“删除”按钮即可。

2. 添加和删除组账户

【实例10-2】 为数据库“选课管理”添加一个组账户，组名为“教师”。

操作步骤如下：

（1）打开数据库“选课管理”。

（2）选择“文件”选项卡，单击“信息”命令，打开“有关选课管理的信息”窗格，单击“用户和权限”按钮，并在下拉列表框中选择“用户和组账户”命令，打开“用户与组账户”对话框，选择“组”选项卡，如图10-9所示。

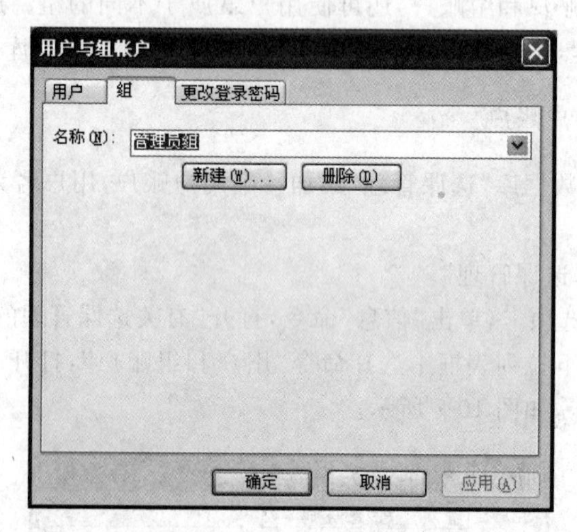

图10-9 “用户与组账户”对话框—“组”选项卡

（3）单击“新建”按钮，打开“新建用户/组”对话框，如图10-8所示。

（4）在“新建用户/组”对话框中，输入新账户的名称“教师”和个人ID“2001”，然后单击“确定”按钮，返回“用户与组账户”设置窗口，新组账户会自动添加到组账户中。

3. 将用户账户添加到组中

【实例10-3】 将用户“xxh”添加到“教师”组中。

操作步骤如下：

（1）打开数据库“选课管理”。

（2）选择“文件”选项卡，单击“信息”命令，打开“有关选课管理的信息”窗格，单击“用户和权限”按钮，并在下拉列表框中选择命令“用户和组账户”，打开“用户与组账户”对话框,选择“用户”选项卡,如图 10-7 所示。

(3) 在“名称”组合框中选择用户名 xxh。

(4) 在“可用的组”框中选择用户要加入的组“教师”,然后单击“添加”按钮。所选择的组将显示在“隶属于”列表中。

(5) 单击“确定”按钮,操作完成。

4. 设置用户密码

对使用数据库应用系统的用户进行分组可以保证同一个组的用户的权限,而设置用户密码能够保证用户的使用安全。在 Access 中,允许为管理员用户设置登录密码。

设置密码的操作步骤如下:

(1) 打开数据库。

(2) 选择“文件”选项卡,单击“信息”命令,打开“有关选课管理的信息”窗格,单击“用户和权限”按钮,并在下拉列表框中选择“用户和组账户”命令,打开“用户与组账户”对话框。

(3) 选择“更改登录密码”选项卡,如图 10-10 所示。

(4) 分别输入旧密码、新密码和验证码,注意,在验证码文本框中输入的密码必须和新密码相同。然后,单击“确定”按钮,密码设置完成。

设置密码后,当下一次打开数据库时,会自动弹出“登录”对话框,如图 10-11 所示。

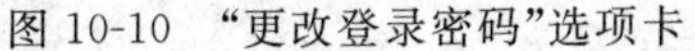
图 10-10 “更改登录密码”选项卡

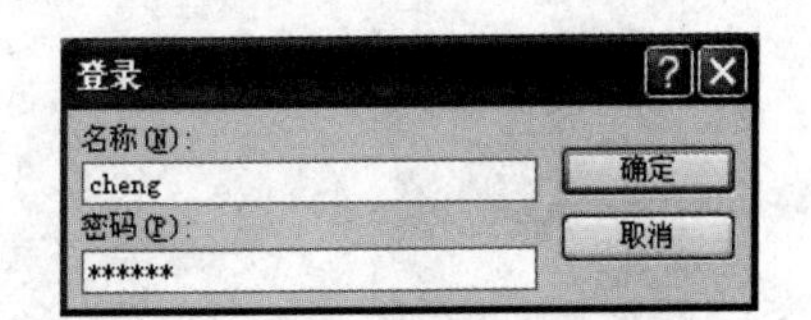

图 10-11 “登录”对话框

输入用户名和登录密码,单击“确定”按钮,Access 2010 将启动系统并打开数据库。

10.1.5 设置用户和组权限

设置用户组的目的是为了将用户划分为不同的用户组,而不同组的用户对数据库的操作所拥有的权限是不同的。在 Access 2010 中,可以为用户和组设置权限。

设置用户和组权限的操作步骤如下:

(1) 打开数据库。

(2) 选择“文件”选项卡，单击“信息”命令，打开“有关选课管理的信息”窗格，单击“用户和权限”按钮，并在下拉列表框中选择“用户和组权限”命令，打开“用户与组权限”对话框，如图 10-12 所示。

(3) 选择“权限”选项卡，使用单选按钮选择“用户”或“组”，会在“用户名/组名”列表框中显示系统所有的用户或组账户名，单击账户名称，可以选择需要设置权限的用户名或组名(如“教师”)。

(4) 在权限列表框中单击需要指定权限的复选按钮，如果需要还可以选择对象类型和对象名称。单击“确定”按钮，权限设置完成。

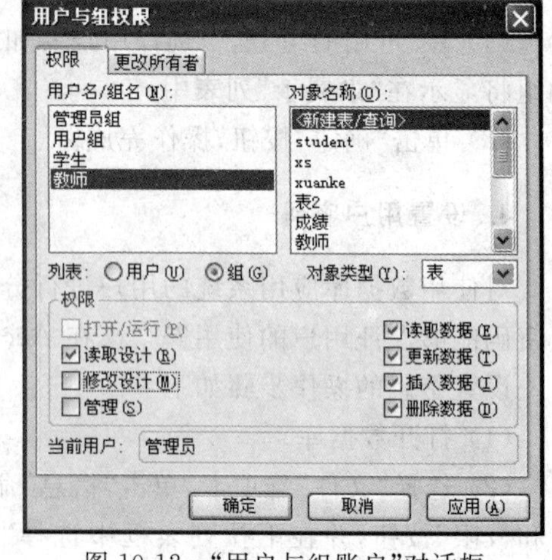

图 10-12 “用户与组账户”对话框

10.1.6 创建数据库副本

创建数据库副本是指将数据库文件(.accdb)制作一个备份。在 Access 中，创建数据库副本的操作步骤如下：

(1) 打开数据库。

(2) 选择“文件”选项卡，单击“保存与发布”命令，打开文件类型与数据库另存窗格，如图 10-13 所示。

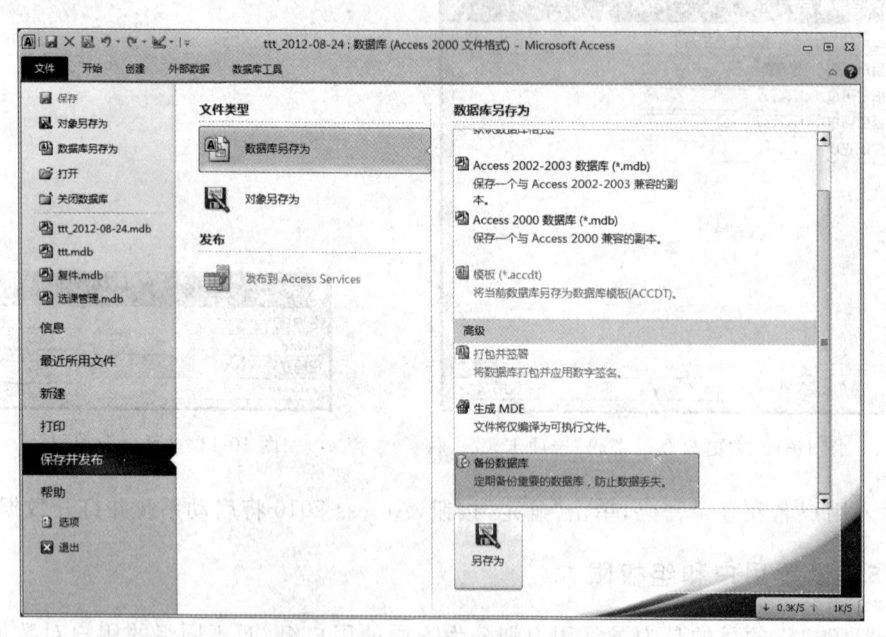

图 10-13 文件类型与数据库另存窗格

在“文件另存”窗格中选择“数据库另存为”命令，然后在右侧的窗格中单击“备份数据库”按钮和“另存为”按钮，打开“另存为”对话框，如图 10-14 所示。

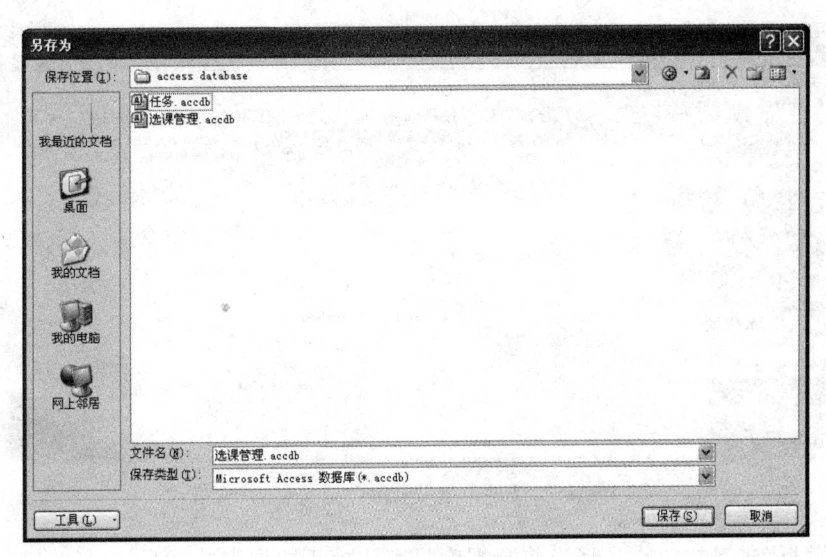

图 10-14 “另存为”对话框

(3) 输入备份数据库的文件名,选择保存文件类型,然后单击“保存”按钮,系统将自动为数据库制作副本。

10.2 数据库的转换与导出

用 Access 2010 创建的数据库有时需要在其他环境中使用,如不同版本的 Access 系统、Microsoft Excel、其他的数据库系统(如 dBase、ODBC 等)。由于不同环境下生成的文件格式是不同的,因此,在 Access 以外的环境使用 Access 数据库时,应对数据库中的数据作相应的处理。Access 不仅提供了在不同版本的 Access 系统之间进行数据库的转换,还可以在不同系统之间进行数据传递,从而实现数据资源共享。

10.2.1 数据库转换

在 Access 中,可以实现数据库在不同的版本之间进行转换,从而使数据库在不同的 Access 环境中都能使用。

在 Access 2010 中,可以将当前数据库转换为 Access 2000、Access 2003 系统的格式,也可以将低版本的 Access 数据库转换为 Access 2010 格式。操作步骤如下:

(1) 打开要转换的数据库。

(2) 选择“文件”选项卡,单击“保存与发布”命令,打开文件类型与数据库另存窗格,单击“数据库另存为”命令,显示信息如图 10-15 所示。

(3) 在右侧窗格中的“另存为”选项中,有 4 个按钮:

- “Access 数据库”按钮的功能为将当前打开的数据库转换为 Access 2010 格式。
- “Access2002-2003 数据库”按钮的功能为将当前数据库转换为 Access 2003 格式。
- “Access2000 数据库”按钮的功能为将当前数据库转换为 Access 2000 格式。

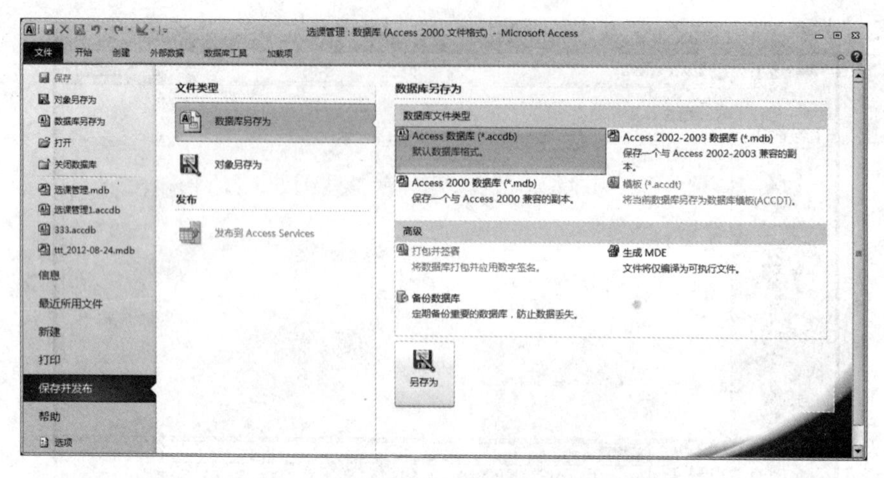

图 10-15 “文件类型”与“数据库另存为”窗格

- “模板”按钮的功能是将当前数据库另存为模板数据库。

单击所需要的按钮，然后单击“另存为”按钮，打开“另存为”对话框，如图 10-16 所示。

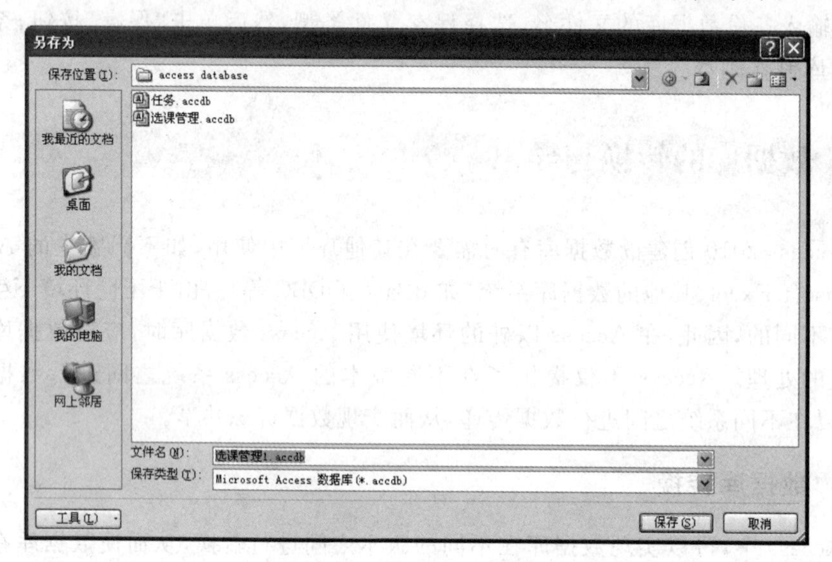

图 10-16 “另存为”对话框

(4) 输入转换后的数据库文件名，单击“保存”按钮，系统将对数据库文件进行转换并保存在指定的文件夹中。

10.2.2 数据库的导出

导出是指将 Access 中的数据库对象导出到另一个数据库或导出到外部文件的过程。数据的导出使得 Access 中的数据库对象可以传递到其他环境中，从而达到信息交流的目的。

Access 2010 可以将数据库对象导出为多种数据类型，包括 Excel 文件、SharePoint 列表、文本文件、Word 文件、XML 文件、HTML 文件和 dBase 文件等，还可以将数据导出到其他数据库中，甚至可以直接使用 Word 中的“邮件合并向导”合并数据等。

导出数据操作通常使用“外部数据”选项卡下的“导出”组的功能按钮进行操作，导出功能按钮如图 10-17 所示。

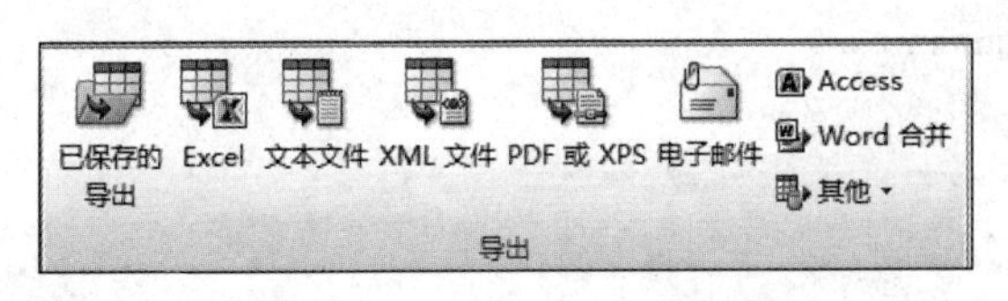

图 10-17 “导出”组的功能按钮

导出数据时，一般是通过 Access 的导出向导来完成操作的，

1. 将数据库对象导出到 Access 数据库中

在 Access 中，可以将当前数据库中的所有数据库对象导出到其他数据库或当前数据库中。Access 提供了导出操作向导，按照系统提示的步骤操作，可以很容易导出数据。

【实例 10-4】 将“选课管理”数据库中的“课程”表导出到“教师管理”数据库中。

操作步骤如下：

(1) 打开数据库，在“导航”窗格中选择表对象“课程”表。

(2) 选择“外部数据”选项卡的“导出”组，单击 Access 按钮，打开“导出 Access 数据库”对话框，如图 10-18 所示。

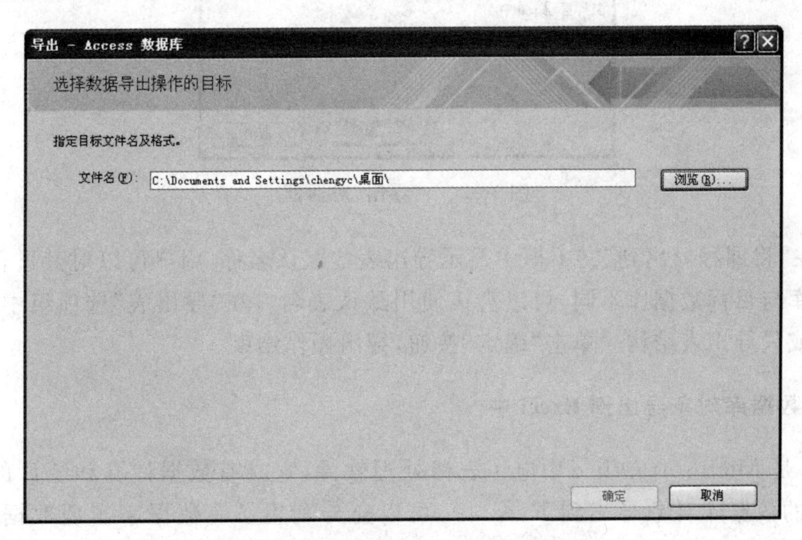

图 10-18 “导出 Access 数据库”对话框

(3) 指定存储导出对象的数据库文件，在文件名文本框中输入文件名，或单击“浏览”按钮，打开“保存文件”对话框，如图 10-19 所示。

(4) 在“保存文件”对话框中，选择数据库文件所在文件夹和文件名“教师管理”，然后单击“保存”按钮，返回“导出 Access 数据库”对话框，这时文本框中显示存储导出对象的数据库文件名称。

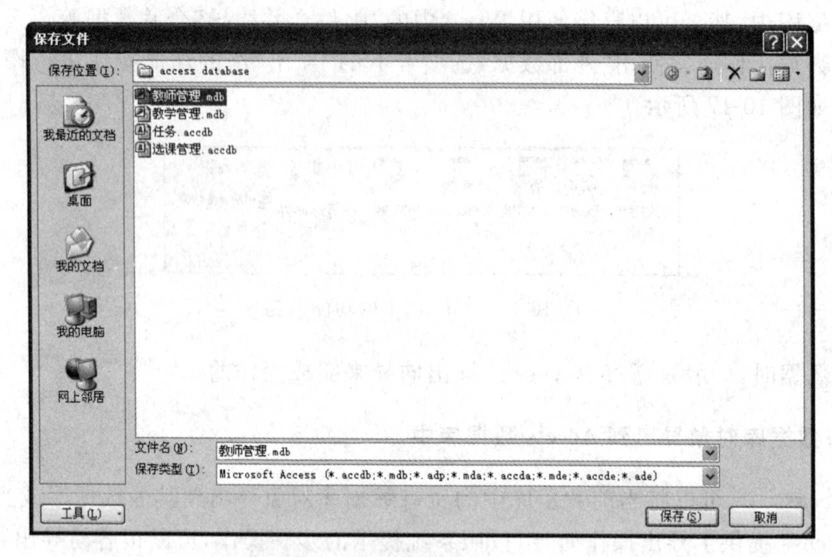

图 10-19 “保存文件”对话框

(5) 单击“保存”按钮,打开“导出”对话框,如图 10-20 所示。

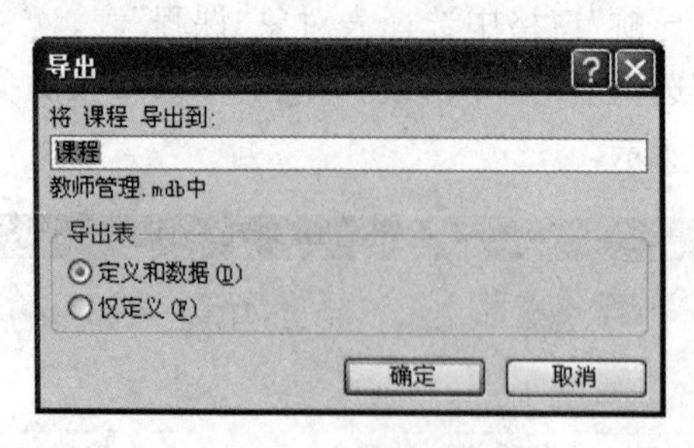

图 10-20 “导出”对话框

(6) 在“将课程导出到”文本框中显示导出表的默认名称,用户可以对其进行修改,如果原数据库与目标数据库不同,可以直接使用默认表名。在“导出表”选项组中可以选择导出数据或只导出表结构。单击“确定”按钮,导出操作结束。

2. 将数据库对象导出到 Excel 中

Excel 是 Microsoft Office 中电子表格处理软件,它具有数据计算和统计的功能,将 Access 中的数据库对象导出到 Excel 中,可以充分利用已有数据来实现数据管理。在 Access 中,可以将表、查询、窗体或报表导出到 Excel 中。

【实例 10-5】 将“选课管理”数据库中的“学生”表导出到 Microsoft Excel 文件 student.xls 中。

操作步骤如下:

(1) 打开“选课管理”数据库,在“导航”窗格中选择表对象“学生”表。

(2) 选择“外部数据”选项卡的“导出”组,单击 Excel 按钮,打开“导出-Excel 电子表格”对话框,如图 10-21 所示。

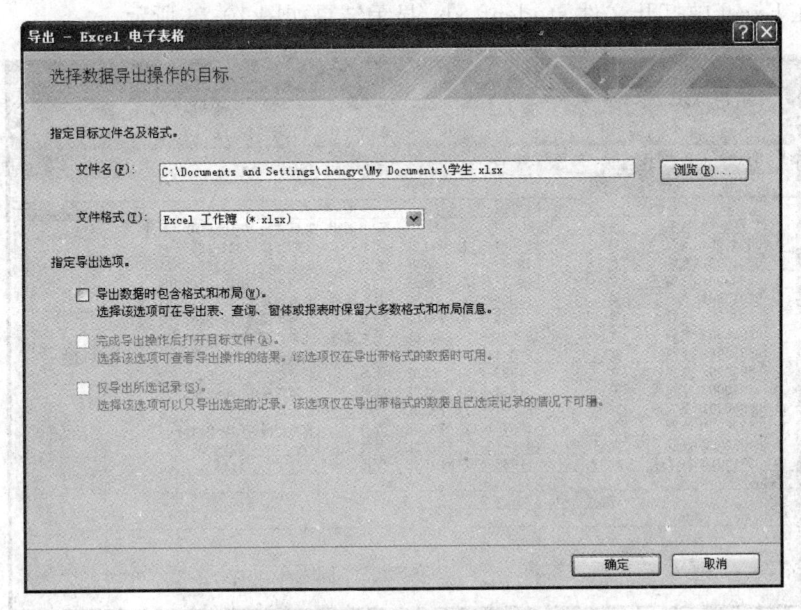

图 10-21 “导出-Excel 电子表格”对话框

(3) 指定存储学生表数据的 Excel 文件名和文件格式。单击“浏览”按钮，打开“保存文件”对话框，如图 10-22 所示。

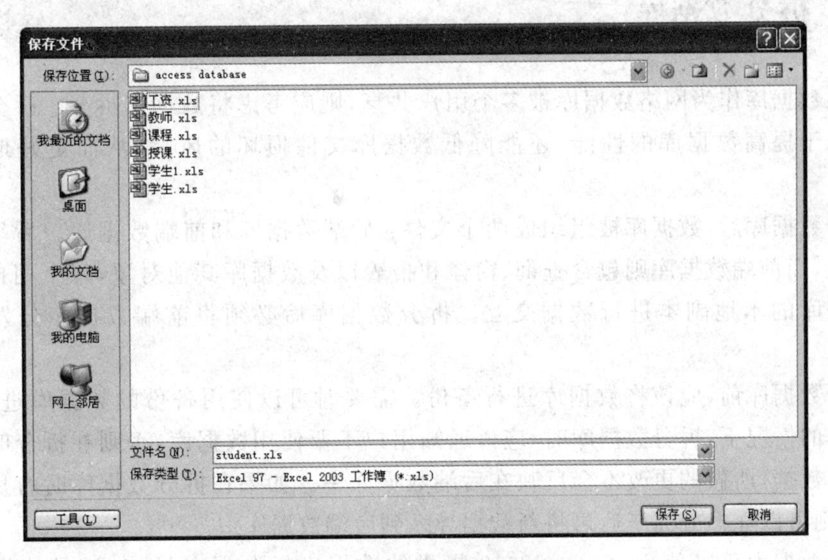

图 10-22 “保存文件”对话框

(4) 在“保存文件”对话框中，选择 Excel 文件的保存路径，输入文件名 student.xls，选择文件格式“Microsoft Excel 97-2003”，然后单击“保存”按钮，返回打开“导出 Excel 电子表格”对话框，如图 10-21 所示。

(5) 指定导出选项。可以选择导出时是否包含格式和布局，然后单击“确定”按钮，导出操作完成。

（6）在 Excel 中打开文件 student. xls，显示结果如图 10-23 所示。

	A	B	C	D	E	F	G	H	I	J
1	学号	姓名	性别	出生日期	婚否	政治面貌	家庭住址	电话号码	系号	备注
2	05040004	周强	男	1990-11-12	FALSE	团员	沈阳市沈河	024-88994	04	
3	06010001	赵越	女	1984-10-8	TRUE	党员	dalian	041189898	01	
4	04040001	张婉玉	女	1987-1-18	FALSE	团员	北京市西城	010 81009	04	
5	05010001	刘一丁	男	1986-1-1	FALSE	共青团员	北京市海淀	010-21111	01	
6	05040002	王霖	男	1985-6-8	FALSE	团员	北京市海淀	010-34567	04	
7	05040003	赵莉	女	1985-12-23	FALSE	民主党派	北京市西城	8768544	04	
8	05010002	李想	女	1983-11-12	TRUE	无	北京市东城	029-89867	02	特困生
9	05020002	张男	女	1983-6-5	TRUE	团员	北京市大兴	69220000	02	
10	05020003	李悦明	男	1984-4-5	FALSE	团员	北京市房山	89002345	02	
11	05040001	王大玲	女	1985-12-12	FALSE	党员	北京市大兴区		04	
12	04030001	李跃	男	1987-1-12	FALSE	党员	北京市海淀	010-23458	03	“三好学生
13	04030002	汪静	女	1987-12-31	FALSE	民主党派		021-09877	03	
14	06010010	韩冰冰	女	1985-1-2	FALSE	党员		1111	01	

图 10-23　导出的 Excel 文件

10.3　拆分数据库

如果数据库作为网络数据库被多个用户共享，则应考虑将数据库拆分。拆分数据库不仅有助于提高数据库的性能，还能降低数据库文件损坏的风险，从而更好地保护数据库。

拆分数据库后，数据库被组织成两个文件：后端数据库和前端数据库。后端数据库只包括表，而前端数据库则包含查询、窗体和报表以及数据库其他对象，每个用户都使用前端数据库的本地副本进行数据交互。拆分数据库后必须将前端数据库分发给网络用户。

拆分数据库前，应该将数据库进行备份。需要时可以使用备份的数据库进行还原。在多用户的情况下，拆分数据库时，应该通知用户不要使用数据库，否则在拆分时如果用户更改了数据，所做的更改不会反映在后端数据库中。如果在拆分数据库时有用户更改了数据，则可以在拆分完毕后再将新数据导入到后端数据库中。

拆分数据库可以使用 Access 2010 提供的数据库拆分器向导完成，具体操作步骤如下：

（1）打开数据库。

（2）选择“数据库工具”选项卡的“移动数据”组。单击“拆分数据库”按钮，打开“数据库拆分器”对话框，如图 10-24 所示。

（3）单击“拆分数据库”按钮，打开“创建后端数据库”对话框，如图 10-25 所示。

（4）在文件名文本框中显示后端数据库的默认文件名，拆分后的数据库文件名为原

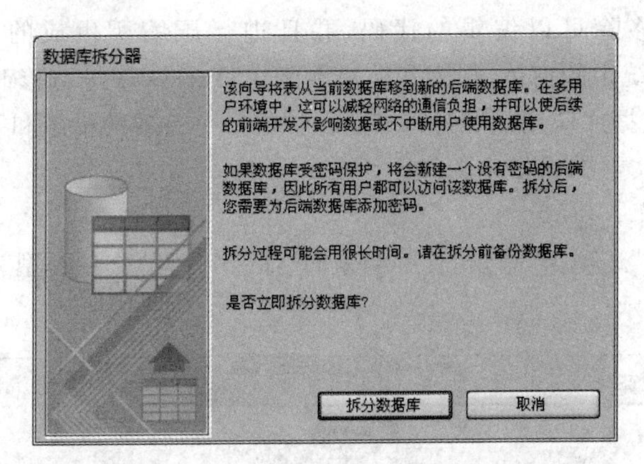

图 10-24 “数据库拆分器”对话框

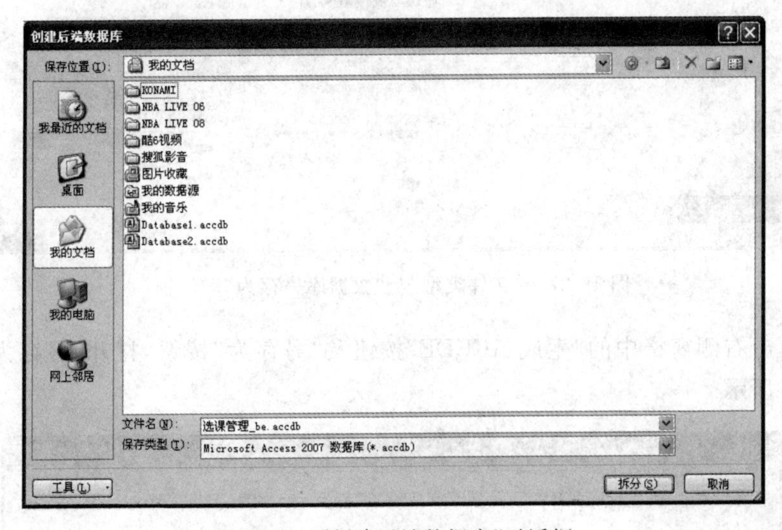

图 10-25 “创建后端数据库”对话框

数据库文件名称末尾加后缀-be，可以对后端数据库重新命名。一般情况下这样的文件名不必再更改。选择后端数据库文件保存位置，然后单击“拆分”按钮。系统将进行数据库拆分，拆分完成后显示确认消息框，如图 10-26 所示。

图 10-26 “数据库拆分器”消息框

数据库拆分后，原数据库文件被一分为二，新生成的后端数据库文件中只包含表对象，而原来的数据库文件中，表对象都变成指向后端数据库中表的快捷方式，不再含有实际的表对象。

10.4 数据库应用系统的集成

当数据库所有的功能设计完成后，为了保证数据库应用系统的安全，可以将数据库应用系统打包，生成 ACCDE 文件。ACCDE 文件是将所有对象，包括表、查询、报表、窗体、模块等进行编译，移除可以编辑的代码，并且进行压缩所生成的打包文件，当生成ACCDE文件后，系统中的窗体、报表和模块不能在Access中进行修改，从而保护了系统的源代码，这是对数据库应用系统进行安全保护的一个有效的措施和手段。

生成ACCDE文件的操作步骤如下：

(1) 打开数据库。

(2) 选择“文件”选项卡，单击“保存与发布”命令，打开“文件类型”→“数据库另存为”窗格，如图10-27所示。

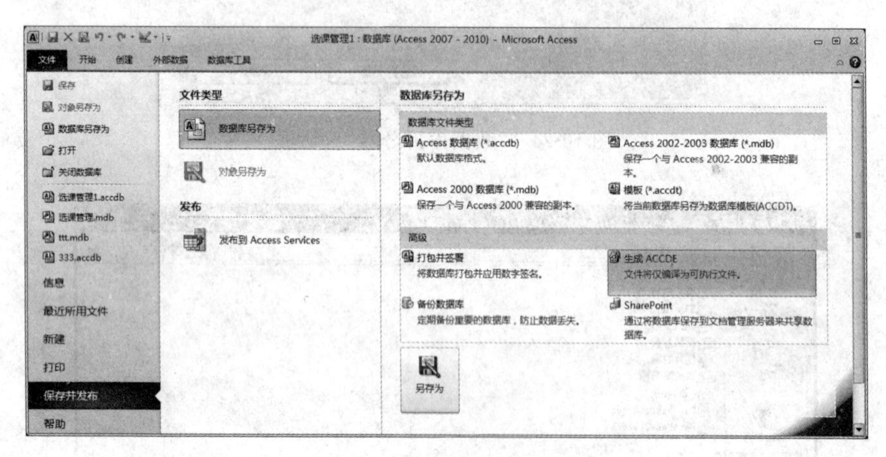

图10-27 “文件类型”与“数据库另存为”对话框

(3) 单击右侧窗格中的“生成ACCDE”按钮及“另存为”按钮，打开“另存为”对话框，如图10-28所示。

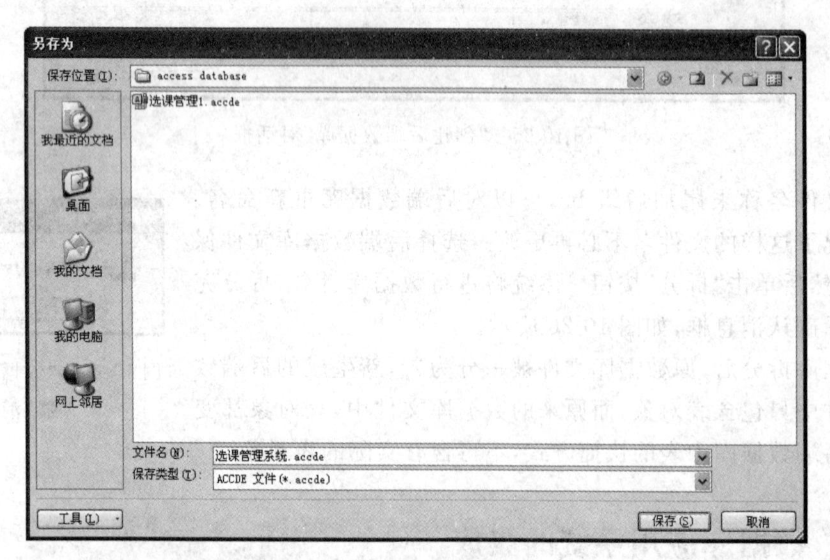

图10-28 “另存为”对话框

(4) 输入ACCDE文件的名称并选择保存路径，然后单击“保存”按钮，系统会自动将当前数据库打包成ACCDE文件并保存在指定目录中。

当生成 ACCDE 文件后，执行目标数据库文件，如果设置了自动启动窗体，便可以运行应用系统。

由于在生成 ACCDE 文件后用户不能再对窗体、报表以及程序进行编辑和修改，而在程序使用过程中经常需要对系统进行调试和修改，因此，在生成 ACCDE 文件之前应对数据库文件进行备份，以保证系统的正常使用。

系统开发是一个复杂的系统工程，即便是有经验的开发人员也不可避免地出现疏漏。在系统开发和使用过程中，要不断学习，不断纠正系统不完善的地方，从而使设计过程成为学习系统开发并不断提高进步的过程，达到学习使用 Access 的目的。

思考与练习

1. 思考题

(1) 设置用户和组账户的作用是什么?

(2) 如何将一个用户加入到组中?

(3) 数据导出有何作用?

(4) 如何将数据库的表导出到 Excel 文件?

(5) 拆分数据库有何用途?

(6) 生成 ACCDE 文件有何优点?

2. 填空题

(1) 为数据库设置密码时，数据库应以________方式打开。

(2) 为消除对数据库进行频繁更新所带来的存储碎片，可以对数据库实施的操作是________。

(3) 数据库的转换是指________。

(4) 工作组设置信息保存在工作组文件中，系统默认的工作组文件名为________。

(5) 设置用户和组账户，操作员必须以________身份登录到数据库中。

3. 上机操作题

(1) 为教师管理数据库设置密码。

(2) 为数据库“选课管理”添加一个用户账户，用户名为自己的姓名。

(3) 将教师管理数据库转换并另存为为 Access 97 格式。

(4) 将教师管理数据库生成 ACCDE 文件。

参考文献

[1] 王珊，萨师煊. 数据库系统概述(第4版)[M]. 北京：高等教育出版社，2006.

[2] 潘晓南，王莉，孙文玲. Access 数据库应用技术[M]. 北京：中国铁道出版社，2005.

[3] 李雁翎. 数据库技术及应用——Access[M]. 北京：高等教育出版社，2005.

[4] 何宁，黄文斌，熊建强. 数据库技术应用教程[M]. 北京：机械工业出版社，2007.

[5] 陈桂林. Access 数据库程序概述[M]. 北京：高等教育出版社，2007.

[6] 刘远东，何思文，吴斌新. 数据库基础及 Access 应用[M]. 北京：机械工业出版社，2005.

[7] 申莉莉. Access 数据库应用教程[M]. 北京：机械工业出版社，2006.

[8] 王成辉. Access 2002 中文版入门与提高[M]. 北京：清华大学出版社，2001.

[9] Michael Kifer, Arthur Bernstein, Philip M. Lewis. DataBase Systems—An Application-Oriented Approach[M]. 影印版. 北京：高等教育出版社，2004.

[10] 黄德才. 数据库原理及其应用教程[M]. 北京：科学出版社，2002.

[11] 徐秀花，程晓锦，李业丽. Access 数据库应用教程[M]. 北京：清华大学出版社，2010.

[12] 付兵. 数据库基础及应用——Access 2010[M]. 北京：科学出版社，2012.

[13] 科教出版室. Access 2010 数据库技术及应用[M]. 第2版. 北京：清华大学出版社，2011.